生物安全应急管理理论与方法

Theories and Methods of Biosafety Emergency Management

刘 明 朱晓宵 曹 杰 著

科 学 出 版 社

北 京

内 容 简 介

本书聚焦生物安全应急管理理论与方法，全书共6篇15章。首先，介绍生物安全应急管理的基本概念、内涵，以及生物安全应急管理的基础理论与方法；其次，针对重大突发传染病、重大突发动物疫情、外来物种入侵及生物恐怖袭击四类生物安全事件，梳理对应典型案例，探讨相关应急管理体系，并针对每种生物安全事件类型给出具体的应急管理理论方法模型；最后，总结我国当前生物安全应急管理能力建设中存在的问题和挑战，提出国家生物安全应急管理未来的发展方向建议。

本书不仅适合管理科学与工程、应急管理、物流工程等专业高校师生阅读，也可作为从事生物安全应急管理相关研究的科研人员的参考书。

图书在版编目(CIP)数据

生物安全应急管理理论与方法/刘明，朱晓宵，曹杰著. —北京：科学出版社，2024.5

ISBN 978-7-03-076829-2

Ⅰ. ①生… Ⅱ. ①刘… ②朱… ③曹… Ⅲ. 生物工程-突发事件-安全管理-研究 Ⅳ. ①Q81

中国国家版本馆CIP数据核字(2023)第211452号

责任编辑：惠 雪 沈 旭/责任校对：任云峰

责任印制：赵 博/封面设计：许 瑞

科学出版社 出版

北京东黄城根北街16号

邮政编码：100717

http://www.sciencep.com

三河市春园印刷有限公司印刷

科学出版社发行 各地新华书店经销

*

2024年5月第 一 版 开本：720×1000 1/16

2025年1月第二次印刷 印张：18

字数：363 000

定价：129.00元

(如有印装质量问题，我社负责调换)

序 言

岁月不居，时节如流。

还记得 2019 年 7 月的暑假，南京骄阳似火，大家都还在享受着难得的假期生活。一天早上，我在办公室突然接到了一个来自北京的电话，对方称自己是教育部社科司的工作人员，邀请我就我国生物安全应急管理方面撰写一份决策咨询报告。一开始我以为是个骗子，因为自我感觉好像还没有到可以给领导写决策咨询报告的水平。与对方再三确认后，我颇有点受宠若惊。

回头想想，我从 2007 年攻读博士学位开始，就一头扎进"生物反恐体系中应急物流网络优化与仿真研究"（国家自然科学基金，项目编号：70671021）。博士毕业后，又先后承担了"生物反恐体系中多部门多环节应急协同决策方法研究"（教育部人文社会科学研究青年基金项目，项目编号：11YJCZH109）、"基于时空网络的季节性流感药品采购与供应交互式协调优化"（国家自然科学基金，项目编号：71301076）、"考虑交互耦合效应的疫情应急物资多元供给模式与优化配置方法研究"（国家自然科学基金，项目编号：72171119）等科研项目。由于一直认为自己只是应急管理研究群体中的一员，现在居然获得教育部的关注，我倍受鼓舞。于是乎，2019 年 7 月我提出了"当前中国特色社会主义已经进入新时代，除了海、陆、空、天、信等传统安全外，生物威胁已上升为新的安全疆域，生物安全应对体系的构建已经成为我国总体国家安全观中不可或缺的重要组成部分，应加快补齐生物安全的理论和现实短板"的政策建议。幸运的是，这个咨询报告很快被教育部采纳上报，并供有关领导同志参阅。

2019 年 11 月，我将自己的部分前期研究成果集结成册，由科学出版社和 Springer 出版社联合出版了我的第一本英文专著 *Epidemic-logistics Modeling: A New Perspective on Operations Research*。原想这本书估计会石沉大海，毕竟生逢盛世，对这类研究主题感兴趣的学者不多。然而，2019 年底暴发了新冠疫情。在此之后，该书的下载和引用次数持续攀升。截至 2023 年 5 月 2 日，Springer 网站显示其下载量已超过 11000 次，为此 Springer 出版社还发来一封祝贺信，让我及我的团队成员倍感激励。

新冠疫情暴发之后，生物安全受到了前所未有的关注。2020 年 2 月 14 日，在中央全面深化改革委员会第十二次会议上，习近平总书记指出"把生物安全纳入国家安全体系，系统规划国家生物安全风险防控和治理体系建设，全面提高国家生物安全治理能力”。2020 年 10 月 17 日，《中华人民共和国生物安全法》由第十三届全国人民代表大会常务委员会第二十二次会议审议通过，自 2021 年 4 月 15 日起正式施行。生物安全应急管理由此驶入了高质量发展的快车道。

事实上，生物安全覆盖范围非常广泛，主要包括：①防控重大新发突发传染病、动植物疫情；②生物技术研究、开发与应用；③病原微生物实验室生物安全管理；④人类遗传资源与生物资源安全管理；⑤防范外来物种入侵与保护生物多样性；⑥应对微生物耐药；⑦防范生物恐怖袭击与防御生物武器威胁；⑧其他与生物安全相关的活动。由于能力有限，本书主要聚焦于其中的重大突发传染病应急管理理论与方法、重大突发动物疫情应急管理理论与方法、外来物种入侵应急管理理论与方法及生物恐怖袭击事件应急管理理论与方法等。

在具体内容设计上，全书分为 6 篇。第一篇为生物安全与应急管理基础理论介绍。在第二至第五篇中，首先整理对应类型生物安全事件的典型案例，然后从应急预防、应急准备、应急响应、应急修复等环节，梳理该类型生物安全事件的应急管理体系，最后再针对每个生物安全事件类型提出相应的应急管理理论与方法。在第六篇中，给出我国生物安全应急管理体制的特色、优势、面临的挑战及未来发展方向，供同行参考。

本书所介绍的生物安全应急管理理论与方法充分吸收了传染病动力学、运筹优化、机器学习、大数据技术、演化博弈等理论方法的精华，并将其应用于不同的生物安全应急管理场景中。这一创新性的应用不仅有助于更加科学地认识生物安全应急管理过程，推动完善生物安全应急治理体系和提升生物安全应急治理能力，同时对于帮助学生了解生物安全应急管理学术前沿、培养创新研究思维也有重要的启示作用。我也特别希望本书在将来能为解决中国生物安全应急管理问题、指导中国生物安全应急管理实践、构建生物安全中国特色话语体系贡献一份力量。

当然，本书不仅是我个人的研究成果，更是集体智慧的结晶。书中不管是典型案例、管理体系，还是理论建模，都借鉴和引用了大量国内外学者的研究成果，是他们的研究启迪了我，在此深表感谢。同时，在我这浅短的研究过程中，有幸得到很多恩师、朋友的帮助，包括东南大学赵林度教授、王海燕教授，美国纽约州立大学奥斯威戈(Oswego)分校章定教授，美国匹兹堡大学 Jennifer Shang 教授，德国亚琛工业大学 Hans-Juergen Sebastian 教授，兰州大学陈小鼎教授等，他们就像是我人生远航途中的一个个灯塔。此外，我的研究生汪越、开吉、张淑华、刘立雯、杜雨芮、宁静、连静萱、戴桐、王钜琳、张蓓、吴佳妮、王洁等，先后参与到我所承担的各类科研项目中，并完成了本书相关章节内容的研究和整理。

本书的出版得到国家自然科学基金项目“考虑交互耦合效应的疫情应急物资多元供给模式与优化配置方法研究”(项目编号：72171119)资助，在此深表感谢！

由于时间仓促和作者水平有限，书中不足之处在所难免，请读者批评指正。

匹夫未敢忘忧国，是为序。

刘　明

2023年5月

目　录

第二篇　重大突发传染病应急管理理论与方法

第三篇 重大突发动物疫情应急管理理论与方法

第四篇　外来物种入侵应急管理理论与方法

第五篇 生物恐怖袭击应急管理理论与方法

第一篇　生物安全应急管理理论基础

2020年2月14日，习近平总书记在中央全面深化改革委员会第十二次会议上强调“把生物安全纳入国家安全体系，系统规划国家生物安全风险防控和治理体系建设，全面提高国家生物安全治理能力”。2020年10月17日，第十三届全国人民代表大会常务委员会第二十二次会议审议通过了《中华人民共和国生物安全法》。2021年9月29日下午，中共中央政治局就加强我国生物安全建设进行第三十三次集体学习。习近平总书记在主持学习时强调“生物安全关乎人民生命健康，关乎国家长治久安，关乎中华民族永续发展，是国家总体安全的重要组成部分，也是影响乃至重塑世界格局的重要力量。要深刻认识新形势下加强生物安全建设的重要性和紧迫性，贯彻总体国家安全观，贯彻落实生物安全法，统筹发展和安全，按照以人为本、风险预防、分类管理、协同配合的原则，加强国家生物安全风险防控和治理体系建设，提高国家生物安全治理能力，切实筑牢国家生物安全屏障”。

居安思危，方是一个民族成熟的表现。本书将从重大突发传染病、重大突发动物疫情、外来物种入侵和生物恐怖袭击四个方面，分析对应的生物安全事件典型案例，梳理对应的生物安全应急管理体系，探讨对应的生物安全应急管理理论与方法，从而为相关管理部门完善生物安全应急政策、制定应急响应机制和指导恢复工作提供决策参考。

第 1 章　生物安全应急管理基本概念

本章首先从生物安全问题的起源开始，介绍生物安全的基本概念，探讨生物安全的内涵，阐明生物安全事件的典型特征；其次，从应急管理的视角，解析生物安全应急管理的内涵，并介绍生物安全应急管理领域研究的主要问题和方法；然后，介绍国内外生物安全应急管理体系的形成和发展过程；最后，介绍本书的整体内容结构和篇章安排。

1.1　生 物 安 全

生物安全是公共安全的一项重要内容，属于国家安全的重要组成部分，正确认识生物安全问题是生物安全应急管理的基础。《中华人民共和国生物安全法》将生物安全分成八大类，分别是：①防控重大新发突发传染病、动植物疫情；②生物技术研究、开发与应用；③病原微生物实验室生物安全管理；④人类遗传资源与生物资源安全管理；⑤防范外来物种入侵与保护生物多样性；⑥应对微生物耐药；⑦防范生物恐怖袭击与防御生物武器威胁；⑧其他与生物安全相关的活动。由于篇幅有限，本书主要对重大突发传染病、重大突发动物疫情、外来物种入侵、生物恐怖袭击这四类生物安全问题进行探讨。

1.1.1　生物安全的起源

1. 重大突发传染病

从历史上来看，传染病的暴发和蔓延与人类生活环境的改变密切相关，当一个动物种群密度过高时，就容易暴发传染病。据考古学家考证，大约 1 万年前人类进入农耕文明时代之后，人们开始大规模开垦农田并驯养动物，人口商贸往来交流日益频繁，微生物生态环境发生变化导致细菌变异，传染病也应运而生，并逐步蔓延[1]。

自 18 世纪末英国医生爱德华·詹纳发明“牛痘”技术防御天花以来，人类与传染病的斗争进入了一个新的阶段。在传染病巨大的杀伤力面前，各国逐渐掌握了对付它的规律，开始大力发展公共卫生事业。20 世纪初人类开始对疾病控制采取新的策略和做法，如建立卫生安全标准更高的医院，发明、使用抗生素，接种疫苗等。随着疾病控制的新策略、新方法不断问世，20 世纪全球由传染病导致的人口死亡率大幅下降。到70年代后期，天花被消灭了，不少长期肆虐的传染病也得到了遏制。然而，在征服旧病毒的过程中，一些新发传染病相继出现。由于人类对新发传染病缺乏认识，又无天然免疫力，这些新传染病对人类身体健康造成严重危害，同时给社会经济带来极大损失[2]。例如，在过去的50年中，全球总共出现330种新的传染病，其中80%来自热带地区，主要在非洲和亚洲，且很多是人畜共患病。人畜共患病是病原体自然地从动物传染给人类的疾病，反之亦然[3]。

2. 重大突发动物疫情

近年来，随着全球范围内养殖模式和生态环境的改变，以及世界经济一体化进程的加快，动物疫情对畜牧业及相关产业、贸易、公共卫生、政治、军事等方面的影响不断加大。动物疫情已对全球社会经济和公共卫生安全造成严重威胁，口蹄疫、猪瘟等跨界疫病迅速传播，已打破原有的区域性，成为各国防控的重点[4]。例如，非洲猪瘟(African swine fever，ASF)最早发生于非洲的肯尼亚，后来逐渐蔓延到非洲其他地区。20世纪90年代，由于交通运输业和贸易的发展，非洲猪瘟病毒从非洲传到西班牙、法国、巴西等地区。该病毒传播速度快，且缺乏安全有效的疫苗和药物，冲击了世界各地生猪产业和国际贸易。我国在2018年8月首次报道出现了非洲猪瘟疫情，短短几个月时间就蔓延到全国大部分省(自治区、直辖市)，数十万头生猪遭到扑杀及无害化处理，严重影响了生猪养殖行业的发展[5]。

随着人口数量增长、畜牧业生产规模化，全球新发病不断增多，动物疫情传播速度加快、范围明显扩大，人畜共患病危害日益加深。据不完全统计，20世纪70年代以来全球范围内新发动物疫病约60种，其中半数以上为人畜共患病，主要分布在亚洲、非洲、欧洲和美洲[4]。

3. 外来物种入侵

除了人类和动物外，植物界也会发生疫情。例如，外来物种入侵常常导致严重的生物安全问题，甚至会带来严重的社会经济影响。18世纪的工业革命引起了交通运输领域的一场革命，进而导致跨国间的货物流和人员流成倍增长，外来物种引入的可能性相应增加，外来物种扩散的速度提升，入侵物种的类别增加。目前对世界各国造成严重危害的很多外来农林病虫都是在这一时期传入并逐步扩散。例如，紫茎泽兰(*Ageratina adenophora*)自19世纪作为一种观赏植物在世界各地引种后，经历了近一个世纪的繁衍并野化，已成为全球性的入侵物种；而在1988年入侵美国的斑马贻贝(*Dreissena polymorpha*)则在几年内就占据了北美洲五大湖的大片水域。

第二次世界大战结束以后，世界人口急剧膨胀，经济飞速发展，科技突飞猛进，交通运输业的面貌发生了巨大变化，外来物种入侵有了全球性。由于国际分工的发展，发达国家开始向发展中国家大量采购各种农林产品，而它们是外来物种入侵风险最高的产品类别之一。以鲜虾贸易来说，发展中国家出口到发达国家的鲜虾及其包装物或运输工具等都可能携带大量外来水生入侵物种，世界观察研究所研究员 Christopher Bright 甚至将其称为发展中国家对发达国家进行的一场"有组织的(外来物种)入侵"[6]。

4. 生物恐怖袭击

纵观历史，生物恐怖袭击的问题由来已久。人类历史上最早利用微生物进行的战事可能是汉武帝后期的汉匈之战。匈奴将战马捆住前腿放到长城脚下，对汉军说："秦人，你们要马，我送你们战马。"而这些战马是被胡巫施过法术的，即当时所谓的"蛊"，实际是带疫马匹。汉人将病马引入关后，致人染疾，影响了战斗力[7]。

随着经济全球化的迅猛发展，社会复杂性和不确定性因素不断增加。在这个不断变化的过程中，各种生物恐怖袭击事件时有发生，典型案例如 1995 年的日本地铁沙林毒气事件、2001 年的美国炭疽邮件事件等。

1.1.2　生物安全的内涵

生物安全作为一个科学术语，其出现时间并不久远。大致在 20 世纪 70 年代，针对包括转基因技术在内的生物技术不当利用所引发的担忧，美国国家卫生研究院制定了《关于重组 DNA 分子的研究准则》，重点关注了生物技术引发的生物安全，并首次提出了生物安全概念。20 世纪 80 年代，联合国环境规划署、世界卫生组织和联合国粮食及农业组织等国际机构，分别从生物多样性、人类健康和人类食物安全的角度对生物技术安全做出了界定。2005 年，国务院决定核准《卡塔赫纳生物安全议定书》签订生效。自此之后，有关生物安全的研究和文章开始呈现几何级数的增长。鉴于生物安全是一个多学科、多领域、多视角的命题，目前关于生物安全内涵和外延的认识尚不统一[8]。

2020 年 10 月 17 日，第十三届全国人民代表大会常务委员会第二十二次会议通过的《中华人民共和国生物安全法》将生物安全定义为：国家有效防范和应对危险生物因子及相关因素威胁，生物技术能够稳定健康发展，人民生命健康和生态系统相对处于没有危险和不受威胁的状态，生物领域具备维护国家安全和持续发展的能力。

生物安全是指生物的正常生存、发展以及人类的生命和健康不受人类开发利用活动侵害和损害的状态，即生物安全是各种生物不受外来不利因素侵害和损害的状态。其中，外来因素包括现代生物技术的开发和应用(如转基因技术)，外来有害生物的引进和扩散，对人类生活和健康造成不利影响的各种传染病、害虫、真菌、细菌、线虫、病毒和杂草等。

生物安全的概念有狭义和广义之分。狭义的生物安全是指防范现代生物技术的开发和应用所产生的负面影响，即对生物多样性、生态环境及人体健康可能造成的风险。广义的生物安全还包括重大新发及突发传染病、动植物疫情、外来生物入侵、生物遗传资源和人类遗传资源的流失、实验室生物安全、微生物耐药性、生物恐怖袭击、生物武器威胁等。本书中涉及的几种典型生物安全事件的内涵阐述如下。

1. 重大突发传染病

重大突发传染病是指突然发生、造成或者可能造成公众健康和生命安全严重损害，引起社会恐慌，影响社会稳定的传染病。根据传染病发生和流行的历史，可将传染病分为经典传染病、新发传染病、再发传染病。经典传染病指过去曾严重流行、目前已经得到控制或流行频度显著减少和流行范围显著缩小的传染病，如天花、脊髓灰质炎等。新发传染病指 30 年内人类新发现或已经存在但发病区域变化并不断扩大的疾病。再发传染病是指那些早就为人们所知，并已得到良好控制，发病率已降到极低水平，但现在又重新流行，再度威胁人类健康的传染病，如结核病、性传播疾病、疟疾、狂犬病等。20 世纪 70 年代以来，几乎每年都有新发传染病发生，其病原微生物种类复杂，主要有病毒、细菌、立克次体、衣原体、螺旋体及寄生虫等，其中病毒性疾病是新发传染病的主要类型。我国在 1990～2021 年已有多次新发、再发病毒性传染病暴发，2003 年严重急性呼吸综合征(severe acute respiratory syndrome, SARS)、2016 年寨卡(Zika)病毒病等均属于新发传染病。表 1-1 记录了 2003～2016 年以来国内的新发突发传染病。由于人群对新发病原体无免疫力，对疾病传播特点与流行规律缺乏认识和应对措施，传染病一旦发生并传播往往对人类健康造成严重危害，给社会经济带来极大损失[9]。

表 1-1　国内新发突发传染病

年份	传染病
2003	SARS
2003	人感染高致病性禽流感(H5N1)
2009	甲型 H1N1 流感
2013	人感染 H7N9 禽流感
2015	中东呼吸综合征(MERS)
2016	黄热病
2016	寨卡病毒病

2. 重大突发动物疫情

在动物养殖过程中，动物的生长发育和生产活动会受到很多因素的影响，当动物抵抗力降低时，就可能发生各类疫病，目前常见的有寄生虫感染、细菌感染和病毒感染。首先，寄生虫病是由寄生虫寄生于动物体表和体内引发的，这些寄生虫大多在宿主体内吸收营养。其次，动物传染病是由病毒、真菌、细菌等微生物感染引发的各类疫病。这种疫病具有传染性，可通过直接或间接接触传播，畜禽感染这类疾病后，会出现非常特殊的临床表现，且这类疾病传染性非常强，与寄生虫病相比更难救治。

根据动物疫病对养殖业生产和人体健康的危害程度，《中华人民共和国动物防疫法》规定管理的动物疫病分为下列三类：一类疫病，是指口蹄疫、非洲猪瘟、高致病性禽流感等对人、动物构成特别严重危害，可能造成重大经济损失和社会影响，需要采取紧急、严厉的强制预防、控制等措施的；二类疫病，是指狂犬病、布鲁氏菌病、草鱼出血病等对人、动物构成严重危害，可能造成较大经济损失和社会影响，需要采取严格预防、控制等措施的；三类疫病，是指大肠杆菌病、禽结核病、鳖腮腺炎病等常见多发，对人、动物构成危害，可能造成一定程度的经济损失和社会影响，需要及时预防、控制的。

3. 外来物种入侵

外来物种入侵主要是指某种动植物从外地自然、人为地传入，或被人引种后成为野生状态，并危害本地生态系统的事件。外来物种入侵的过程分为 4 个阶段：侵入、定居、适应和扩散。侵入是指生物离开原生境到达新环境；定居是指生物到达入侵地后至少已完成一个世代的繁殖；适应是指入侵生物已经繁殖数代，种群缓慢增长，每一代对新环境的适应能力都有所增强；扩散是指入侵生物已基本适应新环境，种群具备有利的年龄结构和两性比例，具有快速增长和扩散的能力。外来物种入侵事件包括美国亚洲鲤鱼事件、水葫芦入侵我国南方事件、1995 年我国天津的美国白蛾事件等。生物入侵事件的发生往往是因为被引入的生态系统对入侵的动植物缺乏抑制功能，这不仅破坏了生物多样性，还容易导致生态环境的恶化。

4. 生物恐怖袭击

生物恐怖袭击是恐怖分子利用细菌、病毒等病原体或其产生的毒素，致使公众受伤、残疾甚至死亡，从而引发社会动荡、扰乱社会秩序的行为[10]。生物恐怖袭击的目标主要包括大型公众场所、政治敏感地区、军事目标、经济中心、空调系统、大型水体或水源及食品加工场所。2001 年美国炭疽邮件事件是历史上著名的生物恐怖袭击事件。

未来可能的生物恐怖袭击形式有：

(1)农业恐怖主义袭击，是指恐怖分子利用致命病毒在农业领域扩散传染病。有专家预计，随着现代转基因技术在农业领域的广泛应用，发生农业恐怖主义袭击的可能性非常大。

(2)基因恐怖主义袭击，是指恐怖分子使用由致病微生物或生物毒素及其载体制成的基因武器进行恐怖活动或者军事行动。

1.1.3　生物安全事件的典型特征

1. 重大突发传染病的特征

1)突发性

重大突发传染病疫情都是突然发生、突如其来的，一般是不容易预测的。

2)传染性

重大突发传染病疫情的传播速度通常非常快，并且能够在短时间内波及广泛的区域。

3)不确定性

传染病的源头、发生机理、传播链条、传播速度和致命性等都需要从基础性的病理研究开始，治疗方案也需要积累大量临床表现，存在很大的不确定性[11]。

4)季节性

许多疾病在不同季节里的发病情况并不完全相同，大多数传染病在一定的季节会出现发病率升高现象，所以说传染病具有季节性特征[12]。

5)地区性

由于中间宿主受地理条件、气温条件变化的影响，某些传染病或寄生虫病常局限于一定的地理范围内发生，如虫媒传染病、自然疫源性疾病等。

6)伴随性

除了战争等非自然因素外，传染病至今仍未随着各个主要经济体科技水平的发展和生物医药卫生条件的提高而消失。每当人类刚刚开始了解一些关于已经发生的传染病的基本情况并有效抑制其蔓延发展以后，新一轮的传染性疾病和新型病原体导致的生物安全事件又再次发生，如埃博拉(Ebola)、SARS、中东呼吸综合征等疫情，这些生物安全事件的演化历程一直与人类的发展史和科技史并存[13]。

2. 重大突发动物疫情的特征

1)疫病种类繁多、疫情复杂，危害严重

重大动物疫病频繁发生，危害严重。据初步统计，自 1980 年以来，从国外传入或国内新发现的动物疫病达 30 多种，在我国发生过的传染病有 200 多种、寄生虫病有 900 多种，大多数疫病没有被消灭，每年给畜牧业造成巨大经济损失，广大农牧民损失惨重。据估计，我国每年由动物因病死亡造成的直接经济损失达 238 亿元，畜禽生产性能下降、饲料浪费、防治费用增加等损失更大。

2) 人畜共患病对人的健康构成严重威胁

目前在我国危害较严重的布鲁氏菌病、结核病、炭疽病、狂犬病、血吸虫病、棘球蚴病、猪囊虫病、旋毛虫病等均未得到根本控制。过去基本得到控制的布氏杆菌病、结核病等疫情，随着牛、羊等草食动物养殖规模的扩大，以及种畜频繁调动而明显回升；宠物的过度和无序发展，使狂犬病、弓形虫病等的发病明显增加，给人畜共患病的防治带来了新的问题。

3) 国外动物疫病对我国构成了严重威胁

随着经济全球化和我国改革开放的深入，动物和动物产品的国际交流活动日益频繁，疫病传入的风险增大。我国周边很多国家还存在疯牛病、牛瘟、小反刍兽疫等多种疫病，这些疫病随时可能通过边境贸易、过境放牧、野生动物季节性迁徙等传入。同时，近年来国际上疯牛病、口蹄疫、禽流感、大肠杆菌 O157∶H7 等重大动物疫情频繁发生，动物疫病突破了传统意义上畜牧业生产及畜牧业经济领域，逐步成为世界各国政府和人民广泛关注的政治性问题[14]。

3. 外来物种入侵的特征

1) 入侵行为的潜伏性

某一物种刚进入新的生态环境时，与本地物种相比，在数量上总是占少数，最终该物种要在数量上占多数，“反客为主”成为入侵物种是需要一个过程的。许多外来入侵物种对生物多样性的影响一般具有 5～20 年的潜伏期。

2) 危害后果的严重性

(1) 造成巨大的经济损失。入侵的杂草会使作物减产，增加防治成本。据统计，我国几种主要入侵物种所造成的经济损失每年达到 574 亿元，间接经济损失则大大超过这一数目。

(2) 导致生物多样性的丧失。某一物种传入新地域后，由于各种原因，在与本土物种的竞争中获胜，进而形成优势种群，不断缩小本土物种的生存空间，造成本土物种数量减少乃至灭绝，从而导致物种的单一化。此外，外来入侵物种还会影响当地生态系统的遗传多样性，可能使某些物种的基因库变窄，还可能与当地物种杂交而导致基因污染。

(3) 直接威胁人类健康。许多入侵生物本身就是人类的病源或病源的传播媒介，在它们入侵成功的同时有可能会带来疾病的大范围流行，从而严重影响人类的健康和生存。此外，为了控制外来物种入侵而大量使用杀虫剂、农药等有害物质给环境造成了污染和损害，同时，环境中残留的农药也对人体健康构成威胁。

3)清除控制的艰难性

目前，对外来入侵物种进行彻底的清除非常困难，对其进行有效的控制，使其不影响当地生态环境也存在诸多障碍。

(1)治理方法的困境。控制和清除外来入侵物种的典型方法可以分为物理防治、化学防治、生物防治三种，各种方法均有不足。

(2)科学研究的局限。我国目前对外来物种入侵的科学研究明显滞后，至今还没有查清完全我国入侵物种的种类、数量、分布区域、成灾潜势及对当地生态系统功能可能的影响等情况；对入侵物种的侵入途径、生态适应性、种群变化和迁移规律等缺乏深入系统的研究，无法为制定科学合理的防治方案提供必要的科技支持。

(3)管理体制的漏洞。防治外来物种入侵往往涉及环保、检疫、农、林、牧、渔、卫生等多个部门。我国防治外来物种入侵的监督管理体制不完善，部门之间的分工不甚明确，缺乏有效的协调机制。

4)人为因素的主导性

外来物种的入侵主要是人为因素造成的，即通过人的活动将外来物种带入一个新的生态环境中，包括有意引进和无意引进两种情况，前者主要是用于农林牧渔业生产、城市绿化、景观美化等目的的引进，后者则是随贸易、运输、旅游等活动而导致的物种传入[15]。

4. 生物恐怖袭击的特征

生物恐怖袭击之所以能把整个世界笼罩在阴影之下，与其特征密不可分。

1)广泛的传染性、持久的危害性

20 世纪 70 年代，世界卫生组织专家委员会估计：50kg 炭疽杆菌经飞机在一个 500 万人口的都市上空施放后，若不经治疗，将会有 10 万人面临死亡。生物攻击可以使任何一个国家哪怕是最发达的国家陷入瘫痪。

2)生产容易、成本低廉

可供生物恐怖袭击的生物战剂很多，属于烈性的生物战剂就有 20 多种。尽管许多国家相当重视对生物战剂的管控，但是这些生物战剂仍有流向社会的可能。

3)隐蔽性强、便于突然袭击

生物战剂的施放一般不需要特殊的设备，施放方式多种多样，这样实施者可以神不知鬼不觉地逃离现场。特别是生物战剂气溶胶无色、无臭，看不见、摸不着，人们即使在充满战剂气溶胶的环境中活动也无法察觉。而且这种袭击可能发生在任何时间、任何地点，要想万无一失地进行有效防护几乎是不可能的。

4) 缺乏有效的治疗和控制手段

哪怕生物恐怖袭击所使用的战剂是人类已根除或有着丰富治疗和控制经验的病原菌，在突然大面积流行时，也会使人们措手不及[16]。

1.2　生物安全应急管理

本节将从应急管理的视角，引入生物安全应急管理的概念、内涵及典型特征，并介绍生物安全应急管理领域的主要研究内容和研究方法。

1.2.1　应急管理

应急管理是指事件突发时，通过分析研究突发事件的原因、过程及最后造成的相应损失等，为减少经济或其他方面的损失，而组建的一套能够有效预防、处置和控制处理突发事件的管理体系。它的概念在学术界被概括为：为有效预防和应对社会公共卫生事件，将政府、社会和第三方组织有效结合起来的，以便在类似于自然灾难、事故灾害等突发事件发生时第一时间采取准备、响应和恢复行动的指南[17]。应急管理的四个阶段阐述如下。

应急预防：是指通过安全管理和安全技术等手段，尽可能防止事故的发生，以实现本质安全。危机事件多种多样，有些是可以预防的，有些是无法避免的，但可以通过各种措施减轻其危害。国外通常采取的措施有：加强土地、建筑管理，使建筑标准能够达到防震、防火、防飓风的要求；组织水利设施建设，以便防洪泄洪；检查排除事故、灾难、疫情隐患等工作。这个阶段工作的着眼点是做好风险评估工作，尽可能事先考虑到会出现哪些风险，并采取有效的预防措施，避免盲目自信。

应急准备：是指为了应对潜在危机事件所做的各种准备工作。主要措施包括利用现代通信技术建立信息共享网络，组织制定应急预案，并根据情况变化随时加以修改完善；就应急预案组织模拟演习和培训；建立预警系统；与各个应急部门订立合作互助计划，以落实应急处置时的场地设施使用、物资设备供应、救援人员参与等事项。

应急响应：是指在危机发生发展过程中所进行的各种紧急处置工作。主要包括进行预警提示、启动应急计划、提供紧急救援、实施控制隔离、紧急疏散居民、评估灾难程度、向公众报告危机状况及政府采取的应对措施、提供基本的公共设施和安全保障等一系列工作。这是应对危机的关键阶段、实战阶段，考验政府应急处置能力，尤其需要解决好以下几个问题：一是应对危机，特别是重大危机，需要政府具有较强的组织动员能力和协调能力，使各方面的力量都参与进来，相互协作，共同应对危机；二是要依法进行紧急处置，避免滥用职权；三是要为一线反应人员配备必要的装备设施，以提高应急处置效率，并保护好一线人员；四是要有应对非理性行为的方案，因为在灾难和危机情况下可能会出现不听从指挥、不服从管理、不遵守法律的情况，需要采取特殊的管理方法。

应急恢复：是指在危机事件得到有效控制之后，为了恢复正常的状态和秩序所进行的各种善后工作。主要包括启动恢复计划、提供灾后救济救助、重建被毁设施、尽快恢复正常的社会生产秩序、进行灾害和管理评估等。这个阶段的工作重点，一是要强化市政、民政、医疗、财政等部门的参与，做好灾后重建恢复工作；二是要进行客观的灾后评估，分析总结应急管理的经验教训，为今后更好地应对危机打下基础[18]。

1.2.2 生物安全应急管理概述

1. 生物安全应急管理内涵

面对当前生物安全事件频发带来的巨大挑战，只有加强生物安全应急管理体系和能力建设，才能有效处置应对，从根本上保护人民健康和促进经济社会发展。

生物安全应急管理体系是一种全面性、综合性和规范性制度安排，由生物安全应急管理主体、客体和运行关系三要素构成。它既包括体制、机制和法制等静态制度，又包括执行、遵从和运行的动态应急管理行动。第一，主体是应急管理的主要承担者，外在表现为体制，即组织形式及职能分工，也包括职能履行行为。例如，农业农村部、国家卫生健康委员会、自然资源部等部门承担动物防疫、卫生防疫、生态安全等事件的应急管理职能。主体也包括事件涉及的企事业单位、科技人员、社会公众等。第二，客体是围绕各类事件的应急管理对象。甲型H1N1流感事件中的疫情，致病生物因子、病毒污染环境、病毒感染病员等都属于生物安全应急管理的对象。生物安全应急管理客体的外在表现为体制机制，即事件应急管理系统的组织、对象或部分之间相互作用的过程。第三，生物安全应急管理运行关系是指主体、客体间关系及其运行过程。例如，实验室生物安全应急管理中，政府对事件的应急决策、政府对密切接触人的隔离、科研机构对受污染环境的消杀、医疗机构对受感染人员的救治、主管部门对外界的信息发布等。这种关系常通过法律、法规、规章、规范性文件和预案等制度化形式表现。

生物安全应急管理能力是一个国家或地区、单位和管理者个体，通过防范和控制事件中的生物致害因子，减轻或消除威胁的能力。生物安全应急管理能力通常适用预防原则、准备原则和先期处置原则，其核心目标是避免事件的发生，主要包括监测、预警、鉴别、处置、恢复等方面的能力。生物安全应急管理能力通过应急管理体系的主体、客体和运行关系等要素发挥作用。一是应急主体能力的全面性。生物安全事件具有系统性风险特征，需要政府、市场主体、社会组织和公众的共同参与，尤其要关注不同层级政府间在纵向和横向上的应急职能协调及资源配置能力，这对于成功应对生物安全事件至关重要。二是应急客体能力的激励有效性。通过应急管理各环节机制的有效设计，实现应急管理各环节的预防准备、监测预警、应急响应、处置应对、恢复重建的能力。三是应急管理关系的规范能力。规范能力通过增强应急管理关系的确定性，实现应急管理参与者行动的可预期性，进而对冲应急事件的不确定性[19]。

2. 生物安全应急管理主要研究内容

1) 重大突发传染病应急管理

根据《中华人民共和国传染病防治法》，医疗机构发现甲类传染病时，应当及时采取下列措施：

(1) 对病人、病原携带者，予以隔离治疗，隔离期限根据医学检查结果确定；

(2) 对疑似病人，确诊前在指定场所单独隔离治疗；

(3) 对医疗机构内的病人、病原携带者、疑似病人的密切接触者，在指定场所进行医学观察和采取其他必要的预防措施。

2) 重大突发动物疫情应急管理

目前我国动物疫病防控工作是在动物疫病分类管理制度的基础之上开展的。所谓动物疫病分类制度，是指《中华人民共和国动物防疫法》根据动物疫病对养殖业生产和人体健康的危害程度，将动物疫病分为 3 类，即一类、二类和三类动物疫病，分别执行不同级别的控制和扑灭措施。尽管目前我国没有明确的重大动物疫情病种名录，但是应对重大动物疫情时政府都应采取适用一类动物疫病的最高级别的控制和扑灭措施。例如，2005 年四川省发生的猪链球菌病虽属于我国规定的二类动物疫病，但该疫情已经导致人发病死亡，对公共卫生安全造成了严重威胁，属于重大动物疫情，应按照一类动物疫病处置。因此，我国不提倡教条主义，重大动物疫情的认定和处置不仅要考虑疫病既有的规则分类，还要结合疫情的危害程度、涉及范围等因素，采取权变性的应急管理活动[20]。

3) 外来物种入侵应急管理

外来入侵物种的防控措施分为预防和控制两方面。

预防需要首先建立健全相关法律法规、预警机制、评估体系，加强对有意引种的外来物种的风险评估和监督管理；其次要加强检验检疫工作，拦截通过主要通道无意进入中国的外来入侵物种。

控制外来入侵物种的方法可分为四类：一是物理防控，包括人力灭除、机械清除等；二是化学防控，利用化学制剂控制外来入侵物种，此法具有见效快、使用方便、易于推广等优点，但容易波及环境、本地物种及人畜健康等；三是生物防控，包括生物替代和生物防治，生物替代是选用当地物种通过替代方法控制外来入侵物种，生物防治是通过引进原产地的天敌控制外来入侵物种；四是综合防控[21]。

4) 生物恐怖袭击应急管理

警惕生物恐怖袭击，要具备侦察和判断能力。首先，可以从袭击景象进行判断，生物武器袭击后，有许多可疑征候可供侦察和判断，如空情、地情、虫情与平时出现明显的不同。其次，可以从发病情况进行判断，如突然发现地区性少见的传染病；大量人、畜患同类病，或大批牲畜突然死亡；发病季节反常；在特定人群发生不寻常的疾病，或虽然是常见病但发病率、死亡率更高等。此外，也可以通过大气检测或者水样检测进行判断。

在生物反恐救援方面，需要建立专门的领导、组织、指挥和协调机构，制订反生物恐怖的长期、中期和短期计划，组建一支快速机动的反生物恐怖和反生物战合一的队伍，建立分级实验室工作网，建设生物安全防护研究基地，并开展特定的技术、药剂与装备研究[22]。

3. 生物安全应急管理典型特征

1) 专业性、技术性

生物安全事件中，有的如实验室生物安全事件、生物新技术误用滥用谬用事件，其本身是技术和专业研发过程的产物；其他的如传染病事件、生物资源事件应急管理，也需要深度的专业技术参与。同时，随着网络和信息技术进入生物领域，未来生物技术也可以带来网络生物安全隐患。这一特点决定了生物安全应急管理体制机制设计不同于其他领域，这是各国采用专业部门管理模式的重要原因[19]。

2) 复杂性

重大传染病、重大动物疫情、外来物种入侵、生物恐怖袭击等生物安全事件具有易扩散、强传染性、长潜伏期、肉眼看不见、难以诊断、难以消灭的特点。因此生物安全应急管理工作十分复杂和烦琐，包括风险防范、监测预警、病源确认、控制扑灭等业务环节和应急组织指挥、社会动员、调查评估、恢复重建等管理环节。这些工作环环相扣、彼此贯穿，可以说开展一次生物安全应急管理工作不亚于指挥一场战役。

3) 防范性

近年来，生物安全应急管理的主要思路从被动应对转到了主动防范。对于传染病和动物疫情在暴发前应做好充分准备，及时开展疫情预警预报，通过平时采取的预防措施消除疫情隐患，树立全民动物防疫意识，建立健全传染病、动物疫情应急管理体系，为可能发生的重大疫情设置层层“屏障”和建立各种“防火墙”，切实提高整个社会网络抵抗重大疫情的“免疫力”。对于外来物种入侵，对引种的外来物种进行风险评估和监督管理，加强检验检疫工作，以拦截外来入侵物种。

对于生物恐怖袭击，实时监测和评估各种生物安全风险因素，加强生物安全管理，对可能用于生物恐怖袭击的病原体、毒素等危险物质进行严格管控。

4) 政府主导性

在生物安全事件来势凶猛，给社会造成强大冲击力的背景之下，个人的力量根本无法与之抗衡，所以生物安全应急管理的主体只能是政府。同时，大部分行政资源可由政府调配，加上国家机器的强大助力，在紧急状态下，任何非政府组织都无法像政府那样指挥调度大量的人力和物力资源，因此生物安全应急管理只能由政府主导[20]。

1.2.3 生物安全应急管理研究方法

1. 重大突发传染病应急管理研究方法

1) 传染病动力学模型

传染病动力学的相关研究主要集中于生物数学领域，研究方法是针对突发疫情的扩散趋势构建相应的系统动力学模型，经典模型有 SIR、SIRS、SEIR、SEIRD 等。传染病动力学模型又称为仓室模型，是将研究人群划分为不同仓室，两个仓室之间的转移率描述了个体在仓室间的转移速度，在数学上表示为仓室大小对时间的导数，模型由常微分方程描述[23]。

2) 突发疫情应急资源分配模型

在大规模突发事件应急物资调度决策中，由于时间的紧迫性和资源的竞争性，合理、有效地进行应急资源分配成为亟待解决的关键问题[24]。突发疫情应急资源分配模型以应急预算资金、物资的分配决策为研究对象，结合传染病动力学模型和资源分配的数学规划模型，实现疫情应急响应中应急预算资金、物资分配效率的最大化。

3) 突发疫情应急物流网络模型

为了应对突发事件，应急物流的目标是将应急物资在最短的时间内安全地送到需求点，因此更注重物流效率。在物流网络设计中，选址分配是战略规划层面的问题，在决策中占据十分重要的地位，常用的选址模型有韦伯问题、P 中值问题、P 中心问题、覆盖选址模型等。突发疫情应急物流网络模型以成本、物资满足情况、时间等为目标，采用多种数学规划模型，解决应急医疗物资在供应者、分配中心、疫区的多级分配物流设计问题[25]。

2. 重大突发动物疫情应急管理研究方法

1) 重大突发动物疫情预测方法

动物疫病预测是根据动物疫病历史资料及其发生、发展规律和影响因素，用直观判断、统计学等方法对发生、发展趋势做出预测。主要运用的方法有直接预测法、统计模型法、系统模拟模型法三种。其中，直接预测法简单直观，但主观影响大，预测准确率低，预测时效短，常用的有德尔菲法、调研法、模糊聚类预测法、贝叶斯概率判断法等；统计模型法是目前应用最广的方法之一，它通过建立模型实现定量分析，提高了预测准确率，延长了预测时限，但其模型建立和校验较为复杂，使用难度较高，常用的有指数平滑法、ARIMA 模型预测法、灰色预测模型法、回归分析法等；系统模拟模型法的构建比较困难，但其解析能力强，适用范围广，预测期限长，预测精度高，能够在一定程度上提高动物疫病预测的智能化与系统化[26]。

2) 重大突发动物疫情风险评估模型

模糊综合评价法是一种基于模糊数学的综合评价方法。根据模糊数学的隶属度理论，综合评价方法将定性评价转化为定量评价，即利用模糊数学对受多种因素制约的事物或对象进行综合评价，其具有结果明确、系统性强的特点。

3) 重大突发动物疫情中社会信任修复策略

(1) 动物疫情中基于三方的社会信任假设。突发性动物疫情公共危机爆发后，会导致人们对食品安全的担忧，进而造成市场供求失衡及社会恐慌等一系列社会问题。政府、生产者和消费者等群体会在这些因素和外界环境的影响下做出相应的行为决策，同时各方群体行为决策也会相互影响、相互制约，三方在相互作用中需要找到一个平衡机制，形成一种良性循环。

(2) 动物疫情中三方演化博弈。由于信息不对称，动物疫情公共危机爆发后，若不及时采取应对策略，会造成消费者对政府公信力产生怀疑等影响。为避免这种情况的出现，构建有效的社会信任修复机理是关键。构建政府、生产者和消费者三方动态演化博弈模型，可以很好地分析影响消费者行为选择及导致社会信任降低的原因，并根据演化博弈求得的均衡解找出稳定策略，修复社会信任[27]。

3. 外来物种入侵应急管理研究方法

1) 外来入侵物种的传播扩散模型

(1) 指数增长模型：指数增长模型是一个早期就用于描述生物群体增长的简单模型，其假设在研究的时间范围之内仅有生长繁殖而没有死亡现象，并且生物群体能获得无限的生长条件。

(2) 逻辑斯谛 (logistic) 增长模型：Logistic 增长模型是广泛应用于描述季节进展曲线的基本模型，又称自我抑制性方程。

(3) Richards 模型：Richards 模型是用于描述生物种群生长动态的数学模型，模型中含有一个形状参数 m，改变 m 参数的值，能形成不同的曲线形状，是一个适应性较广的模型。

2) 外来入侵物种的风险评估模型

对于外来入侵物种的风险评估，一般采用流程图分析法和层次分析法。

(1) 流程图分析法：流程图分析法主要用来分析引进过程中的每个环节可能存在的风险，包括引进前的风险评估、引进过程中的风险和引进后的监督管理等方面。

(2) 层次分析法：层次分析法可以很好地结合定量和定性两方面，将风险层次化、框架化，并且落实到直接控制对象上，以便从整体上全面地考察风险。

3) 外来物种入侵机理及其空间分布模拟

(1) 种间竞争模型：为了模拟生物种群的竞争与相互作用，Lotka 和 Volterra 在 logistic 方程的基础上提出 Lotka-Volterra 模型，奠定了种间竞争关系的理论基础[28]。

(2) 物种分布模型：物种分布模型 (species distribution models, SDMs)，是将物种的分布样本信息和对应的环境变量信息进行关联，得出物种的分布与环境变量之间的关系，并将这种关系应用于所研究的区域，对目标物种的分布进行估计的模型[29]。

4) 外来物种入侵的应急防控资源配置优化

生物经济模型：生物经济模型用于消耗性生物资产价值评估，遵循生物资产生长发育规律及价值变动规律[30]。例如，Gordon-Schaefer 模型是渔业资源经济学和渔业管理理论中最基本与应用最广泛的模型之一，该模型得出了最大经济产量 (MEY) 小于最大生物产量 (MSY) 的结论，并将 MEY 作为渔业资源管理的目标[31]。

4. 生物恐怖袭击应急管理研究方法

生物危险源扩散演化模型：生物危险源扩散在现实情况中最主要、最直接的表现形式即是某种传染病的暴发，而传染病动力学是对传染病的流行规律进行理论性定量研究的一种重要方法[32]。除此之外，同样可用传染病资源优化配置模型来刻画生物恐怖袭击下应急资源的优化配置。

1.3　生物安全应急管理体系的发展

生物安全事件是对国家治理体系和治理能力的一次大考，生物安全应急管理体系也在一次次突发事件中不断完善、不断成熟、不断人性化。健全的生物安全应急管理体系是一个由风险评估、风险管理和风险沟通三方面构建的，涵盖现代生物技术研发应用、生态环境开发利用、生物多样性和公共卫生安全保障等诸多内容的有机整体[33]。

1.3.1　国外生物安全应急管理体系的发展

在生物安全应急管理体系的建设方面，美国、英国、日本、澳大利亚等国作为先行者，其经验和教训值得我国深入探索和研究借鉴。

1. 美国

在美国的公共卫生突发事件应急管理中，成立预案是其公共卫生突发事件应急机制中最关键的一个部分，也是该机制成熟的标志。美国建立了公共卫生突发事件三级应对体系，包括联邦疾病控制与预防系统、地区与州医院应急转变系统、地区城市医疗应急系统。除健全战略体系外，美国还斥巨资部署了一系列可持续发展且稳定的科技计划和项目，如减少生物威胁计划、生物监测计划、新发流行病威胁计划等，从多个环节为国家生物安全提供强大支撑和坚实保障。

2. 英国

英国长期以来非常关注生物安全问题，于 2018 年 7 月出台了《英国国家生物安全战略》。该战略概述了四个方面的行动方案：加强信息的收集、共享与评估；完善政府部门间协作、推进国际合作、严格边境管控、开展负责任的生物科学研究；完善监测系统，提高检测、报告生物风险的能力；制定风险应对计划，积极应对生物风险。同时，该战略要求建立一个跨部门的委员会，以达到融入现有政府机制的目的，实现统筹生物风险防控工作的目标。英国始终将“病人第一”作为服务理念，建立了可持续发展的突发公共卫生事件应急体系。

3. 日本

日本的突发公共卫生事件主要是从功能、组织结构、专业人员建设等方面对传统卫生行政机构保健所进行创新与优化，从而提高其应对能力。传染病防控是日本生物安全战略的首要关注点，因此日本在生物安全领域创立了多部相关的法律、法规和条约，如《传染病法》《检疫法》《禁止生物武器公约》《新型流感等对策特别措施法》等。

4. 澳大利亚

澳大利亚早在 1908 年就制定了《检疫法》，以有效保护及预防生物风险。该法是 2015 年制定的《生物安全法》的雏形。在管理体制上，澳大利亚设立生物安全检察总长、生物安全主任、人类生物安全主任等，部门之间通过签订备忘录的形式建立联系和合作。澳大利亚生物安全应急管理体系的关键之处是基于风险评估和分级，将监管的重点放在高风险物质上，达到适当保护的目标。

随着高新科技的快速发展和社会经济的蓬勃发展，全球正面临更多、更新的生物安全挑战，因此生物安全应急管理体系的内容也在不断丰富和扩充。

1.3.2 国内生物安全应急管理体系的发展

在重大突发传染病应急管理体系方面，从中华人民共和国成立至 2003 年抗击非典之前，我国主要实行的是以单灾种分类管理为主的模式，对横向跨地区、跨部门统筹协调的需求相对比较有限。2003 年突如其来的非典疫情，不仅暴露出我国在重大突发传染病应急管理工作上存在明显短板，也成为推动我国应急管理改革发展的“机会之窗”。在取得抗击非典的胜利后，我国建立了重大突发传染病的“一案三制”应急管理体系。

党的十八大以来，中国特色社会主义进入新时代。此后，“公共安全事件”取代“突发事件”，“国家公共安全体系”取代“国家应急管理体系”。2019 年 11 月 29 日，中共中央政治局就我国应急管理体系和能力建设进行第十九次集体学习。习近平总书记强调：“应急管理是国家治理体系和治理能力的重要组成部分，承担防范化解重大安全风险、及时应对处置各类灾害事故的重要职责，担负保护人民群众生命财产安全和维护社会稳定的重要使命。要发挥我国应急管理体系的特色和优势，借鉴国外应急管理有益做法，积极推进我国应急管理体系和能力现代化。”我国各类事故隐患和安全风险交织叠加、易发多发，影响公共安全的因素日益增多。加强应急管理体系和能力建设，既是一项紧迫任务，又是一项长期任务。

1.4 本书内容结构安排

本书共分为六个部分，共 15 章，具体内容安排如下。

第一篇，生物安全应急管理理论基础。其中，第 1 章为生物安全应急管理基本概念，介绍生物安全的起源、内涵和典型特征，应急管理的基本概念，生物安全应急管理的研究内容和方法，生物安全应急管理体系的发展等；第 2 章为生物安全应急管理基础理论方法，详细地介绍在生物安全应急管理中常用的理论方法，如传染病动力学模型、资源分配优化基础模型、智能优化算法基础等。

第二篇，重大突发传染病应急管理理论与方法。其中，第 3 章为重大突发传染病典型案例分析，介绍 SARS、H1N1、MERS 等典型重大突发传染病案例；第 4 章为重大突发传染病应急管理体系，从应急预防、准备、响应和修复四个体系进行介绍；第 5 章为重大突发传染病应急管理模型与方法，介绍传染病动力学建模、应急物资供给模式、应急物资调度优化、应急资源分配优化方法、大数据技术在重大突发传染病中的应用等内容。

第三篇，重大突发动物疫情应急管理理论与方法。其中，第6章为重大突发动物疫情典型案例分析，介绍非洲猪瘟、高致病性禽流感、口蹄疫等动物疫情；第7章为重大突发动物疫情应急管理体系；第8章为重大突发动物疫情应急管理模型与方法，介绍重大突发动物疫情扩散演化模型、监测预警模型、风险评估模型，以及社会信任修复策略、大数据技术在重大突发动物疫情中的应用等内容。

第四篇，外来物种入侵应急管理理论与方法。其中，第9章为外来物种入侵典型案例分析，介绍太湖蓝藻、截叶铁扫帚、加拿大一枝黄花等外来入侵物种；第10章为外来物种入侵应急管理体系；第11章为外来物种入侵应急管理模型与方法，介绍外来入侵物种的传播扩散模型、风险评估模型、入侵机理及其空间分布模拟、应急资源配置优化模型、大数据技术在外来物种入侵中的应用等内容。

第五篇，生物恐怖袭击应急管理理论与方法。其中，第12章为生物恐怖袭击典型案例分析，介绍罗杰尼希教(奥修教)、美国炭疽邮件、蓖麻毒素投递等生物恐怖事件；第13章为生物恐怖袭击应急管理体系；第14章为生物恐怖袭击应急管理模型与方法，介绍生物危险源扩散演化模型、生物恐怖袭击预警和评估方法、生物反恐中的应急物资调度优化方法、大数据技术在生物恐怖袭击中的应用等内容。

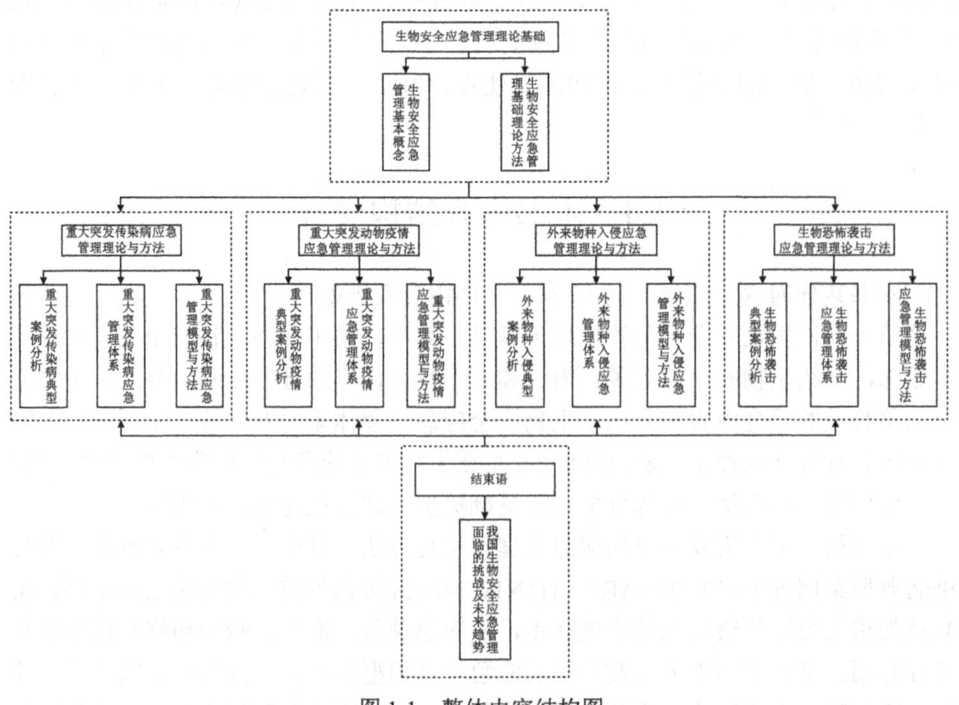

图1-1 整体内容结构图

第六篇，结束语。第 15 章介绍我国生物安全应急管理存在的问题、面临的挑战及未来发展方向。

全书的内容结构安排如图 1-1 所示。

参 考 文 献

[1] 林艺. 传染病与人类文明. 百科知识, 2003(8): 17-18.
[2] 马雪征. 人类新发传染病和再发传染病: 病毒类和寄生虫类传染病. 第1卷. 国外科技新书评介, 2016(10): 12-13.
[3] 艾瑞克·乐华. 人类新传染病的起源. 国际人才交流, 2019, 354(11): 22-23.
[4] 郑雪光, 滕翔雁, 朱迪国, 等. 全球重大动物疫病状况及影响. 中国动物检疫, 2014, 31(1): 1-4.
[5] 程玉叶. 非洲猪瘟的传播途径与防控. 中国畜牧业, 2022, 606(15): 94-95.
[6] 刘春兴, 温俊宝, 骆有庆. 外来物种入侵的历史及其启示. 自然辩证法通讯, 2010, 32(5): 42-47, 119-120, 127.
[7] 兰顺正. 对生物安全的现实意义应有充分认知. 世界知识, 2020(5): 66-67.
[8] 谷树忠. 生物安全将得到空前重视和加强. 中国发展观察, 2020, 235(Z4): 79.
[9] 巫善明, 张志勇, 张占卿. 新发传染病与再发传染病. 上海: 上海科技教育出版社, 2010.
[10] 崔敏辉, 周惠玲, 唐东升, 等. 应对生物恐怖袭击和生物战的生物安全材料. 应用化学, 2021, 38(5): 467-481.
[11] 毛清华, 吕建, 李雅静. 疫情演变不确定情境下考虑多参考点的应急医疗用品生产决策模型. 工业工程, 2023, 26(1): 19-29.
[12] 卢天哲. 疫情视角下季节性数据预测方法及其动态结构研究. 绍兴: 绍兴文理学院, 2022.
[13] 焦健, 沙小晶. 公众对生物安全的认知研究——基于生物安全事件的发展历程. 科技传播, 2020, 12(20): 81-83.
[14] 王长江, 汪明. 我国动物防疫工作存在的主要问题及对策. 中国动物检疫, 2005(2): 1-6.
[15] 谢玲, 曹望华. 防治外来物种入侵的法律制度分析——外来物种入侵特征的视角. 重庆社会科学, 2004(2): 95-99.
[16] 奇云. 生物恐怖主义 世界和平和人类健康的新威胁. 城市与减灾, 2012(4): 19-25.
[17] 谢程. 重大动物疫情应急管理研究——基于 Z 县应对非洲猪瘟的案例分析. 太原: 山西大学, 2021.
[18] 中国行政管理学会课题组. 建设完整规范的政府应急管理框架. 中国行政管理, 2004(4): 8-11.
[19] 李明. 国家生物安全应急体系和能力现代化路径研究. 行政管理改革, 2020(4): 22-28.
[20] 吴胜. 我国重大动物疫情应急管理研究. 北京: 中国人民解放军军事医学科学院, 2014.
[21] 张风春. 生物多样性科普小课堂④外来入侵物种的危害与防控. 中国环境. (2021-07-07). https://www.cenews.com. cn/news. html?aid=183760.
[22] 刘家发, 朱建如. 生物恐怖袭击的应急救援策略. 公共卫生与预防医学, 2005, 16(3):

39-41.
[23] 杜雨芮. 突发疫情环境下的应急预算动态分配策略研究. 南京: 南京理工大学, 2021.
[24] 王旭坪, 董莉, 陈明天. 考虑感知满意度的多受灾点应急资源分配模型. 系统管理学报, 2013, 22(2): 251-256.
[25] 李颖祖. 基于服务水平的突发疫情应急物流网络优化设计研究. 南京: 南京理工大学, 2019.
[26] 陈军, 王昌建, 张朝阳. 动物疫情预测方法的研究. 中国动物检疫, 2010, 27(12): 74-76.
[27] 李燕凌, 苏青松, 王珺. 多方博弈视角下动物疫情公共危机的社会信任修复策略. 管理评论, 2016, 28(8): 250-259.
[28] 周志翔. 基于 Lotka-Volterra 模型的集装箱港口竞合关系研究. 西安: 长安大学, 2015.
[29] 许仲林, 彭焕华, 彭守璋. 物种分布模型的发展及评价方法. 生态学报, 2015, 35(2): 557-567.
[30] 范文娟, 张心灵, 胡海川. 生物资产价值评估特殊方法研究——生物经济模型法. 内蒙古农业大学学报(社会科学版), 2013, 15(3): 24-26.
[31] 李大海, 潘克厚, 韩爱香. 考虑价格变动因素的 Gordon-Schaefer 模型. 中国渔业经济, 2006(3): 55-56, 63.
[32] Radosavljević V, Jakovljević B. Bioterrorism—Types of epidemics, new epidemiological paradigm and levels of prevention. Public Health, 2007, 121(7): 549-557.
[33] 于文轩, 宋丽容. 论生物安全法的风险防控机制. 吉首大学学报(社会科学版), 2021, 42(1): 19-24.

第2章　生物安全应急管理基础理论方法

本章介绍生物安全应急管理的基础理论方法，首先介绍几种常见的传染病动力学模型；其次从数学规划建模角度介绍资源分配优化基础模型，主要包括整数规划和随机规划模型；最后简要介绍精确算法、启发式算法及机器学习算法。

2.1　传染病动力学模型

传染病动力学是依据疾病发生、发展，在种群内传播的规律，以及与之有关的社会因素等，建立的能反映传染病变化规律的数学模型，是针对传染病流行规律进行理论性定量研究的一种重要方法，可为人们制定防治决策提供理论基础和数量依据[1]。

在传染病动力学中，使用最为广泛的模型是仓室模型。在1927年由Kermack和McKendrick创立的Kermack-McKendrick(K-M)模型[2]中，把种群分为三类：易感染者(susceptible)类，其数量记为$S(t)$，表示t时刻未染病但有可能被该类疾病传染的人数；感染者(infective)类，其数量记为$I(t)$，表示t时刻已被感染而且具有传染力的人数；移除者(removed)类，其数量记为$R(t)$，表示t时刻已从染病者中移除的人数，包括：通过对剩余人员隔离的、通过接种疫苗对抗感染的、通过具有全免疫力对抗再感染而恢复的、由疾病造成死亡的人员。从传染病学角度来看，虽然对这些移除人员的刻画各不相同，但从建模观点来看，他们通常是等价的，移除者的刻画仅考虑个体关于疾病的状态。设人口的总数为$N(t)$，则有$N(t)=S(t)+I(t)+R(t)$。随着该理论的发展，后来又相继推出SIS模型和SEIR模型，这些都是经典的传染病动力学模型。

2.1.1　SIR模型

K-M的SIR模型是一个十分简单的模型，它的建立基于以下三个基本假设：

(1)不考虑人口的出生、死亡、流动等种群动力因素。这样，此环境的总人口始终保持一个常数，即$N(t)\equiv K$，或者$S(t)+I(t)+R(t)\equiv K$。

(2)一个感染者一旦与易感染者接触就必然有一定的传染力，这里假设t时刻单位时间内，一个感染者能传染的易感染者数目与此环境内易感染者总数$S(t)$成正比，比例系数为β，从而t时刻单位时间内被所有感染者传染的人数(即新感染者人数)为$\beta S(t)I(t)$。

(3) 在 t 时刻，单位时间内从感染者类移除的人数与感染者的数量成正比，比例系数为 γ，从而单位时间内移除者的数量为 $\gamma I(t)$。显然，γ 是单位时间内移除者在感染者中所占的比例，称为移除率系数或者移除率。

在以上三个基本假设下，易感染者从患病到移除的过程可用图 2-1 描述。

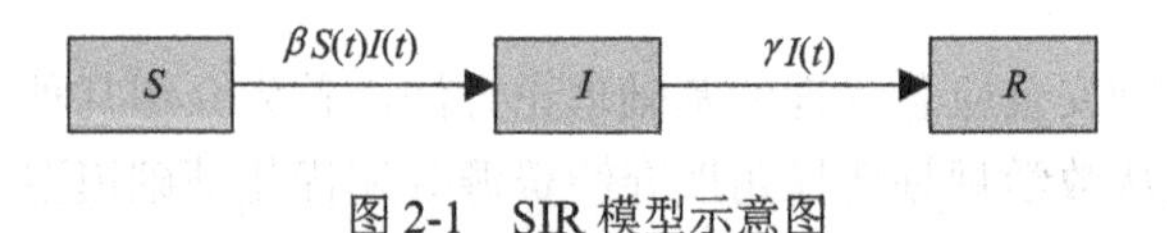

图 2-1 SIR 模型示意图

对每一个仓室人口的变化率建立平衡方程式，便得到模型[式(2.1)]：

$$\begin{cases} S'(t) = -\beta S(t)I(t) \\ I'(t) = \beta S(t)I(t) - \gamma I(t) \\ R'(t) = \gamma I(t) \end{cases} \tag{2.1}$$

2.1.2 SIS 模型

一般来说，通过病毒传播的疾病，如流感、麻疹、水痘等，康复后对原病毒具有免疫力，适合用上述 SIR 模型描述，但通过细菌传播的疾病，如脑炎、淋病等，康复后不具有免疫力，可以再次被感染。1932 年 Kermack 与 McKendrick 针对这类疾病提出了康复者不具有免疫力的 SIS 模型[3]，其传播机制如图 2-2 所示。

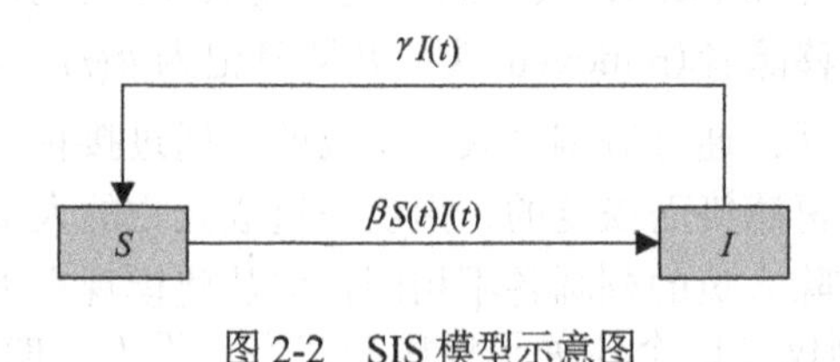

图 2-2 SIS 模型示意图

这里假设感染者康复后将重新成为易感染者，其他假设与 SIR 模型相同，此时模型为

$$\begin{cases} S'(t) = \gamma I(t) - \beta S(t)I(t) \\ I'(t) = \beta S(t)I(t) - \gamma I(t) \end{cases} \tag{2.2}$$

2.1.3 SIRS 模型

该模型表示感染者康复后只有暂时免疫力，单位时间内将有 δR 的康复者丧失免疫从而可能再次被感染，如图 2-3 所示。

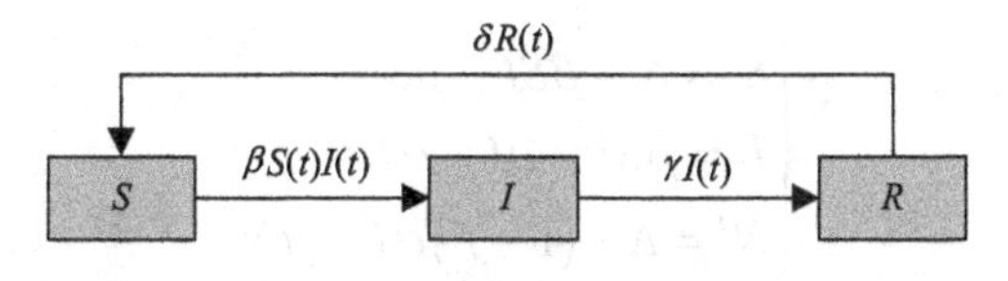

图 2-3　SIRS 模型示意图

类似地，其数学模型可以表达为

$$\begin{cases} S'(t) = -\beta S(t)I(t) + \delta R(t) \\ I'(t) = \beta S(t)I(t) - \gamma I(t) \\ R'(t) = \gamma I(t) - \delta R(t) \end{cases} \tag{2.3}$$

SIRS 模型与 SIR 模型主要的区别在于：SIR 模型中感染者康复后即具有免疫能力，不会被再次感染；而 SIRS 模型中，感染者可能仅有暂时的免疫能力，还会以比例 δ 丧失免疫力而再次变成易感染者。

2.1.4　SEIR 模型

该模型表示在成为感染者 $I(t)$ 之前有一段病菌潜伏期，并且假定在潜伏期内的感染者没有传染力。记 t 时刻潜伏的人数(exposed individuals)为 $E(t)$，如图 2-4 所示。

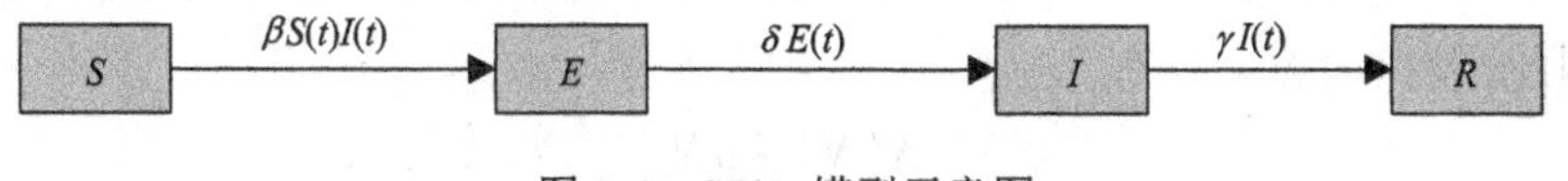

图 2-4　SEIR 模型示意图

类似地，其数学模型可以表达为

$$\begin{cases} S'(t) = -\beta S(t)I(t) \\ E'(t) = \beta S(t)I(t) - \delta E(t) \\ I'(t) = \delta E(t) - \gamma I(t) \\ R'(t) = \gamma I(t) \end{cases} \tag{2.4}$$

2.1.5　具有出生和死亡的 SIR 模型

在上述传染病模型中，忽略了人口的出生和死亡，这是因为传染病的时间尺度一般远小于人口统计学中的时间尺度。在本研究已经使用的时间尺度中，单位时间内人口的出生数和死亡数的效应可忽略。对于某些可致命的疾病，合理的模型必须允许总人口随时间变化。最简单的假设是允许出生率 Λ 是常数。不过，事实上如果出生率是总人口规模 N 的函数 $\Lambda(N)$，这个分析也很类似。

现在分析模型(2.5)：

$$\begin{cases} S' = \Lambda - \beta SI - \mu S \\ I' = \beta SI - \mu I - \alpha I \\ N' = \Lambda - (1-f)\alpha I - \mu N \end{cases} \tag{2.5}$$

式中，$N = S + I + R$；单位时间内的出生率为常数Λ；每类中与该类成比例的自然死亡率为μ；感染者移除率为α；有免疫力对抗再染病的比例为f。在这个模型中，如果$f = 1$，则总人口规模趋于极限$K = \frac{\Lambda}{\mu}$，于是K是人口的容纳量；如果$f < 1$，总人口规模就不是常数，K在此代表容纳量或最大可能的人口规模。由前面两个方程确定S和I，一旦知道S和I就可用第三个方程确定N。这是可能的，因为前面两个方程中没有N。在这个模型中可用R代替N作为第三个变量做同样推导。

如果出生率或补充率$\Lambda(N)$是总人口规模的函数，则在没有疾病的情况下总人口规模满足微分方程(2.6)：

$$N' = \Lambda(N) - \mu N \tag{2.6}$$

容纳量应满足式(2.7)的极限人口规模：

$$\Lambda(K) = \mu K, \Lambda'(K) < \mu \tag{2.7}$$

式中，条件$\Lambda'(K) < \mu$确保平衡点人口规模K渐近稳定。可假设K是唯一正平衡点，因此，对$0 \leqslant N \leqslant K$有

$$\Lambda(N) > \mu N \tag{2.8}$$

对于大多数种群模型，

$$\Lambda(0) = 0, \Lambda''(N) \leqslant 0 \tag{2.9}$$

但是，如果$\Lambda(N)$代表行为类中的补充，如对性传染病模型，这将很自然，这时合理的要求应该是$\Lambda(0) > 0$，即使考虑$\Lambda(N)$是常数函数。如果$\Lambda(0) = 0$，就要求$\Lambda'(0) > \mu$，因为不满足这个要求，则没有正平衡点，即使没有疾病，种群也会逐渐消亡。

虽然前面考虑更一般的接触率可给出更精确的模型，但为了简单起见，使用质量作用接触率，那么具有一般接触率和出生率依赖人口密度的模型为

$$\begin{cases} S' = \Lambda(N) - \beta(N)SI - \mu S \\ I' = \beta(N)SI - \mu I - \alpha I \\ N' = \Lambda(N) - (1-f)\alpha I - \mu N \end{cases} \tag{2.10}$$

如果$f = 1$，则不存在疾病死亡，N方程为

$$N' = \Lambda(N) - \mu N \tag{2.11}$$

所以$N(t)$趋于极限种群规模K。由渐近自治系统理论得知，如果N有常数极限，则这个系统等价于由这个极限代替的系统。于是系统(2.10)与系统(2.5)相同，其中β由常数$\beta(K)$代替，N由K代替，以及$\Lambda(N)$由$\Lambda(K)=\mu K$代替。本书将定性分析模型(2.11)。考虑到上面的说明，如果没有患病死亡，本书的分析也适用于更一般的模型(2.5)。对$f<1$的系统(2.10)的分析则更加困难，本书对它不作详细叙述。本书中的方法是求平衡点(常数解)，然后确定每个平衡点的渐近稳定性。平衡点的渐近稳定性指从充分靠近平衡点开始，解将停留在平衡点附近，且当$t\to\infty$时趋于平衡点，平衡点的不稳定性意味着存在从任意靠近平衡点开始但不趋于平衡点的解。为了求平衡点(S_∞,I_∞)，令式(2.10)前两个方程的右端都等于零，所得的第二个代数方程有两个选择。由第一个选择得$I_\infty=0$，它给出无病平衡点；由第二个选择得$\beta S_\infty=\mu+\alpha$，它给出地方病平衡点，只要$\beta S_\infty=\mu+\alpha<\beta K$。如果$I_\infty=0$，另一个方程给出$S_\infty=K=\dfrac{\Lambda}{\mu}$。

对于地方病平衡点，由第一个方程给出：

$$I_\infty=\frac{\Lambda}{\mu+\alpha}-\frac{\mu}{\beta} \tag{2.12}$$

令$y=S-S_\infty$，$z=I-I_\infty$，利用新变量y和z，在泰勒展开中仅保留线性项，然后对系统关于平衡点(S_∞,I_∞)进行线性化，得到线性微分方程组，如式(2.13)所示：

$$\begin{cases}y'=-(\beta I_\infty+\mu)y-\beta S_\infty z\\ z'=\beta I_\infty y+(\beta S_\infty-\mu-\alpha)z\end{cases} \tag{2.13}$$

这个线性系统的系数矩阵为

$$\begin{bmatrix}-\beta I_\infty-\mu & -\beta S_\infty\\ \beta I_\infty & \beta S_\infty-\mu-\alpha\end{bmatrix} \tag{2.14}$$

然后找其分量是$e^{\lambda t}$乘以一个常数的解，这意味着λ必须是这个系数矩阵的特征值。当$t\to\infty$时，在平衡点线性化所有解都趋于零的条件是，这个系数矩阵的每个特征值的实部都为负数。在无病平衡点，这个矩阵为

$$\begin{bmatrix}-\mu & -\beta K\\ 0 & \beta K-\mu-\alpha\end{bmatrix} \tag{2.15}$$

它有特征值$-\mu$和$\beta K-\mu-\alpha$。因此，如果$\beta K<\mu+\alpha$，则无病平衡点渐近稳定；如果$\beta K>\mu+\alpha$，则它不稳定。注意，无病平衡点不稳定的这个条件与存在地方病平衡点的条件相同。

一般的2×2矩阵的特征值有负实部的条件是，它的行列式为正，迹(矩阵对

角线元素之和)为负。由于在地方病平衡点 $\beta S_\infty = \mu + \alpha$ 的线性化矩阵是

$$\begin{bmatrix} -\beta I_\infty - \mu & -\beta S_\infty \\ \beta I_\infty & 0 \end{bmatrix} \tag{2.16}$$

这个矩阵有正的行列式和负的迹，因此地方病平衡点如果存在就永远渐近稳定。如果量

$$\Re_0 = \frac{\beta K}{\mu + \alpha} = \frac{K}{S_\infty} \tag{2.17}$$

小于 1，则系统只有一个无病平衡点，且这个平衡点渐近稳定。事实上，不难证明这个渐近稳定性是大范围的，也就是说，每个解都趋于这个无病平衡点。如果量 $\Re_0$ 大于 1，则这个无病平衡点不稳定。其中 $\Re_0$ 是基本再生数，是由单个染病者进入整个易感染者人群引起的继发性染病的人数，因为单位时间内每个染病者接触的人数是 βK ，平均患病期(对于有自然死亡的要改正)是 $\dfrac{1}{\mu + \alpha}$ ，它依赖于特殊的疾病(由参数 α 确定)和接触率。这个疾病模型具有阈值性态：如果基本再生数小于 1，疾病将消失；如果基本再生数大于 1，疾病将成为地方病。

由于式(2.10)是不能化为二维系统的三维系统，它在平衡点的线性化矩阵是 3×3 矩阵，所得的特征方程是如式(2.18)所示的三次多项式方程：

$$\lambda^3 + a_1\lambda^2 + a_2\lambda + a_3 = 0 \tag{2.18}$$

这个特征方程的所有根具有负实部的充分必要条件是满足 Routh-Hurwitz 条件[4]：

$$a_1 > 0,\ a_1 a_2 > a_3 > 0 \tag{2.19}$$

2.2　资源分配优化基础模型

资源分配问题，主要指如何把某些有限的物资以最优化的方式分配给一些具有竞争性质的对象或者竞争主体的过程。资源分配问题通常用数学规划方法解决。

2.2.1　数学规划概述

数学规划作为运筹学的一个重要组成部分，是近几十年来发展起来的一门新兴学科。随着电子计算机的普及与发展，它在自然科学、社会科学、工程技术和现代管理中得到了广泛的应用，日益受到人们的重视。数学规划强调最优决策，问题的整体优化是其一个重要标志。为了寻求解决问题的最优方案，通过引进数学研究方法对问题中所涉及的数量关系进行定量研究，因此数学模型化成为数学规划的一个主要特点。

根据运筹学的形式，数学规划大致可以做如图 2-5 所示的划分。

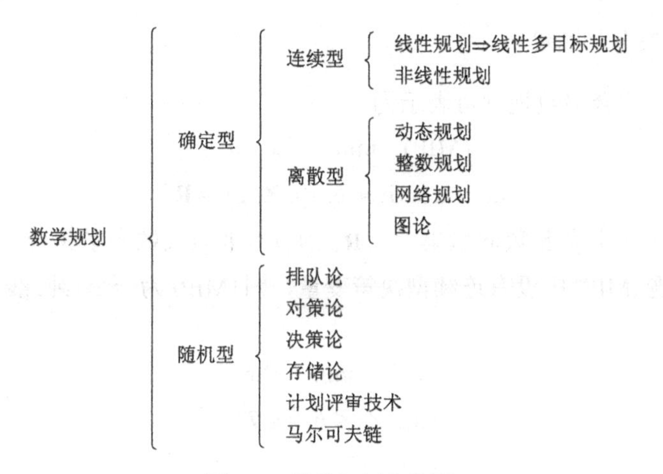

图 2-5　数学规划分类图

数学规划模型一般包含三要素：决策变量、目标函数及约束条件。数学规划模型的一般形式如式(2.20)～式(2.22)所示：

$$\min f(x) \tag{2.20}$$

$$\text{s.t.}\quad \begin{aligned} & h_i(x) \geqslant 0, i=1,\cdots,m \\ & g_j(x)=0, j=1,\cdots,l \end{aligned} \tag{2.21}$$

$$x \in D \subseteq R^n \tag{2.22}$$

其中，式(2.20)为目标函数，目标函数一般是求问题的最优(最大或者最小)值、适中解、满意度等。目标函数可以是单目标，也可以是多目标。式(2.21)为模型的约束条件，约束条件的个数和等式关系是根据问题的具体情况确定的。式(2.22)为决策变量，是由决策者决定的变量[5]。

2.2.2　整数规划

整数规划(integer programming)由美国数学家乔治·伯纳德·丹齐格(George Bernard Dantzig)在 20 世纪 50 年代最先提出，他发现在构建最优化模型时，可以使用 0-1 变量来描绘模型中的固定成本、变量上限、非凸分片线性函数等。1958 年，美国学者戈莫里(R. E. Gomory)提出了求解一般线性整数规划的方法——割平面法(cutting plane method)，在此之后整数规划成为数学规划中的独立分支。经过数十年的不断发展和完善，并且随着整数规划技术和运算软件(如 CPLEX、MATLAB 等)的发展和普及，整数规划方法在企业生产、工程、运营管理、交通、通信等领域得到了更加广泛的运用。本小节介绍几种常见的整数规划：线性混合整数规划、非线性混合整数规划、0-1 整数规划。

1. 线性混合整数规划

一般线性混合整数规划可表示为

$$(\text{MIP}) \quad \min \quad c^{\mathrm{T}}x + h^{\mathrm{T}}y \tag{2.23}$$

$$\text{s.t.} \quad Ax + Gy \leqslant b, x \in \mathbf{Z}_{+}^{n}, y \in \mathbf{R}_{+}^{p} \tag{2.24}$$

式中，$\mathbf{Z}_{+}^{n}$ 为 n 维非负整数向量集合；$\mathbf{R}_{+}^{p}$ 为 p 维非负实数向量集合。

如果问题(MIP)中没有连续型决策变量，则(MIP)为一个(纯)线性整数规划，可以表示为

$$(\text{IP}) \quad \min \quad c^{\mathrm{T}}x \tag{2.25}$$

$$\text{s.t.} \quad Ax \leqslant b, x \in \mathbf{Z}_{+}^{n} \tag{2.26}$$

2. 非线性混合整数规划

非线性混合整数规划问题的一般形式为

$$(\text{MINLP}) \quad \min \quad f(x,y) \tag{2.27}$$

$$\text{s.t.} \quad g_i(x,y) \leqslant b_i, i = 1,2,\cdots,m \tag{2.28}$$

$$x \in X, y \in Y \tag{2.29}$$

式中，f 和 $g_i(i=1,2,\cdots,m)$ 为 $\mathbf{R}^{n+q}$ 上的实值函数；X 为 $\mathbf{Z}^{n}$ 的子集；Y 是 $\mathbf{R}^{q}$ 的一个子集。如果问题(MINIP)中没有连续型变量 y 时，那么它就是一个(纯)非线性整数规划，即

$$(\text{NLIP}) \quad \min \quad f(x) \tag{2.30}$$

$$\text{s.t.} \quad g_i(x) \leqslant b_i, i = 1,2,\cdots,m \tag{2.31}$$

$$x \in X \tag{2.32}$$

3. 0-1 整数规划

在实际问题中，有些问题只需回答“是”或“否”，描述这类问题的变量只需取两个值就可以了，如是否采纳某个方案、某项任务是否可以交给某人承担、集装箱内是否装入某种货物等。这类问题可以用逻辑变量来描述：

$$x = \begin{cases} 1, \text{是} \\ 0, \text{否} \end{cases} \tag{2.33}$$

像上面这样的，如果整数规划中的决策变量为逻辑变量，即取值只能为 0 或 1，那么将问题称为 0-1 整数规划。

0-1 整数规划的一般形式可以表示为

$$\min f = cx \tag{2.34}$$

$$\text{s.t.} \begin{cases} Ax = b \\ x_i (i = 1,2,\cdots,n), \text{取0或1} \end{cases} \tag{2.35}$$

式中，$c=(c_1,c_2,\cdots,c_n)$；$x=(x_1,x_2,\cdots,x_n)'$；$A=(a_{ij})_{m\times n}$；$b=(b_1,b_2,\cdots,b_m)'$。

2.2.3 随机规划

在实际生活中，人们在做决策时经常会遇到随机现象，描述这些随机现象的变量称为随机变量，含有随机参数的数学规划称为随机规划(stochastic programming)。随机规划为解决带有随机参数的优化问题提供了有力工具，且比确定性数学规划更适用于实际问题。

了解问题中哪些因素具有随机特性是构建随机模型的首要工作，并且需要以随机变量的形式来表示此因素。在取得这些随机变量(随机因素)的概率分布、概率密度函数或概率测度之后(在研究中通常假设这些值为已知)，再根据与问题相关的约束条件构建随机规划模型。

一个复杂的决策系统一般具备多维性、多样性、多功能性和多准则性，并含有随机参数。在处理随机规划问题时，首先要解决的就是随机规划问题中的随机变量。人们的管理目的和技术要求不同，那么对应的解决办法也各不相同。解决随机规划问题通常有三种方法。第一种方法是由美国数学家 George Dantzig 于 1955 年提出的期望值模型，此方法的思路是将随机规划问题转化成一个确定性规划问题，即在期望约束下，使目标函数的期望值(概率平均值)达到最大或者最小。第二种方法是由查恩斯(A. Charnes)和库珀(W. W. Cooper)于 1959 年提出的机会约束规划，它的原则是在一定的概率前提下满足模型的约束条件并使目标函数达到最优。随机规划的第三个分支是由我国清华大学的刘宝碇教授于 1997 年提出的相关机会规划，它是一种使事件的机会函数在随机环境下达到最大值的优化理论。

本小节以第二种方法为例，介绍随机规划理论。

机会约束规划(chance constrained programming, CCP)又可称为概率规划(probabilistic programming)，以概率的形式来表示模型中一部分约束条件或目标函数是这一规划问题的特性。在一般的数学规划模型中，约束条件或者目标函数必须完全得到满足，而机会约束规划模型并非如此，它允许在一定程度上违背上述条件，但绝不能超过其底线，即要保证该约束条件或目标函数在不低于其所对应的某一概率(置信水平)的基础上成立。

一般的机会约束规划模型可用式(2.36)和式(2.37)的形式表示：

$$\max \overline{f} \tag{2.36}$$

$$\text{s.t.} \begin{cases} \Pr\{f(X,\xi) \geqslant \overline{f}\} \geqslant \beta \\ \Pr\{g_j(X,\xi) \leqslant 0, j=1,2,\cdots,p\} \geqslant \alpha \end{cases} \tag{2.37}$$

式中，α 和 β 为上面所提到的置信水平，表示目标函数和约束条件得到满足的最小概率；$\Pr\{\cdot\}$ 表示事件成立的概率。判断变量 X 是可行解的条件是，当且仅当事件 $\{\xi | g_j(X,\xi) \leqslant 0,\ j=1,2,\cdots,p\}$ 的概率测度不小于 α，即变量 X 必须使该事件至少在置信水平 α 下成立。

对于一个确定的决策变量 X，只要函数中包含随机参数 ξ，那么任何函数形式的 $f(X,\xi)$ 均为随机变量，且用 $\varphi_{f(X,\xi)}(f)$ 表示它的概率密度函数。这时可能会有多个 $\overline{f}$ 使得 $\Pr\{f(X,\xi) \geqslant \overline{f}\} \geqslant \beta$ 成立。但数学规划的目标是获得能使目标函数值取得最大值或最小值时的可行解，因此，应当选择的是在保证置信水平不小于 β 的前提下，目标函数 $f(X,\xi)$ 取得最大值时的目标值 $\overline{f}$[4]，即

$$\overline{f} = \max\{f \mid \Pr\{f(X,\xi) \geqslant f\} \geqslant \beta\} \tag{2.38}$$

2.3　智能优化算法基础

在进行应急优化前，需要通过传染病动力学模型等方法对生物安全事件进行演化仿真，从而获得应急优化模型的输入数据。处理传染病动力学模型时，模型参数十分重要，为了更好地刻画这些参数，许多数学者借助机器学习的方法对参数进行动态预测和调整；对于应急优化这类组合优化问题，一般采用精确算法与启发式算法[6]。

2.3.1　精确算法

精确算法一般应用于组合优化问题。在求解问题的实例规模不是很大时，精确算法用枚举、迭代等方式在可行时间内找到最优解。当求解大规模问题时，精确算法的搜索空间随问题规模增加呈指数增长，所以很难在令人满意的时间内得到可行的解决方案。本小节主要介绍分支限界法、割平面法、列生成算法三种精确算法[7]。

1. 分支限界法

分支限界法(branch and bound, B&B)由 A. Land 和 G. Doig 于 1960 年首次提出。该方法可用于求解精确算法中纯整数或混合整数规划问题，其核心思想是在松弛问题的可行域中寻找使目标函数值达到最优的整数解，其算法框架是搜索树的结构。

分支限界法动态构建一棵搜索树，搜索树的每个节点代表一个部分解。具体过程是把 NP 困难(NP-hard)问题分解成求解一个个线性规划问题，并且在求解的过程中实时跟踪原问题的上界和下界。虽然枚举法具有有条理、不重复、不遗漏的特点，但是考虑到优化问题不能仅用枚举法一一计算问题的解空间，所以分支限界法巧妙地通过分割解空间来限定边界条件，进行边搜索边剪枝，直到搜索树的最后一层，避免了一些不必要的搜索过程，减小了枚举法的运算复杂度[7]。分支限界法的流程如图 2-6 所示。

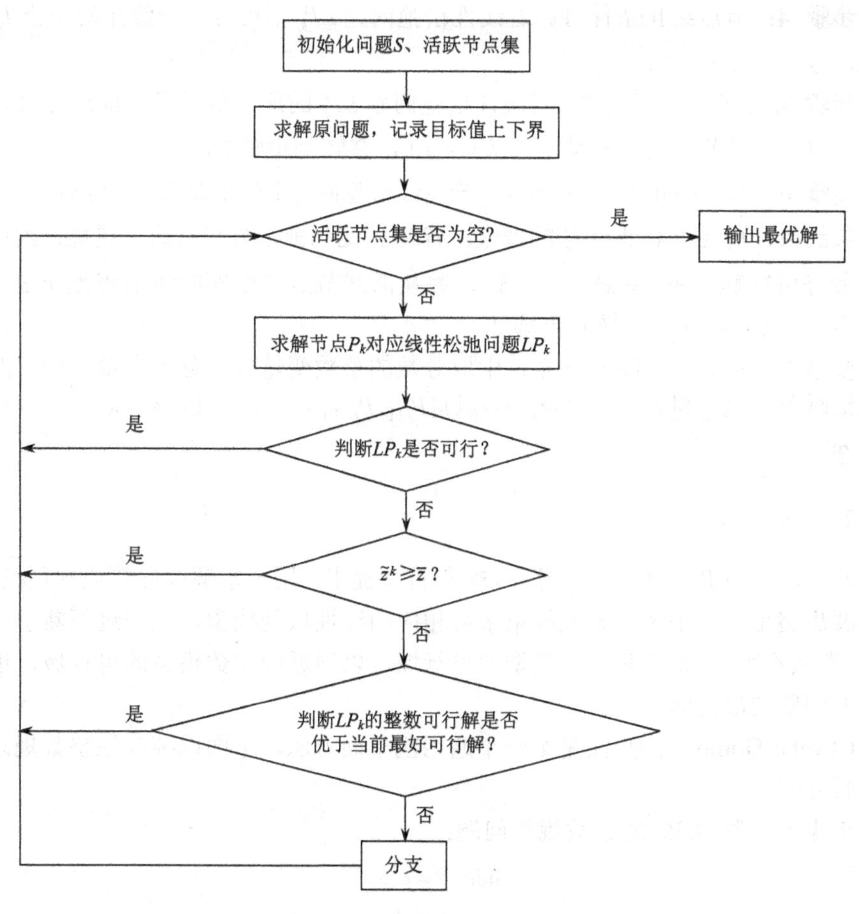

图 2-6　分支限界法流程图

基于上述分析，以最小化问题为例，其分支限界法求解步骤如下。

步骤 1： 初始化。创建根节点 0，相应候选问题中所有变量均为自由变量，初始化活跃节点集(在搜索的任何阶段，树中一个或多个未被分析的节点或部分解，称这些节点为活跃节点，包含所有活跃节点的集合称为活跃节点集) $\psi_k = \{0\}$。如果原问题存在已知可行解$\bar{x}$，选择该解作为当前最好可行解，并记录其目标值$\bar{z}$，否则令$\bar{z}=+\infty$。

步骤 2：算法终止条件。若存在活跃节点，则选择一个节点$P_k=\psi$，令$\psi_k=\psi_k\setminus\{P_k\}$，并转到步骤 3；否则停止算法。此时若存在最好可行解$\bar{x}$，则为原问题最优解；否则原问题不可行。

步骤 3：求解松弛问题。求解节点P_k对应候选问题的线性松弛问题LP_k，若存在最优解，则记为$\tilde{x}^k$，最优值为$\tilde{z}^k$。

步骤 4：节点终止条件 1。若线性松弛问题LP_k不可行，则终止对节点P_k的搜索，令$k=k+1$，并转到步骤 2。

步骤 5：节点终止条件 2。若线性松弛问题LP_k的最优解没有当前最好可行解$\bar{x}$好，则终止对节点P_k的搜索，令$k=k+1$，并转到步骤 2。

步骤 6：节点终止条件 3 和 4。若线性松弛问题LP_k的最优解$\tilde{x}^k$满足原问题的整数约束，则终止对节点P_k的搜索。若解$\tilde{x}^k$比当前最好可行解$\bar{x}$更优，则更新当前最好可行解，令$\bar{x}=\tilde{x}^k$，$\bar{z}=\tilde{z}^k$，并从活跃节点集中删除母节点差于$\bar{z}$的活跃节点，令$k=k+1$，并转到步骤 2。

步骤 7：分支。选择一个解$\tilde{x}^k$中取分数的整数变量作为分支变量，创建两个新的活跃节点P_{j+1}和P_{j+2}，令$\psi_k=\psi_k\cup\{P_{j+1},P_{j+2}\}$，$j=j+1$，$k=k+1$，并转到步骤 2[8]。

2. 割平面法

割平面法由 R. E. Gomory 于 1958 年首次提出，用于求解线性整数规划模型。其主要思路是：先不考虑整数约束求解相应的线性松弛模型，并通过不断引入割平面(有效不等式)来缩紧松弛模型的可行域，以逼近原整数模型的可行域，进而求解原问题的最优解。

Chvátal-Gomory 割平面是第一个通用割平面方法，下面以纯线性整数规划为例进行介绍。

考虑如模型(2.39)的整数规划问题：

$$\begin{aligned} \min\ & z=c^{\mathrm{T}}x \\ \text{s.t.}\ & Ax=b, \\ & x\in\mathbf{Z}_+^n \end{aligned} \tag{2.39}$$

式中，A为一个$m\times n$的矩阵；$c\in\mathbf{R}^n$；$b\in\mathbf{R}^n$。

假设已知线性松弛模型的最优基$B\in R^{m\times m}$，不妨假设B对应的列为A的前m列，记$A=(B,N)$，则模型(2.39)可以表示为

$$
\begin{aligned}
&\min\ \overline{c}_0+\sum_{j\in \mathrm{NB}}\overline{c}_j x_j\\
&\text{s.t.}\ \ x_{B_i}+\sum_{j\in \mathrm{NB}}\overline{a}_{ij}x_j=\overline{b}_i,\ \forall i=1,2,\cdots,m\\
&\qquad x\in \mathbf{Z}_+^n
\end{aligned}
\tag{2.40}
$$

式中，x_{B_i} 为第 i 个基变量；$\overline{b}_i \geqslant 0\ (i=1,2,\cdots,m)$；NB 为非基变量指标集。

如果上面模型的最优解 x^* 不是整数解，必存在某行的右端项 $\overline{b}_i$ 是非整数，利用 Chvatal-Gomory 方法可以得到式(2.41)：

$$
x_{B_i}+\sum_{j\in \mathrm{NB}}\left\lfloor \overline{a}_{ij}x_j\right\rfloor=\left\lfloor \overline{b}_i\right\rfloor \tag{2.41}
$$

将式(2.40)与式(2.41)相减，可以得到 Gomory 割平面，如式(2.42)所示：

$$
\sum_j\left(\overline{a}_{ij}-\left\lfloor \overline{a}_{ij}\right\rfloor\right)x_{ij}\geqslant \overline{b}_i-\left\lfloor \overline{b}_i\right\rfloor \tag{2.42}
$$

由于 x^* 所有非基变量 $x^*=0\ (j\in \mathrm{NB})$，因此 x^* 不满足不等式(2.42)，也就是说在松弛问题中加入不等式(2.42)就可以切除 x^*。不等式(2.42)是模型(2.40)的有效不等式[8]。

3. 列生成算法

列生成算法(column generation algorithm)是求解大规模线性规划问题的一个有效方法。该算法由 Gilmore 和 Gomory 于 1961 年在研究下料问题(cutting stock problem)时首次提出，其基本原理与单纯形法迭代过程中选择入基变量的原理基本相同[9]。下面以下料问题为例，说明列生成算法的主要思想。

下料问题描述：造纸厂有若干固定长度的纸卷作为原材料，需要满足顾客不同尺寸的需求，每种尺寸有不同的数量要求。需要决策如何切割这些原材料，从而实现在满足客户需求的同时使得成本最小，即浪费的纸最少。

首先建立常规的整数规划模型(IP)：

$$
\begin{aligned}
&(\mathrm{IP})\quad \min\sum_{k\in K}y_k\\
&\text{s.t.}\quad \sum_{k\in K}x_i^k\geqslant n_i,\ i=1,2,\cdots,m\\
&\qquad\ \sum_{i=1}^{n}w_i x_i^k\leqslant W y_k,\ k\in K\\
&\qquad\ x_i^k\in \mathbf{Z}_+,\ y_k\in\{0,1\}
\end{aligned}
\tag{2.43}
$$

式中，原材料的固定长度为W；有 m 个客户需要n_i卷长度为$w_i\left(i=1,2,\cdots,m;w_i\leqslant W\right)$的纸卷；$K$ 为可用纸卷的集合，如果纸卷 k 被选用，$y_k=1$，否则 $y_k=0$；x_i^k 为

第 k 个纸卷上被分割出的长度为 i 的需求数量。

上述整数规划从计算复杂度方面来看是非常难以求解的。Gilmore 和 Gomory 构造了下料问题的另一种模型：

$$\begin{aligned} & \min \sum_{j=1}^{n} x_j \\ \text{s.t.} \quad & \sum_{j=1}^{n} a_{ij} x_j \geqslant n_i, i=1,2,\cdots,m \\ & x_j \in \mathbf{Z}_+, j=1,2,\cdots,n \end{aligned} \tag{2.44}$$

式中，自变量 x_j 为切割模式 j 使用的次数；a_{ij} 为在切割模式 j 中第 i 种长度的需求数量；n 为切割模式的总数，并且满足 $\sum_{i=1}^{m} w_i a_{ij} \leqslant W$ 。模型(2.44)中每一列代表一种切割模式。该模型中含有指数级别的列，难以直接求解，所以首先考虑模型(2.44)的线性松弛问题(LMP)：

$$\begin{aligned} (\text{LMP}) \quad & \min \sum_{j=1}^{n} x_j \\ \text{s.t.} \quad & \sum_{j=1}^{n} a_{ij} x_j \geqslant n_i, i=1,2,\cdots,m \\ & x_j \in \mathbf{R}_+, j=1,2,\cdots,n \end{aligned} \tag{2.45}$$

LMP 模型得到的解可能不是整数解，可以将 LMP 的最优解向上取整得到主问题(MP)问题的一个可行解。

如果要同时考虑所有的列，即所有的切割模式，计算量是非常大的。列生成算法的主要思想是先找到使 LMP 可行的一个列的子集 $P \subset \{1,2,\cdots,n\}$ ，也就是在 LMP 中仅考虑部分方案，得到限制性主问题(RMP)。接下来的任务是在 $\{1,2,\cdots,n\} \setminus P$ 中找到一个对 LMP 当前最优解有正向影响的列。假设 LMP 的最优对偶变量值为 π_i，列 $j \in \{1,2,\cdots,n\} \setminus P$ 的检验数表示为

$$1-\sum_{i=1}^{m} a_{ij} \pi_i \tag{2.46}$$

如果最小的检验数大于等于 0，则循环终止，否则将其对应的新列中加入限制性主问题的线性松弛问题(RLMP)继续求解[10]。图 2-7 为列生成算法流程图。

2.3.2 启发式算法

启发式算法主要是模拟自然规律，根据自然规律的原理来求解问题的算法，一般用于解决最优化问题。根据生物群体进化机制或自然现象规律，人们研究得

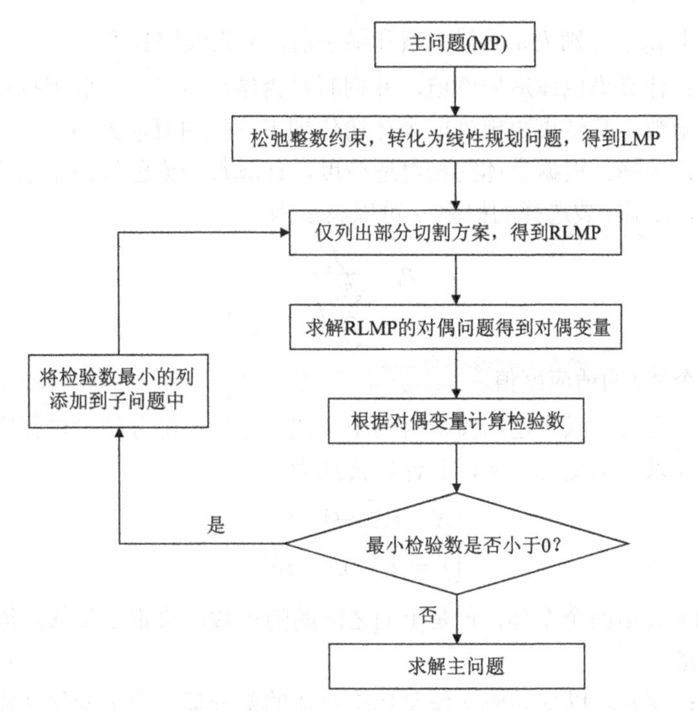

图 2-7　列生成算法流程图

到了许多经典的启发式算法，大体可以分为以下四类：①进化类算法，如遗传算法、差分进化算法、免疫算法；②群智能算法，如蚁群算法、粒子群算法、布谷鸟算法、麻雀搜索算法；③模拟退火算法；④禁忌搜索算法[11]。

1. 遗传算法

遗传算法(genetic algorithm, GA)是模拟生物在自然环境中的遗传和进化过程而形成的一种自适应全局优化概率搜索算法。它借鉴了达尔文的生物进化论和孟德尔的遗传学说，最早由美国密歇根大学的霍兰(Holland)教授提出。

遗传算法的基本思想是：首先根据实际问题的相关约束随机产生初始种群，然后对其进行选择、交叉及变异操作，得到新一代的种群。通过计算适应度函数值筛选符合实际问题条件的后代，其余后代被淘汰。重复以上操作，n 代后，根据所设定的终止条件，算法会收敛于最符合实际问题的最优解。

一般而言，遗传算法的优化过程如下。

步骤 1：确定编码类型，产生一定规模的初始种群。以二进制编码为例，其编码参数 u 和二进制编码 a 之间存在如下的关系：

$$u = u_{\min} + \frac{a}{2^n - 1}(u_{\max} - u_{\min}) \tag{2.47}$$

式中，u_{max} 和 u_{min} 分别为 u 的最大值和最小值；n 为编码长度。

步骤 2：计算染色体适应度值，并判断是否结束运算。一般根据目标函数来确定适应度函数，其结果决定当前个体遗传到下一代的概率大小。

步骤 3：选择。根据个体的相对适应度，计算每个染色体的繁殖次数。以比例选择为例，个体 i 被选择的概率 p_i 可以表示为

$$p_i = \frac{f_i}{\sum_{k=1}^{n} f_k} \tag{2.48}$$

式中，f_i 为个体 i 的适应度值。

步骤 4：交叉。以一定的概率将两个父代染色体的部分结构进行交换，得到新的染色体。以算术交叉为例，其计算公式为

$$\begin{cases} \overline{X} = r\overline{X} + (1-r)\overline{Y} \\ \overline{Y} = (1-r)\overline{X} + r\overline{Y} \end{cases} \tag{2.49}$$

式中，$\overline{X}$ 和 $\overline{Y}$ 表示两个个体；r 是[0,1]之间的随机数，决定了父代基因值在生成子代时的权重。

步骤 5：变异。以变异概率使父代染色体的部分基因产生变化从而得到新的染色体。

步骤 6：产生新一代种群并返回步骤 2[12]。

综上所述，遗传算法的流程如图 2-8 所示。

2. 粒子群算法

粒子群算法(particle swarm optimization, PSO)是一种进化计算技术，1995 年由埃伯哈特(Eberhart)博士和肯尼迪(Kennedy)博士一起提出，源于对鸟群捕食的行为研究。它的核心思想是利用群体中的个体对信息的共享，使得整个群体的运动在问题求解空间中产生从无序到有序的演化过程，从而获得问题的最优解。粒子群算法的优势在于简单、容易实现，并且没有过多参数需要调节。

假设在一个 D 维的目标搜索空间中，有 N 个粒子组成一个群落，其中第 i 个粒子表示为一个 D 维的向量。

$$x_i = \left(x_{i1}, x_{i2}, \cdots, x_{iD}\right), i = 1, 2, \cdots, N \tag{2.50}$$

式(2.50)代表第 i 个粒子在 D 维搜索空间中的位置，亦代表问题的一个潜在解。根据目标函数即可计算出每个粒子位置 x_i 对应的适应度值。

第 i 个粒子的速度也是一个 D 维的向量，记为

$$v_i = \left(v_{i1}, v_{i2}, \cdots, v_{iD}\right), i = 1, 2, \cdots, N \tag{2.51}$$

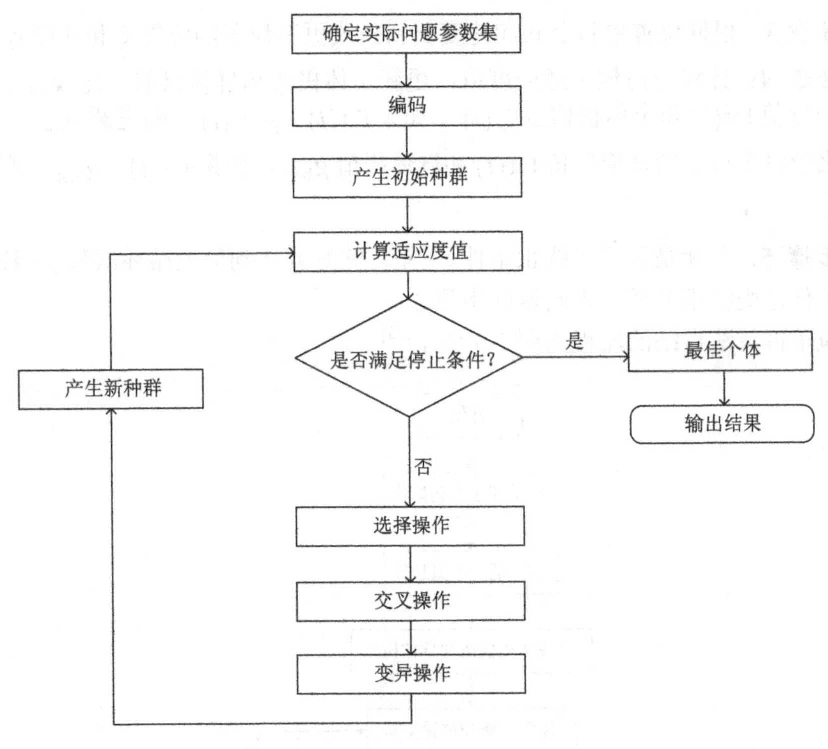

图 2-8 遗传算法流程图

第 i 个粒子的个体极值为

$$p_{\text{best}}=\left(p_{i1},p_{i2},\cdots,p_{iD}\right),i=1,2,\cdots,N \tag{2.52}$$

整个粒子群的群体极值为

$$g_{\text{best}}=\left(p_{g1},p_{g2},\cdots,p_{gD}\right) \tag{2.53}$$

在找到这两个最优值时，粒子根据式(2.54)和式(2.55)来更新自己的速度和位置：

$$v_{id}=w\times v_{id}+c_1\times r_1\times\left(p_{id}-x_{id}\right)+c_2\times r_2\times\left(p_{gd}-x_{id}\right) \tag{2.54}$$

$$x_{id}=x_{id}+v_{id} \tag{2.55}$$

式中，w 为惯性权重；$d=1,2,\cdots,D$；$i=1,2,\cdots,N$；v_{id} 为粒子的速度，$v_{id}\in\left[-v_{\max},v_{\max}\right]$，$v_{\max}$ 为常数，由用户设定，用来限制粒子的速度；c_1 和 c_2 为非负常数，称为加速度因子；r_1 和 r_2 为[0,1]范围内的均匀随机数[13]。

算法的一般步骤如下。

步骤 1：初始化粒子群，包括群体规模 N、每个粒子的位置 x_i 和速度 v_i。

步骤 2：计算初始粒子适应度值，寻找初始个体极值和群体极值。

步骤 3：根据位置更新公式和速度更新公式更新粒子的位置 x_i 和速度 v_i。

步骤 4：计算当前粒子适应度值，更新个体极值和群体极值。比较每个粒子的适应度值 $\mathrm{Fit}(i)$ 和个体极值 $p_{\mathrm{best}}(i)$，如果 $\mathrm{Fit}(i) > p_{\mathrm{best}}(i)$，则更新 $p_{\mathrm{best}}(i)$；同样，比较每个粒子的适应度值 $\mathrm{Fit}(i)$ 和群体极值 g_{best}，如果 $\mathrm{Fit}(i) > g_{\mathrm{best}}$，则更新 g_{best}。

步骤 5：判断是否满足终止条件(误差足够好或达到最大循环次数)，若满足终止条件，则结束循环，否则返回步骤 2。

粒子群算法详细的流程如图 2-9 所示[13]。

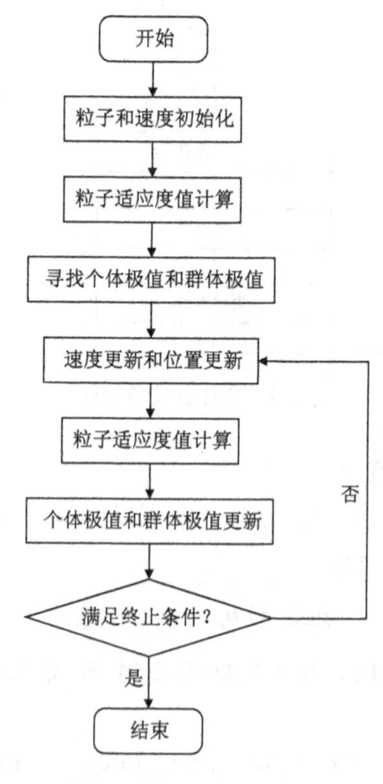

图 2-9　粒子群算法流程图

3. 布谷鸟算法

布谷鸟算法(简称 CS)是由杨新社(Xin-She Yang)与 Suash Deb 在 2009 年提出的。布谷鸟是一种具有独特繁殖策略的鸟类，与其他鸟类相比，它更具侵略性。一些布谷鸟的物种在公共巢穴中产卵，并移除其他鸟类未孵化的蛋，以增加自己鸟蛋的孵化概率。

布谷鸟算法是一种基于布谷鸟鸟类繁殖及莱维(Lévy)飞行的自然启发算法，使用蛋巢代表解。在使用布谷鸟算法时，将潜在解决方案与布谷鸟蛋相关联很重要，该算法基于三个理想化的规则：

(1)每只布谷鸟随机选择一个巢穴，在里面产一个蛋；

(2)最好的高品质蛋巢将转到下一代；

(3)对于固定数量的巢穴，寄主鸟发现外来蛋的概率为$P(a)\in[0,1]$，在这种情况下，寄主鸟既可以扔掉蛋，也可以放弃巢穴并在其他地方建造一个新的巢。

基于以上三种理想化规则，布谷鸟寻找宿主鸟巢的位置和路径更新公式为

$$x_i^{(t+1)}=x_i^{(t)}+\alpha\oplus L(s,\lambda) \tag{2.56}$$

式中：$x_i^{(t+1)}$为第$t+1$代中个体i的位置；α为步长比例因子，一般情况下取$\alpha=o(L/10)$，其中L为问题利害关系的特征范围，但在一些情况下，$\alpha=o(L/100)$更加有效而且可以避免飞行过远；$\oplus$为点对点乘法；$L(s,\lambda)$表示Lévy飞行搜索路径，即

$$L(s,\lambda)=\frac{\lambda\Gamma(\lambda)\sin(\pi\lambda/2)}{\pi}\frac{1}{s^{1+\lambda}},s\gg s_0>0,1<\lambda\leqslant 3 \tag{2.57}$$

Lévy随机数步长s的计算公式为

$$s=\frac{\mu}{|v|^{1/\lambda}} \tag{2.58}$$

式中，$u\sim N\left(0,\sigma_u^2\right)$、$v\sim N\left(0,\sigma_v^2\right)$，其中$\sigma_u$、$\sigma_v$的取值如下：

$$\begin{cases}\sigma_u=\left\{\dfrac{\Gamma(1+\lambda)\cdot\sin(\pi\cdot\lambda/2)}{\Gamma((1+\lambda)/2)\cdot\lambda\cdot 2^{(\lambda-1)/2}}\right\}^{1/\lambda}\\ \sigma_v=1\end{cases} \tag{2.59}$$

当拥有充分的信息表示有更优的鸟窝位置需要更新时，CS算法生成新个体的公式拓展为

$$x_i^{(t+1)}=x_i^{(t)}+\alpha s\otimes H\left(p_a-\varepsilon\right)\otimes\left[x_j^{(t)}-x_k^{(t)}\right] \tag{2.60}$$

式中，$\varepsilon\in[0,1]$，且服从均匀分布；$x_i^{(t)}$、$x_j^{(t)}$、$x_k^{(t)}$分别为第t代中的3个随机个体；$H(p_\alpha-\varepsilon)$为赫维赛德函数。

算法的一般步骤如下。

步骤1：初始化鸟巢，包括鸟巢的数量、位置。

步骤2：保留最优的鸟巢位置，利用公式对其他的鸟巢位置进行更新。

步骤3：利用Lévy飞行得到新的位置。

步骤4：与上代鸟巢位置比较替换，选择较优位置。

步骤 5：以概率 P 来保留或者改变鸟巢位置。

步骤 6：判断是否满足终止条件(误差足够好或达到最大循环次数)，若满足终止条件，则结束循环，否则返回步骤 2[14]。

布谷鸟算法的流程如图 2-10 所示。

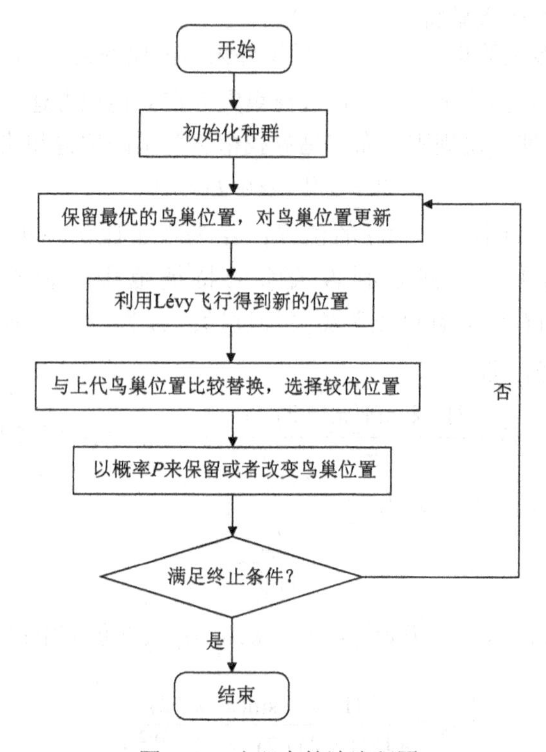

图 2-10　布谷鸟算法流程图

4. *麻雀搜索算法*

麻雀搜索算法[15](sparrow search algorithm, SSA)通过模拟麻雀群的觅食过程来获得最优解。麻雀通常群居，种类繁多并具有很强的智力与记忆力。麻雀主要分为两类种群：发现者和加入者。在麻雀中，一部分体型较好且容易找到食物的个体成为发现者，其余部分为加入者，加入者将跟随发现者寻找食物，监视发现者并从发现者那里抢夺食物。鸟类通常灵活地使用交互式计划，并在发现者和加入者之间切换，但两者的比例保持不变。同时，在种群中选择一定比例的个体作为侦察员，观察周围的同伴和危险的捕食者，从而达到监测预警的目的。

麻雀搜索算法的相关公式如下。

(1) 麻雀搜索算法从麻雀的随机种群开始，麻雀种群用式(2.61)表示：

$$X=\begin{bmatrix} x_{1,1} & x_{1,2} & \cdots & x_{1,d} \\ x_{2,1} & x_{2,2} & \cdots & x_{2,d} \\ \vdots & \vdots & & \vdots \\ x_{n,1} & x_{n,2} & \cdots & x_{n,d} \end{bmatrix} \tag{2.61}$$

式中，d 描述决策变量的维度；n 为麻雀数量。

(2) 发现者具有高水平的能量储备，而能量储备的水平是通过评估个体成本价值来实现的，定义为

$$F_x=\begin{bmatrix} f\left(\begin{bmatrix} x_{1,1} & x_{1,2} & \cdots & x_{1,d} \end{bmatrix}\right) \\ f\left(\begin{bmatrix} x_{2,1} & x_{2,2} & \cdots & x_{2,d} \end{bmatrix}\right) \\ f\left(\begin{bmatrix} \vdots & \vdots & & \vdots \end{bmatrix}\right) \\ f\left(\begin{bmatrix} x_{n,1} & x_{n,2} & \cdots & x_{n,d} \end{bmatrix}\right) \end{bmatrix} \tag{2.62}$$

式中，f 为适应度值。

(3) 在模型中，发现者的位置更新公式为

$$X_{i,j}^{t+1}=\begin{cases} X_{i,j}^{t}\cdot\exp\left(-\dfrac{i}{\alpha\cdot \text{iter}_{\max}}\right), & R_2<\text{ST} \\ X_{i,j}^{t}+Q\cdot L, \quad R_2\geqslant \text{ST} \end{cases} \tag{2.63}$$

式中，$X_{i,j}^{t}$ 为第 i 个个体在第 j 个维度的值，t 为当前迭代次数；$\alpha\in[0,1]$，为随机参数；$\text{iter}_{\max}$ 为最大迭代次数；R_2 和 ST 分别为警报值和安全值，其中，$R_2\in[0,1]$，$\text{ST}\in[0.5,1]$；Q 描述了一个正态分布的随机数；L 为一个 d 维向量，且每个元素都是 1。当 $R_2<\text{ST}$ 时，说明在种群中没有发现危险，发现者可以进行广泛的搜索；反之，表示侦察员发现危险，需调整搜索策略，迅速向安全区域靠拢。

(4) 加入者的位置更新公式为

$$X_{i,j}^{t+1}=\begin{cases} Q\cdot\exp\left(-\dfrac{X_{\text{worst}}-X_{i,j}^{t}}{i^2}\right), & i>n/2 \\ X_{p}^{t+1}+\left|X_{i,j}^{t}-X_{p}^{t+1}\right|\cdot A^{+}\cdot L, & i\leqslant n/2 \end{cases} \tag{2.64}$$

式中，X_p 为发现者当前最佳位置；X_{worst} 为最差位置；A 为 $1\times d$ 的矩阵，其中每个元素的值为 1 或−1，且 $A^{+}=A^{\mathrm{T}}\left(AA^{\mathrm{T}}\right)^{-1}$。当 $i>n/2$ 时，说明第 i 个加入者没有

占领当前最优位置，需要去其他位置觅食获取能量。

(5)侦察员的位置更新公式为

$$X_{i,j}^{t+1}=\begin{cases}X_{\text{best}}^{t}+\beta\left|X_{i,j}^{t}-X_{\text{best}}^{t}\right|, & f_i>f_{\text{g}}\\ X_{i,j}^{t}+K\cdot\dfrac{\left|X_{i,j}^{t}-X_{\text{worst}}^{t}\right|}{f_i-f_{\text{w}}+\varepsilon}, & f_i=f_{\text{g}}\end{cases}\tag{2.65}$$

式中，X_{best} 为当前的全局最优位置；β 为均值为 0、方差为 1 的正态分布随机值；ε 为避免分母为零的最小常数；K 为介于 1 与–1 的随机数；f_i、f_{g}、f_{w} 分别为当前个体的适应度值、当前全局最佳适应度值、当前全局最差适应度值。

麻雀搜索算法实现过程如下，流程图如图 2-11 所示。

步骤 1：初始化麻雀种群，定义相关参数；

步骤 2：评估所有麻雀对当前位置的适应度并排序；

步骤 3：用式(2.61)～式(2.65)依次更新发现者、加入者和侦察员位置；

步骤 4：获取当前更新位置，若新位置优于旧位置，则更新旧位置；

步骤 5：检查迭代结束条件；

步骤 6：输出最佳适应度值和麻雀个体。

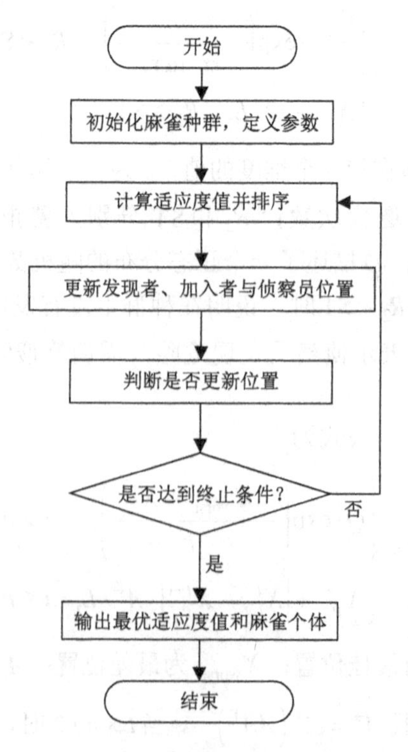

图 2-11　麻雀搜索算法流程图

2.3.3 机器学习算法

机器学习(machine learning, ML)是一门多领域交叉学科，涉及计算机科学、统计学、概率论、算法复杂度理论等学科和理论，也是人工智能和数据科学的核心。它解决了如何构建通过经验自动改进的计算机问题，成功地应用于各种问题的求解，是当今发展最快的技术领域之一。

机器学习可以分为监督学习、无监督学习、半监督式学习和强化学习。

(1)监督学习：监督学习使用标记示例(X 和 Y)来预测它们的关系[即 $P(X/Y)$]。应用场景如分类问题和回归问题，常见算法有逻辑回归和反向传播神经网络等。

(2)无监督学习：无监督学习使用未标记的示例(仅 X)来了解它们的分布[即 $P(X)$]，并且可用于聚类、压缩、特征提取等任务。常见算法包括 Apriori 算法及 K 均值(K-means)算法等。

(3)半监督式学习：它使用未标记的示例来帮助学习输入空间 $P(X)$ 上的概率分布，并联合优化对标记和未标记示例的预测，$P(X/Y)$ 和 $P(X)$ 在加权组合目标中一起优化。应用场景包括分类和回归，算法有图论推理算法或者拉普拉斯支持向量机等。

(4)强化学习：强化学习使用输入(X)和批评(U)数据来了解输入与决策或输入与绩效指标之间的最佳关系。强化学习可以将学习和行为两个阶段同时结合到在线学习中，并具有自我优化的特性。常见的应用场景和算法分别为机器人控制和 Q-learning 等。

机器学习已成功地应用于各种问题的求解，而神经网络是机器学习应用的重要研究领域，因其出色的自学习、自组织和自适应能力，已经成为机器学习研究的热点。本小节主要概述循环神经网络(RNN)、长短期记忆(LSTM)神经网络及图卷积神经网络(GCN)的基础理论。

1. 循环神经网络(RNN)

循环神经网络(recurrent neural network, RNN)主要用于处理序列数据，其最大的特点就是神经元在某时刻的输出可以作为输入再次输入到神经元，这种串联的网络结构非常适合于时间序列数据，可以保持数据中的依赖关系。对于展开后的 RNN，可以得到重复的结构，并且网络结构中的参数是共享的，大大减少了所需训练的神经网络参数。另外，共享参数也使模型可以扩展到不同长度的数据上，所以 RNN 的输入可以是不定长的序列。例如，要训练一个固定长度的句子：若使用前馈神经网络，就会给每个输入特征一个单独的参数；若使用循环神经网络，则可以在时间步内共享相同的权重参数。虽然 RNN 在设计之初是为了学习序列数据长期的依赖性，但是大量的实践也表明，标准的 RNN 往往很难实现信息的长期保存。

RNN 是深度学习领域中一类特殊的内部存在自连接的神经网络，可以学习复杂的矢量到矢量的映射。关于 RNN 的研究最早是由霍普菲尔德(Hopfield)提出的 Hopfield 网络模型，其拥有很强的计算能力并且具有联想记忆功能。但因其实现较困难而被后来其他的人工神经网络和传统机器学习算法取代。乔丹(Jordan)和埃尔曼(Elman)分别于 1986 年和 1990 年提出循环神经网络框架，称为简单循环网络(simple recurrent network, SRN)，其被认为是目前广泛流行的 RNN 的基础版本，之后不断出现的更加复杂的结构均可认为是其变体或者扩展。RNN 已经被广泛用于各种与时间序列相关的任务中。

RNN 结构图如图 2-12 所示，通过隐藏层上的回路连接，使得前一时刻的网络状态能够传递给当前时刻，当前时刻的状态也可以传递给下一时刻。

可以将 RNN 看作所有层共享权值的深度前馈神经网络，通过连接两个时间步来扩展。图 2-13 中，在时刻 t，隐藏单元 h_t 接收来自两方面的数据，分别为网络前一时刻的隐藏单元的值 h_{t-1} 和当前的输入数据 x_t，并通过隐藏单元的值计算当前时刻的输出。$t-1$ 时刻的输入 x_{t-1} 可以在之后通过循环结构影响 t 时刻的输出。

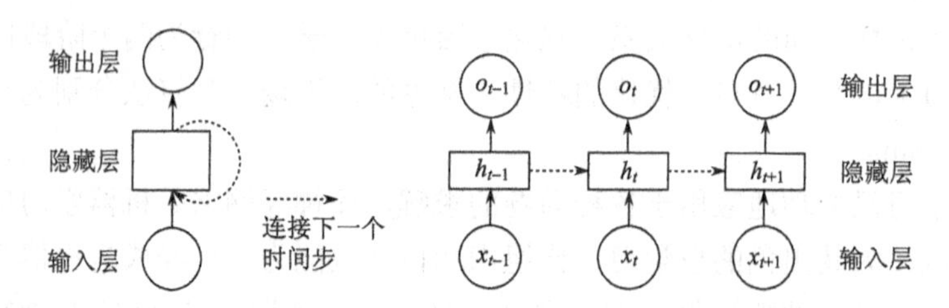

图 2-12　RNN 结构图　　　　图 2-13　展开后的 RNN 结构

RNN 的前向传播可以表示为

$$\begin{cases} h_t = \sigma\left(W_{xh}x_t + W_{hh}h_{t-1} + b_h\right) \\ o_{t+1} = W_{hy}h_t + b_y \\ y_t = \operatorname{soft\,max}\left(o_t\right) \end{cases} \tag{2.66}$$

式中，W_{xh} 为输入单元到隐藏单元的权重矩阵；W_{hh} 为隐藏单元之间的连接权重矩阵；W_{hy} 为隐藏单元到输出单元的连接权重矩阵；b_y 和 b_h 为偏置向量。计算过程中所需要的参数是共享的，因此理论上 RNN 可以处理任意长度的序列数据。h_t 的计算需要 h_{t-1}，h_{t-1} 的计算又需要 h_{t-2}，以此类推，所以 RNN 中某一时刻的状态对过去的所有状态都存在依赖。RNN 能够将序列数据映射为序列数据输出，但是输出序列的长度并不是一定与输入序列的长度一致，根据不同的任务要求，可以有多种对应关系[16]。

2. 长短期记忆(LSTM)神经网络

长短期记忆(LSTM)神经网络是一种特殊的 RNN。在训练过程中，原始的 RNN 随着训练时间加长或神经网络层数增多，很容易发生梯度爆炸或者梯度消失的问题，从而降低了 RNN 的性能，这意味着传统的 RNN 可能无法捕获长期依赖关系。而 LSTM 的提出可以防止反向传播梯度消失或爆炸，为了避免长期依赖性问题，在 LSTM 中引入遗忘门，这些门能够控制单元状态中信息的利用。

近年来，LSTM 已成为处理序列数据的一种流行架构，有多种应用，包括图像字幕、语音识别、基因组分析和时间序列预测等。作为一种神经网络，LSTM 可以使人们发现一些看不见的结构，以提高模型的泛化能力。其单元结构如图 2-14 所示。

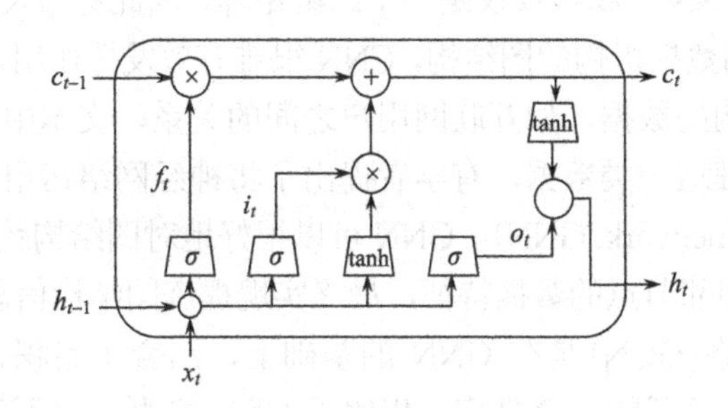

图 2-14　LSTM 单元结构

LSTM 由输入门、遗忘门、输出门和单元状态组成。其实现原理主要有三个阶段：

(1) 遗忘阶段。对上一个节点传入的输入信息 c_{t-1} 进行选择性忘记，剩余信息保留到当前时刻 c_t，该阶段由遗忘门 f_t 发挥作用。

(2) 选择阶段。对这个阶段的输入进行有选择性的“记忆”，由输入门 i_t 进行控制。

(3) 输出阶段。决定哪些信息将会作为当前状态的输出，主要通过输出门 o_t 进行控制。

具体更新过程为

$$\begin{cases} f_t = \sigma\left(W_{fx}x_t + W_{fh}h_{t-1} + b_f\right) \\ i_t = \sigma\left(W_{ix}x_t + W_{ih}h_{t-1} + b_i\right) \\ \tilde{c}_t = \tanh\left(W_{cx}x_t + W_{ch}h_{t-1} + b_c\right) \\ c_t = f_t * c_{t-1} + i_t * \tilde{c}_t \\ o_t = \sigma\left(W_{ox}x_t + W_{oh}h_{t-1} + b_o\right) \\ h_t = o_t * \tanh\left(c_t\right) \end{cases} \tag{2.67}$$

式中，W_{fx} 和 W_{fh} 为遗忘门的权重矩阵；W_{ix} 和 W_{ih} 为输入门的权重矩阵；W_{ox} 和 W_{oh} 为输出门的权重矩阵；W_{cx} 和 W_{ch} 为记忆单元的权重矩阵；b_f、b_i、b_c 和 b_o 分别为遗忘门、输入门、记忆单元和输出门的偏置项；σ 为激活函数；x_t 为输入；h_{t-1} 为输出；$\tilde{c}_t$ 为由 tanh 层生成的新候选值；符号$*$表示按元素乘[14]。

3. 图卷积神经网络(GCN)

卷积神经网络(convolutional neural network, CNN)被广泛应用于图像识别和自然语言处理领域。但 CNN 卷积核仅仅是一个二维矩阵，因此更擅长处理规则空间结构的数据；对于非规则数据机构的图结构，CNN 很难有效发挥作用。而在实际生活中，存在着许多类图结构的数据，如互联网用户之间的关系、文本中的单词和语法的关联关系等。为了处理这一类数据，有学者提出了将神经网络运用到图结构中的图神经网络(graph neural network, GNN)。GNN 可以很好地对图结构数据进行表示，并学习图结构中节点与相邻节点的数据特征，最终实现提炼图结构信息的目的。

图卷积神经网络(GCN)是在 GNN 的基础上，结合了卷积神经网络卷积核的思想，提出的 GNN 模型的一个推广。相比于 GNN 模型，它不仅能够学习图结构中的节点信息，而且能够进一步获取结构信息，即节点与节点之间边的信息。因此，GCN 模型是目前处理图结构数据最好的方法之一。图 2-15 为多层 GCN 模型的结构[17]。

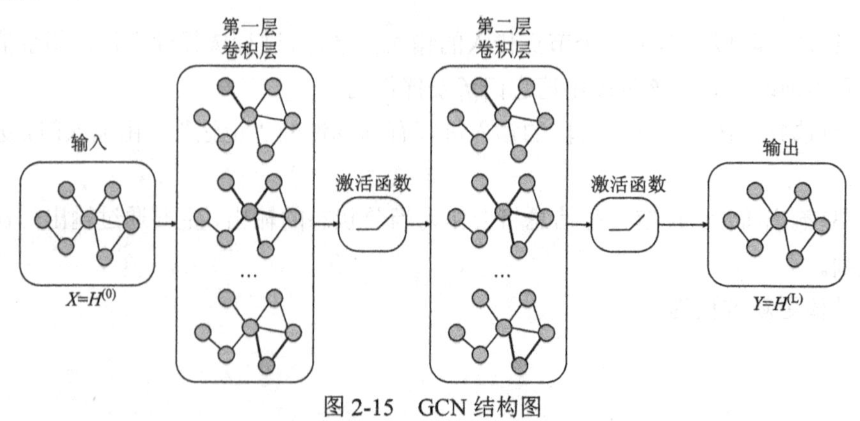

图 2-15　GCN 结构图

对于图来说，其拥有两个特性：第一个是每个节点都有自己的特征信息，这些特征信息用来描述该点表示的对象；第二个是图中的每个节点与其他部分节点相邻，即该对象不是一个独立的个体，其邻居节点也会对该节点本身产生影响。GCN 一般有两个输入矩阵：一个为描述每个节点特征的矩阵，该矩阵的大小为 $N \times D$，N 是节点的个数，D 是输入特征数；另一个为对图结构进行描述的矩阵，通常称为邻接矩阵。那么，当 $N \times D$ 维的矩阵经过图卷积层后，将输出一个矩阵 Z，矩阵 Z 是一个 $N \times F$ 的特征矩阵，其中 N 是节点的个数，F 是每个节点输出的特征数，$H^{(l)}$是第 l 层节点特征矩阵，$W^{(l)}$是第 l 层权重矩阵。多层图卷积神经网络可以表示为

$$H^{(l+1)} = f(H^{(l)}, A) = \sigma(\hat{D}^{-\frac{1}{2}} \hat{A} \hat{D}^{-\frac{1}{2}} H^{(l)} W^{(l)}) \tag{2.68}$$

式中，$\hat{D}$ 为度矩阵；$\hat{A} = A + I$，其中 I 为单位矩阵。

当构建多层图卷积神经网络时，每加一层图卷积层，该网络对特征的提取会更加复杂。同时，多层图卷积神经网络也有很好的非线性变换能力，可以进行端到端的训练，不需要再定义其他规则，可以直接让模型学习图中的特征信息和结构信息。经过图卷积层后，再使用激活函数，能增强它的非线性拟合能力[18]。

参考文献

[1] 马知恩, 周义仓, 王稳地, 等. 传染病动力学的数学建模与研究. 北京: 科学出版社, 2004.

[2] Brauer F, Castillo-Chavez C. 生物数学——种群生物学与传染病学中的数学模型. 2 版. 金成桴, 译. 北京: 清华大学出版社, 2013.

[3] Kermack W O, McKendrick A G. Contributions to the mathematical theory of epidemics: Ⅳ. Analysis of experimental epidemics of the virus disease mouse ectromelia. Journal of Hygiene, 1937, 37(2): 56-88.

[4] 刘明, 曹杰. 药品物资调度优化理论与方法. 北京: 科学出版社, 2017.

[5] 刘立雯. 疫情应急资源分配动态调整优化研究. 南京: 南京理工大学, 2019.

[6] 李睿智. 基于局部搜索策略的若干组合优化问题求解算法研究. 长春: 东北师范大学, 2017.

[7] 王阳. 流水车间调度问题的分支定界算法研究. 锦州: 辽宁工业大学, 2021.

[8] 殷允强, 王杜娟, 余玉刚. 整数规划: 基础、扩展及应用. 北京: 科学出版社, 2022.

[9] 刘兴禄, 熊望祺, 臧永森, 等. 运筹优化常用模型、算法及案例实战: Python+Java 实现. 北京: 清华大学出版社, 2022.

[10] 张雪芳. 基于列生成算法的柔性车间调度研究. 杭州: 浙江工业大学, 2018.

[11] 杜雨芮. 突发疫情环境下的应急预算动态分配策略研究. 南京: 南京理工大学, 2021.

[12] 李颖祖. 基于服务水平的突发疫情应急物流网络优化设计研究. 南京: 南京理工大学, 2019.

[13] 史峰, 王辉, 郁磊, 等. MATLAB 智能算法 30 个案例分析. 北京: 北京航空航天大学出版社, 2011.

[14] 宁静. 数据驱动的非常规突发疫情演化预测研究. 南京: 南京理工大学, 2022.

[15] Xue J K, Shen B. A novel swarm intelligence optimization approach: sparrow search algorithm. Systems Science & Control Engineering, 2020, 8(1): 22-34.

[16] 杨丽, 吴雨茜, 王俊丽, 等. 循环神经网络研究综述. 计算机应用, 2018, 38(S2): 1-6, 26.

[17] 王钜琳. 重大突发疫情中的网络舆情演化与治理策略研究. 南京: 南京理工大学, 2023.

[18] 李诗雅. 基于ISM的应急管理大数据应用影响因素研究——以江苏省应急管理为例. 南京: 南京邮电大学, 2020.

第二篇　重大突发传染病应急管理理论与方法

在人类发展的历史进程中，重大突发传染病等公共卫生事件始终是人类健康的大敌，科学合理地进行重大突发传染病应急管理至关重要。然而，防范和应对突发传染病是一项复杂性、关联性很强的系统工程，是对国家治理体系和治理能力的重大考验。在对突发传染病进行管理时，首先要对该突发传染病有一个全方位、多角度的认识，其次要对我国突发疫情应急管理体系有一定的了解，最后需要掌握突发传染病应急管理的相关理论方法。基于此，本篇章首先对重大突发传染病的典型案例进行分析，其次对比不同国家在重大突发传染病应急管理体系构建方面的经验教训，最后梳理重大突发传染病应急管理理论与方法，以便更好地厘清突发传染病应急管理中的各个环节,同时能够更加高效地进行应急资源配置。

第3章 重大突发传染病典型案例分析

仅仅在过去的20年间，全球就先后暴发了SARS（2003年）、H1N1（2009年）、MERS（2012年）、Ebola（2014年）、Zika（2016年）等一系列重大突发传染病事件。这些重大突发疫情不仅严重危害人类健康和生命安全，同时也对全球经济发展造成重创。“前事不忘，后事之师”，深入了解疫情的发展过程，总结疫情防控的经验，对提高我国突发传染病的防控能力至关重要。鉴于此，本章主要对SARS、H1N1、MERS、Ebola等典型重大突发传染病案例进行整理分析。

3.1 SARS疫情

SARS是21世纪以来我国发生的首例突发传染病疫情。此次疫情对人民群众的生命健康造成了严重威胁，给社会经济发展带来了严重的冲击。在我国SARS疫情防控过程中，党中央始终将人民群众的生命健康放在第一位，成立全国防治非典型肺炎指挥部，打破常规，创造了一个又一个奇迹，成功阻断SARS疫情的发展。

3.1.1 SARS疫情介绍

SARS于2002年底在我国广东暴发。SARS病毒属于套式病毒目冠状病毒科冠状病毒属，为β属B亚群冠状病毒。

SARS病毒来源于野生动物中华菊头蝠，通过中间宿主果子狸感染人类，与家畜家禽和宠物无关。SARS是通过SARS冠状病毒感染引起的传染性疾病，主要通过近距离呼吸道飞沫及密切接触传播[1]。特别是给危重患者行气管插管、气管切开等操作的医护人员，因直接暴露于患者大量呼吸道飞沫环境下极易被感染，曾有医护人员聚集被感染SARS的现象。人群普遍易感，老年人（尤其是患有基础疾病的）更易感染，儿童和婴幼儿也有发病。

3.1.2 SARS疫情发展

2002年11月16日，SARS首次在广东省佛山市暴发。随后广东省河源市又出现多例类似病例，截至2003年2月9日，广州市已经有一百多例感染者，其中很多为医护人员，广州市的感染者中共有2例死亡。2003年3月12日，世界卫生组织发出全球警告，之后美国疾病控制与预防中心发布了另一个健康警告。世界卫生组织建议通过隔离来治疗疑似病例，并且成立了一个医护人员的网络来协助研究 SARS 疫情。2003 年 3 月 15 日，世界卫生组织正式将该病命名为 SARS[2]。2003 年 4 月 2 日，我国北京、山西、湖南等地也相继有人感染。2003 年 4 月 13 日，我国决定将其列入《中华人民共和国传染病防治法》法定传染病进行管理。

3.1.3 SARS 疫情影响

截至 2003 年 8 月 SARS 疫情结束，根据世界卫生组织统计，全球累计有 8422 例感染者，涉及 33 个国家和地区，其中 916 例患者死亡，病死率达到 11%。我国 SARS 疫情最早暴发于 2002 年 11 月，在 2003 年 4 月末进入高峰期。随着政府管制措施的陆续出台，SARS 疫情到 6 月基本结束。根据国家卫生健康委员会统计，SARS 疫情期间内地累计确诊病例 5327 例，死亡 349 人[1]。

SARS 疫情导致多所学校停课，正常教学进度被打乱；多场体育比赛取消、更换主办地或者推迟；餐饮、交通、旅游行业发展停滞；制造业、金融业也受到影响。SARS 疫情导致我国经济增速显著下滑，2003 年呈现“高开—回落—恢复—回升”的经济运行态势。SARS 疫情结束，中央人民政府宣布大幅度增加卫生防疫经费投入，在全国建设各级疾病预防控制中心，特别是增加了对农村地区的经费投入。

3.2 H1N1 疫情

H1N1 疫情自发现后便在多个国家迅速蔓延，世界卫生组织宣布 H1N1 疫情为“具有国际影响的公共卫生紧急事件”。得益于抗击 SARS 疫情的宝贵经验，我国对 H1N1 疫情的响应更加迅速，SARS 疫情后重点投入建设的突发公共卫生医疗救治体系得到充分应用。

3.2.1 H1N1 疫情介绍

甲型 H1N1 流感(原称人感染猪流感)是一种由 A 型猪流感病毒引起的猪呼吸系统疾病，该病毒可在猪群中造成流感。人可能通过接触受感染的生猪或被猪流感病毒感染的环境，又或通过与感染猪流感病毒的人发生接触而受到感染，2009 年 3 月 18 日于墨西哥暴发人群感染。

H1N1 流感病毒的群间传播主要以感染者的咳嗽和喷嚏为媒介，在人群密集的环境中更容易发生感染。微量病毒可留存在桌面、电话或其他平面上，再通过手指与眼、鼻、口的接触来传播。孕妇是罹患甲型 H1N1 流感高风险人群。孕妇一旦感染 H1N1 流感病毒，易出现严重甚至致命病情，胎儿死亡或自然流产的风险也会升高[3]。

3.2.2　H1N1 疫情发展

2009 年 3 月，甲型 H1N1 流感病毒在墨西哥被发现后，世界卫生组织把全球甲型 H1N1 流感大流行警告级别提高至 5 级。同时，我国也将其纳入《中华人民共和国传染病防治法》规定的乙类传染病和《中华人民共和国国境卫生检疫法》规定的检疫传染病管理，并对其采取甲类传染病的预防、控制措施。2009 年 6 月 11 日，世界卫生组织将全球甲型 H1N1 流感大流行警戒级别提高至 6 级，即警戒级别的最高级状态。2010 年 8 月 10 日，世界卫生组织宣布甲型 H1N1 流感大流行已经结束，甲型 H1N1 流感病毒的传播基本上接近尾声，正步入后流感大流行阶段，但该阶段并不意味着甲型 H1N1 流感病毒已彻底消失。

3.2.3　H1N1 疫情影响

截至 2010 年 3 月 31 日，31 个省(自治区、直辖市)累计报告甲型 H1N1 流感确诊病例 12.7 万余例，其中境内感染 12.6 万例，境外输入 1228 例，死亡病例 800 例。截至 2010 年 2 月中旬，全球 1.5 万余人因感染甲型 H1N1 流感而死亡。

甲型 H1N1 流感的暴发，使得人们都避免外出，个人消费急剧下降。甲型 H1N1 流感疫情对旅游业的影响，主要体现在出境游方面。国家也采取了相应措施限制我国公民前往疫情严重的国家。甲型 H1N1 流感对我国经济的影响很大，特别是对我国生猪养殖业影响较大。另外，交通运输服务消费也遭受到了一定的打击，在此基础上，石油及其他能源需求也受到一定程度的影响。

3.3　MERS 疫情

中东呼吸综合征冠状病毒(Middle East respiratory syndrome coronavirus, MERS-CoV)是最具威胁的病原体之一，具有潜在重大流行的威胁。中东呼吸综合征(Middle East respiratory syndrome, MERS)和 SARS 病毒同属于冠状病毒，但它们基因差异明显，感染人体时的受体不同，并且 MERS 的致死率比 SARS 高。

3.3.1　MERS 疫情介绍

MERS 是一种由 MERS 冠状病毒引起的新型人畜共患的呼吸系统传染病。MERS 冠状病毒是一种 β 属 C 亚群冠状病毒，该疾病于 2012 年 9 月在中东地区首次暴发，因此而冠名。MERS 的宿主主要为单峰骆驼[4]，表现多为有限的人传人散发流行方式。主要通过直接接触分泌物或经气溶胶、飞沫传播，也可经粪口途径传播。目前认为，患有糖尿病、慢性肺部疾病、肾衰竭或免疫抑制的人群是罹患 MERS 的高风险人群，这些人群应避免与骆驼接触。

3.3.2 MERS 疫情发展

2012 年 6 月 13 日，沙特阿拉伯吉达的一名 60 岁男子因为发烧、咳嗽和气短入院。2012 年 9 月另有一病例在沙特阿拉伯地区出现呼吸疾病，发展成肺炎，最后被确诊感染。10 月没有出现新增病例，但从 11 月起，沙特阿拉伯卫生部开始频繁报告这种新型的冠状病毒的感染病例。到 11 月底已经有 9 例，其中有 2 例患者可以追溯到 2012 年 4 月，当时他们因不明原因肺炎死亡。2013 年 2 月，英国确认了首例 MERS 患者。2013 年 5 月 28 日，世界卫生组织将这种新型的冠状病毒命名为 MERS 冠状病毒。2014 年 4 月 13 日沙特阿拉伯确认，MERS 冠状病毒感染病例在过去两周内激增。2015 年 6 月 13 日韩国首次发现第三代人传人 MERS 病例，并有儿童疑似感染。2015 年 11 月 25 日韩国最后一名 MERS 患者因并发症等后遗症身亡。基于世界卫生组织评定标准，韩国 MERS 疫情于韩国时间 2015 年 12 月 23 日正式结束。

3.3.3 MERS 疫情影响

MERS 疫情主要集中在中东地区，欧洲、非洲、北美洲和亚洲也有少量病例报告，在全球共造成 1401 人感染，543 人死亡[5]。

以韩国为例，MERS 疫情在极短时间内迅速扩散，导致韩国社会陷入混乱状态，同时给韩国经济和产业发展带来严重冲击。受疫情影响，韩国多家医疗机构暂时停业，周边药店等被迫停业 1 个多月；2000 多所学校停课；众多公共活动、体育赛事等被取消；大型超市门可罗雀；消费、服务业和就业市场持续低迷，经济损失高达 20 万亿～34 万亿韩元；韩国经济增长率从 2015 年初的 3%下降至 2%；赴韩外国游客数连续 4 个月减少，赴韩游取消率达 20%。

3.4 Ebola 疫情

埃博拉病毒(Ebola virus)是人类已知最致命的传染病毒之一。截至目前，它仍然是非洲的一个主要威胁，根据世界卫生组织的数据，仅 2021 年就在非洲暴发了三次疫情[6]。一方面，受非洲地区医疗卫生条件及风俗习惯的影响；另一方面，由于缺乏应对的经验，Ebola 疫情在西非地区不断发展。因此，对 Ebola 疫情的起源及临床表现、发展过程、影响分析、预防策略的研究非常重要。

3.4.1 Ebola 疫情介绍

埃博拉病毒又译为伊波拉病毒，是一种罕见的病毒，于 1976 年在苏丹南部和刚果民主共和国(旧称扎伊尔)的埃博拉河地区被发现。它是一种罕见的烈性传染病病毒，能引起人类和其他灵长类动物产生埃博拉出血热(Ebola hemorrhagic fever, EBHF)，这种出血热是当今世界上最致命的病毒性出血热。

埃博拉病毒主要是通过病人的血液、唾液、汗水和分泌物等途径传播的。埃博拉病毒是人兽共患病毒，不仅能感染人类，也能引起非人灵长类动物(如猩猩和猴子等)感染。人类对其有普遍易感性，从出生后3天到70岁以上的人群均有发病，主要集中在成年人，这可能与暴露或接触机会较多有关。高危人群包括医护职员、与患者有亲密接触的家庭成员或其他人、在下葬过程中直接接触碰丧生者尸身的人员以及与死亡动物有过接触的人。女性患者较男性略多，但尚无证据显示发病存在性别差异[7]。

3.4.2 Ebola 疫情发展

埃博拉是刚果民主共和国北部的一条河流的名字。1976年，一种不知名的病毒“光顾”这里，疯狂地虐杀埃博拉河沿岸55个村庄的百姓，致使生灵涂炭，有的家庭甚至无一幸免，“埃博拉病毒”也因此而得名。时隔3年(1979年)后，埃博拉病毒又肆虐苏丹，一时尸横遍野。经过两次“暴行”后，埃博拉病毒神秘地销声匿迹15年，变得无影无踪。1995年4月在刚果民主共和国(当时称扎伊尔共和国)基奎特市及其周围地区第二次暴发。2000年8月至2001年1月在乌干达北部地区第三次暴发。2007年在乌干达和刚果民主共和国第四次暴发。而2014年暴发的西非Ebola病毒的感染人数和死亡人数都是历史最高。

埃博拉出血热主要呈现地方性流行，主要在中非热带雨林和东南非洲热带大草原。但目前已从开始的苏丹、刚果民主共和国扩展到刚果(布)、中非、利比里亚、加蓬、尼日利亚、肯尼亚、科特迪瓦、喀麦隆、津巴布韦、乌干达、埃塞俄比亚及南非等。非洲以外地区偶有病例报道，均属于输入性或实验室意外感染，未发现有埃博拉出血热流行。埃博拉病毒仅在个别国家、地区间歇性流行，在时空上有一定的局限性。

3.4.3 Ebola 疫情影响

2014年暴发的Ebola疫情直至2016年3月，世界卫生组织才宣布终结。疫情最严重的利比里亚、塞拉利昂和几内亚西非三国，由于医疗与卫生条件落后，感染病例最终达到28610人，其中11308人死亡，病死率高达40%。由于没有抗病毒药物和有效的疫苗，埃博拉病毒感染历史最高病死率达90%[8]。

以利比里亚为例，Ebola疫情对利比里亚的影响主要有：医疗机构陷入瘫痪，埃博拉治疗中心人满为患；粮食无法及时收获，粮食危机迫在眉睫；疫情使利比里亚服务业遭受重创，经济和商业活动远低于常年；作为利比里亚支柱产业的矿业开发几近停滞；抗击疫情的高昂费用，导致利比里亚财政赤字严重；多家航空公司暂停航班，石油钻探工作推迟；经济增长既定目标无法实现。Ebola 疫情对中利经贸合作同样存在严重影响，主要表现在原定的投资和经营计划无法执行，企业经营成本增加，人才流失严重，新的市场和业务开发难以为继。

参 考 文 献

[1] 杨绍基. 传染性非典型肺炎的流行病学研究进展. 新医学, 2005, 36(3): 130-131.

[2] 李波, 彭丹冰, 刘桂华. 传染性非典型肺炎的流行病学分析. 中国卫生工程学, 2003, 2(4): 208-210.

[3] 张萌, 唐军, 何洋, 等. 2009 年 H1N1 全球大流行孕产妇和儿童感染患者流行病学特征的系统评价. 中国循证医学杂志, 2020, 20(6): 661-671.

[4] 王若颖, 王亚丽. 2015 年中东呼吸综合征流行病学特征分析. 实用预防医学, 2017, 24(2): 193-195.

[5] 王志锋, 薛海红, 王逢云, 等. 21 世纪以来由 3 种冠状病毒引起的重大传染病疫情对社会心理的影响及启示. 健康研究, 2022, 42(1): 54-59.

[6] Liu J, Trefry J C, Babka A M, et al. Ebola virus persistence and disease recrudescence in the brains of antibody-treated nonhuman primate survivors. Science Translational Medicine, 2022, 14(631): eabi5229.

[7] 徐鹤峰, 胡桂学. 埃博拉病毒病概述. 中国人兽共患病学报, 2020, 36(10): 864-872.

[8] Kucharski A J , Edmunds W J. Case fatality rate for Ebola virus disease in west Africa. Lancet, 2014, 384(9950): 1260.

第 4 章　重大突发传染病应急管理体系

"人民至上、生命至上"是我国制度优势的充分体现，保障人民生命安全和健康是中华民族伟大复兴的重要基础。重大突发传染病应急管理包括四个关键环节：一是重大突发传染病应急预防，其目的是降低突发传染病发生的可能性；二是重大突发传染病应急准备，其目的是有效应对可能发生的突发传染病；三是重大突发传染病应急响应，其目的是通过采取适当的行动，最大限度地减少突发传染病造成的损失；四是重大突发传染病应急修复，其目的是尽快消除突发传染病的影响，使社会、经济恢复到常态。

4.1　重大突发传染病应急预防体系

在汉语中，预防的意思为"预先防备"，而防备有防止与准备的意思。预防与准备不同：准备要为应急响应与恢复创造条件，而预防则通过灾前行动来降低灾害发生的可能性[1]。

4.1.1　国外重大突发传染病应急预防体系

1. 美国

美国联邦应急管理署认为，有效的预防战略可以获得以下收益：挽救生命、减少伤亡；预防或减少财产损失；减少经济损失；实现社会扰动与压力的最小化；实现农业损失的最小化；维持关键设施的正常运行；保护基础设施不受损；确保公众精神健康；减小政府和官员的法律责任；使政府行为取得积极的政治结果[2]。

监测数据是应急预防政策制定、干预导向和公众发布的重要依据。监测系统的建设和完善是美国疾病控制与预防中心(Centers for Disease Control and Prevention, CDC)的工作重点。CDC 共建立了 28 类 101 个监测系统，其中，与传染病和突发公共卫生事件有关的监测系统为国家传染病监测系统(national notifiable diseases surveillance system, NNDSS)、加快实验室电子信息报告采集的电子实验室报告(electronic laboratory reporting, ELR)系统和进行数据实时分析比对的国家症状监测项目(national syndromic surveillance program, NSSP)系统[3]。

2. 日本

第二次世界大战前，日本曾发生过大规模传染性疾病，如麻风病、肺结核等，当时患者备受歧视，也培养了政府、国民对大规模传染病敏感的神经。由于日本在历史上曾发生过麻风病、肺结核等当时无药可医的传染性疾病，当时的明治政府在 1897 年制定了《传染病预防法》。该法律经过多次修改，直到 1998 年废除为止，一直在预防、处理流行性传染病方面发挥着积极作用。1998 年 10 月，《传染病预防法》被《关于感染症预防及感染症患者医疗的法律》取代。除此之外，与预防大规模传染病相关的法律还有 1951 年颁布的《检疫法》（已多次修改）。这两个法律使日本在大规模传染病的预防、处理、治疗及紧急应对方面有法可依[4]。

3. 法国

法国目前已经建立了 37 个国家传染病防治中心，负责监测和申报传染病相关情况。其职能是：鉴定传染病源、寻找治疗方法、观察疫情变化、及时向卫生部通报对公共健康有影响的所有情况及提出预防疾病传染的措施。另外，针对监测网络的管理，法律规定进行“强制申报”和“死亡统计”，确保全面监测到位。对那些不属于必须申报疾病系列的传染病，法国建立了以实验室和医院为基础的监测体系，目的是了解这些疾病的变化趋势，掌握其流行特征。此外，为加强医院的消毒工作、避免患者在医院染病，还专门成立了医院交叉感染调查和监测网络[5]。

4. 英国

英国公共卫生监测防范网络分为中央和地方两级。其中，英国中央一级机构包括卫生部等政府职能部门和全国性专业监测机构，主要负责疫情的分析判断、政策制定、组织协调和信息服务等；英国地方一级机构包括传染病控制中心分支机构、国民保健系统所属医院诊所、社区卫生服务中心等，主要负责疫情的发现、报告、跟踪和诊断治疗，是整个疫情监测网的基本单元[6]。

健康保护机构（HPA）是由英国公共卫生实验服务机构（包括传染病监测中心、国家公共卫生中心实验室等）、微生物应用与研究中心、化学突发事件管理署、化学突发事件地区管理机构、国家有毒物品信息服务机构等整合而成的，同时与公共卫生突发事件应对系统中的其他机构及国际组织建立了广泛的合作关系[7]。HPA 旨在向公众和专家提供公正、权威的信息和专业的建议，并在公共卫生保护政策和计划等领域向政府提供独立的建议；在传染病、化学制剂灾害和放射性威胁等领域支持国民健康服务系统（NHS）的运作，监测公共卫生领域的威胁，提供快速应对策略；同时，开展研发、教育和培训等活动。

4.1.2　国内重大突发传染病应急预防体系

自 SARS 疫情暴发流行以来，我国政府及有关部门为了应对突发传染病，制定和建立了一系列突发传染病防控策略、方案和指南，以有效应对肆虐的突发传染病。

1. 我国突发传染病预防法律法规制度

在 2002 年 SARS 疫情暴发前，虽然我国在传染病防控和病原微生物研究方面做了大量工作，但生物安全没有得到足够重视。2003 年，传染性强、死亡率高、恐怖效应强的 SARS 疫情，凸显了我国在公共卫生应急管理体系和能力建设方面的危机；2003 年出台了《突发公共卫生事件应急条例》，也使得生物安全概念进入政府管理视野。SARS 疫情后，我国开始了全面性应急管理体系建设，2006 年制定出台了《国家突发公共事件总体应急预案》，2007 年制定出台了《中华人民共和国突发事件应对法》，将突发事件划分为自然灾害、事故灾难、公共卫生事件、社会安全事件四大类，并初步建立了"一案三制"的应急管理制度体系框架。制度体系初步形成后，围绕各类突发事件的监测预警、信息报送、应急响应、应急处置、恢复重建等环节，全面开始了应急管理能力建设。

在国家总体的应急管理能力建设过程中，先后明确了国家卫生健康委员会、农业农村部、科学技术部、生态环境部等部门的生物安全应急管理职能。我国也先后围绕公共卫生事件、重大突发动物疫情、实验室生物安全、生态安全等领域，普遍开展了生物安全法律法规规范建设，并制定了一系列生物安全突发事件处置应急预案。例如，国务院颁布了《病原微生物实验室生物安全管理条例》，规定根据传染性、感染后对个体或者群体的危害程度，将病原微生物分为四类。我国颁布了《动物病原微生物分类名录》和《人间传染的病原微生物目录》，开始全面加强病原微生物的生物安全应急管理工作。生物安全应急管理基础设施建设也得到加强，截至 2020 年 4 月 21 日，我国通过科技部建设审查的生物安全三级实验室有 81 家，生物安全四级实验室(不含港澳台)2 家，用于第一、第二类高致病性病原微生物的研究工作。2004 年建设了全球最大的突发公共卫生事件与传染病疫情监测信息报告系统，也为疫情监测奠定了坚实的基础。

此外，为做好我国突发急性传染病预防控制工作，保障公众身体健康和生命安全，促进经济发展，维护社会稳定，依据《中华人民共和国传染病防治法》《突发公共卫生事件应急条例》《国家突发公共卫生事件应急预案》，参考世界卫生组织《国际卫生条例(2005)》和《亚太区域突发急性传染病防控战略》，我国制定了《突发急性传染病预防控制战略》。

2. 我国重大突发传染病应急预防措施

我国重大突发传染病应急预防措施主要体现在以下几方面。

1）建立和完善了疾病监测网络体系

2003 年 SARS 疫情发生后，国家建立了传染病网络直报系统，疾病预防控制机构硬件条件得到较大改善。通过上下通达的疾病监测网络，监测调查及时发现新传染源或新的病原体及影响因素，迅速采取有效措施，控制其扩散和蔓延。

2）加强了对突发传染病的科学研究，加速了疫苗和新药的研发

党的十八大以来，我国在突发传染病的科学研究、疫苗和新药的研发方面取得了巨大成就：①开展流行病学研究，阐明了重大突发传染病的流行环节、流行特征及影响因素，为制定突发传染病防控对策及措施提供科学依据；②加强了疫苗的研制、开发和接种；③加快了诊断试剂的研究，建立了新传染病的快速鉴定诊断的实验方法；④开展了突发传染病的发生机制和预警技术研究；⑤新药尤其是抗病毒药物的研制开发不断提速；⑥建立病原微生物的菌株资源库等。

3）政府加大了公共卫生基础设施的建设力度和加强了对相关人员的培训

我国政府及相关公共卫生机构等针对突发传染病制定了相应的法律法规，加大依法防治的力度。高度重视公众教育和信息沟通，广泛开展公共卫生与社会学、传播学等多学科研究，及时应对传染病暴发时所造成的社会恐慌，消除负面舆情，进行正面科普教育，众志成城进行高效防控。同时加强了对相关人员的培训，专业人才队伍不断壮大。

4.2　重大突发传染病应急准备体系

在应急管理过程中，应急准备主要包括应急规划、应急保障体系建设等内容。应急准备虽然重要，但经常被忽视。美国学者德拉贝克认为，应急准备有以下特征："准备是一个持续性的过程；准备可减少紧急状态下的不确定性；准备是一项教育活动；准备建立在知识的基础上；准备会引发适当的行动；抵制准备应被视为假定的前提"[8]。

王宏伟在 2021 年出版的《应急管理新论》中指出：应急规划（emergency planning）既是应急准备活动的重要组成部分，也是应急准备活动的基础。通观各国，消防、警察、军队、应急等部门都是突发事件处置与应对的生力军。应急管理部门在其中的重要职能有两个：一是协调，二是应急规划。所谓的应急规划，是一个持续性的动态过程，主要指对应急预案的制定、演练、修改活动。相比之下，应急预案则是静态的。由于突发事件是动态演进的，我们更应该强调应急规划，而不是应急预案。此外，应急预案的实施必须要有应急保障体系作为支撑。

否则，再好的预案也只能是纸上谈兵[1]。

4.2.1　国外重大突发传染病应急准备体系

1. 美国

以 2001 年“9·11”事件为分水岭，美国在公共卫生应急反应机制的法律基础和流程设计方面开展了大规模查漏补缺、优化升级。2019 年 6 月美国总统还签署了新的《大流行与全灾害应变法案》(*Pandemic and All-Hazards Preparedness and Advancing Innovation Act*, PAHPAIA)，更新了全美医疗人力、物力、财力在重大灾变面前的调配规划[9]。

美国突发传染病应急资金来源于以下几方面：①国家财政预算资金；②联邦财政对地方财政的支持；③设立专门的公共卫生应急基金，如 CDC 在 2019 年设立“传染病快速反应储备基金”，用于预防、准备或应对国内或国际传染病突发事件。

2. 日本

日本的应急物资储备除了基本生活保障物资外，主要是药品、疫苗、诊断试剂、医疗设备等。基本生活保障物资包括衣、食、住、行四部分。其中，“住”指的是住房，或生病时的病房，或临时住所；“行”指的是基本需求所需要的交通通畅及通信设施正常等基本保障。一方面确立了物资储备和定期轮换制度，另一方面大力开发抗灾救灾用品。应急物资事前储备在国民家中。抗灾救灾用品和自救用品几乎家家户户都有所储备。

日本突发传染病应急资金来源于以下几方面：一是公共卫生应急预算，中央内阁官方每年有 8000 万日元固定预算以应对流感病毒、国际传染疾病等公共卫生事件，应对突发公共卫生事件的应急财政支出一般由国家和地方按比例承担；二是灾害救助基金，《灾害对策基本法》规定地方政府必须每年按照本年度前三年的地方普通税收额的千分之五作为灾害救助基金进行累积，最少不能低于 500 万日元；三是设有专门预备费；四是小部分来源于个人[10]。

4.2.2　国内重大突发传染病应急准备体系

突发传染病发生前必要的应急准备对控制疫情发展至关重要。根据 2003 年 SARS 等突发疫情防控的经验，我国在控制重大突发传染病过程中做了一定的准备。

1. 我国突发传染病应急预案

我国《国家突发公共事件总体应急预案》规定的工作原则为：以人为本，减少危害；居安思危，预防为主；统一领导，分级负责；依法规范，加强管理；快速反应，协同应对；依靠科技，提高素质。

自 2003 年以来，我国对突发事件应急预案给予了高度的重视，认为它是应急管理体系建设的“龙头”和各级政府应急管理工作的抓手。我国各级各类应急预案已经基本形成一个“横向到边、纵向到底”的框架。这个框架主要由六大类预案组成：突发事件总体应急预案、专项应急预案、部门应急预案、地方应急预案、企事业单位应急预案、重大活动应急预案。到 2007 年底，“全国一共制定各级各类应急预案 130 多万件，基本覆盖了常见的各类突发事件。所有的省级政府、97.9%的市级政府、92.8%的县级政府都已经编制了总体应急预案”[11]。

2. 我国突发传染病应急保障

在应急准备的过程中，应急保障体系建设至关重要，因为如果应急保障体系缺失，一旦发生突发事件，应急救援队伍就不能有效地进行应急处置。一般而言，突发传染病应急保障体系包括应急法律、应急资金、应急物资等方面。

1) 应急法律

党的十八大以后，我国拉开全面依法治国的序幕，法治国家、法治政府、法治社会建设进入快车道。依法应急是依法治国的一项基本内容。2015 年 7 月 1 日，我国颁布实施了体现总体国家安全观的新的《中华人民共和国国家安全法》。应急管理直接维护的是公共安全，公共安全一头连着百姓民生，一头连着国家安全[1]。

2) 应急资金

当突发事件发生时，政府有义务向灾区下拨应急救灾资金。政府的财政拨款是应急财政保障的基础。《中华人民共和国预算法》规定，各级一般公共预算应当按照本级一般公共预算支出额的百分之一至百分之三设置预备费，用于当年预算执行中的自然灾害等突发事件处理增加的开支及其他难以预见的开支。

2020 年，国务院办公厅印发了《应急救援领域中央与地方财政事权和支出责任划分改革方案》，目的是健全充分发挥中央和地方两个积极性体制机制，优化政府间事权和财权划分，建立权责清晰、财力协调、区域均衡的中央和地方财政关系，形成稳定的各级政府事权、支出责任和财力相适应的制度，充分发挥我国应急管理体系特色和优势，积极推进我国应急管理体系和能力现代化[1]。

我国应急财政资金的来源主要由三部分组成：财政拨款、社会捐助、政策保险和商业保险。“我国应对突发事件的资金主要来自政府财政拨款，少量来自社会捐助，而在应对突发事件中可以起到重要作用的保险还没有发挥其应有的作用”[12]。

3) 应急物资

在新一轮机构改革中，我国成立了国家粮食和物资储备局。在应急管理部“三定”方案中，特别提出与国家粮食和物资储备局的关系：应急管理部负责提出中央救灾物资的储备需求和动用决策，组织编制中央救灾物资储备规划、品种目录和标准，会同国家粮食和物资储备局等部门确定年度购置计划，根据需要下达动用指令。国家粮食和物资储备局根据中央救灾物资储备规划、品种目录和标准、年度购置计划，负责中央救灾物资的收储、轮换和日常管理，根据应急管理部的动用指令按程序组织调出。

应急物资的储备可分为实物储备、资金储备、能力储备和社会储备四种形式。在提高应急物资保障能力的过程中，要多种形式并用。一般来说，以实物形态储存的物资都是专用性强、生产周期长、不易腐烂变质的物资；以资金或生产能力形式储存的物资都是生产周期比较短、平时储存又不经济的物资；社会储存的物资多为平灾通用型的物资。

习近平总书记在 2020 年 2 月 14 日中央全面深化改革委员会第十二次会议上强调，“要健全统一的应急物资保障体系，把应急物资保障作为国家应急管理体系建设的重要内容，按照集中管理、统一调拨、平时服务、灾时应急、采储结合、节约高效的原则，尽快健全相关工作机制和应急预案。要优化重要应急物资产能保障和区域布局，做到关键时刻调得出、用得上。对短期可能出现的物资供应短缺，建立集中生产调度机制，统一组织原材料供应、安排定点生产、规范质量标准，确保应急物资保障有序有力。要健全国家储备体系，科学调整储备的品类、规模、结构，提升储备效能。要建立国家统一的应急物资采购供应体系，对应急救援物资实行集中管理、统一调拨、统一配送，推动应急物资供应保障网更加高效安全可控。”[1]

4.3　重大突发传染病应急响应体系

重大突发传染病疫情具有突发性、非预期性、原因多样性、危害直接性、发生隐蔽性、紧迫性、全球流动性和社会危害严重性等特点，其对人类健康的损害和影响达到一定的阈值会造成社会性恐慌和混乱，直接影响社会稳定和发展。因此，能否高效预防和妥善处置突发重大传染病疫情，不仅关系人民的健康福祉，还关系政府的公信力和政权的稳固。而重大突发传染病应急响应体系既是突发公共卫生事件应急管理体系的关键组成部分，又是应急管理现代化发展的重要趋向。

4.3.1　国外重大突发传染病应急响应体系

1. 美国

美国关于防范传染病的联邦法律主要是《公共卫生服务法》，又称“美国检疫法”，于 1994 年通过。该法中有关防范传染病方面的规定主要包括：明确严重传染病的界定程序，制定传染病控制条例，规定检疫官员的职责，同时对来自特定地区的人员和货物，以及有关检疫站、检疫场所与港口管理，民航与民航飞机的检疫等均做出了详尽的规定，此外还对战争时期的特殊检疫进行了规范。

美国防范大规模流行性传染病的法律除联邦法律外，还有州、县等地方性法律法规。例如，南卡罗来纳州制定的“传染病法”，就对公共卫生官员报告有关传染病信息、运输和处理患者遗体、检验和隔离患者，以及对违规者的处罚都进行了详细规定。规定特别强调，医生要对本州出现的已知或疑似传染病病例在 24 小时内报告给县卫生部门，县卫生部门则应向州卫生和环境控制部报告所有这些传染病案例。未能遵从法律条款的任何医生将犯不端行为罪，受到罚款和关押处罚。

美国对传染病的应急管理始终把握“首先阻止传染病蔓延，再着手找出病因”的原则。其相应的管理保障体制为：首先，由美国卫生与公众服务部部长提交突发疾病评估报告，内容包括该病发现、发展及影响等；其次，由副总统召开跨部门的国家卫生理事会会议，研究此报告，并向总统提出对策建议，特别是对疾病是否属于传染病进行界定；再次，总统咨询总医官后，依法授权，视情况决定颁布相应的总统行政命令，总医官根据总统行政命令依法授权颁布和实施传染病防治条例和规定；最后，由卫生与公众服务部牵头，多部门分工协作，来执行传染病防治条例。美国疾病控制与预防中心提供具体管理与技术措施和信息，各阶段工作是层层向上直至总统的负责制[13]。

2. 俄罗斯

俄罗斯《联邦公民卫生流行病防疫法》规定的防治流行病大规模暴发的基本原则是：根据流行病的传播状况预告、预防和预测可能出现的变化；制定统一的卫生防疫计划和具体措施；加强对交通工具、机场、车站等公共场所的卫生防疫检查；必要情况下制定和实施流行病防疫联邦专项计划；加强流行病防疫宣传工作；要求公民、企业、机关和法人团体严格遵守和执行卫生防疫措施；紧急组织科研机构对流行病的病原和机理进行科学研究；国家财政预算保障防范措施的彻底执行。

3. 日本

日本《关于感染症预防及感染症患者医疗的法律》规定，传染性疾病分为四类：列入第一类传染病的有埃博拉出血热、克里米亚-刚果出血热、鼠疫、拉沙热、马尔堡病等；列入第二类传染病的有急性灰白髓炎、霍乱、细菌性痢疾、白喉、肠霍乱、副伤寒等；肠出血性大肠菌感染症等为第三类传染病；而第四类传染病则包括流感、病毒性肝炎、黄热病、Q 热、狂犬病、获得性免疫缺陷综合征(AIDS)、梅毒、疟疾等。对于那些具有传染性，与人类已知传染病的症状、治疗结果明显不同，且病情严重，其蔓延会对人类生命及健康产生重大影响的疾病被归类为“新型感染症”。

迅速地层层上报制度是日本《关于感染症预防及感染症患者医疗的法律》的特色之一。法律规定，对于第一类、第二类、第三类感染症患者及新型感染症患者，只要发现其带有病原体(无症状病毒携带者)或疑似症状，必须立即(1 天之内)经最近的保健所长向都道府县知事报告其姓名、年龄、性别等厚生劳动省政令规定的事项。对于第四类感染症，若发现 AIDS、梅毒、疟疾及其他厚生劳动省政令规定的患者(包括无症状病毒携带者)必须在 7 天之内经最近的保健所长向都道府县知事报告其姓名、年龄、性别等厚生劳动省规定的事项。各都道府县的知事接到报告后，对于第一种情况，必须立即向厚生劳动大臣报告；对于第二种情况，在厚生劳动省政令规定时间内向厚生劳动大臣报告。若患者不在本都道府县区域内，应立即向患者所在地区都道府县知事报告。都道府县知事为防止新型感染症蔓延，在有充分理由并认为必要时，可强制对可疑者进行健康检查。同时，在必要时，为防止新型感染症蔓延，都道府县知事可劝告、强制被怀疑感染的患者到特定感染症指定医疗机构住院接受观察、治疗。都道府县知事在发现新型感染症患者时必须使其住院治疗。必须在确认患者已无传染的可能时方可出院。《检疫法》规定，在机场、港口发现新型感染症患者时，同样按《关于感染症预防及感染症患者医疗的法律》规定上报[14]。

4.3.2　国内重大突发传染病应急响应体系

尽管人们采取有效的减缓措施，进行精心的准备，但这并不能完全避免突发传染病的发生。当突发传染病发生后，要在时间、资源、资金、能力有限的情况下，根据其性质、特点和危害程度，对突发事件进行有效的响应，以降低社会公众生命、健康与财产所遭受损失的程度。在应急管理的四个功能中，应急响应的复杂程度最高，因为它处于时间和信息有限且高度紧张的情境之中[1]。

1. 我国重大突发传染病应急响应法律法规制度

我国应急法治建设不断推进，迄今为止，累计颁布实施《中华人民共和国突发事件应对法》《中华人民共和国安全生产法》等 70 多部相关法律法规，中共中央、国务院印发了《关于推进安全生产领域改革发展的意见》《关于推进防灾减灾救灾体制机制改革的意见》，形成了应对特别重大灾害“1 个响应总册、15 个分灾种手册、7 个保障机制”的应急工作体系，探索形成了扁平化组织指挥体系、防范救援救灾一体化运作体系。面向未来，我国亟须从制度上明确中央与地方在应急管理中的事权和财权，清晰规定其责任分担，尤其要加快实现应急管理工作重心下移，真正做到属地管理、地方负责。

2. 我国重大突发传染病分类响应管理

《中华人民共和国传染病防治法》规定的传染病分为甲类、乙类和丙类。

甲类传染病是指：鼠疫、霍乱。

乙类传染病是指：传染性非典型肺炎、艾滋病、病毒性肝炎、脊髓灰质炎、人感染高致病性禽流感、麻疹、流行性出血热、狂犬病、流行性乙型脑炎、登革热、炭疽、细菌性和阿米巴性痢疾、肺结核、伤寒和副伤寒、流行性脑脊髓膜炎、百日咳、白喉、新生儿破伤风、猩红热、布鲁氏菌病、淋病、梅毒、钩端螺旋体病、血吸虫病、疟疾。

丙类传染病是指：流行性感冒、流行性腮腺炎、风疹、急性出血性结膜炎、麻风病、流行性和地方性斑疹伤寒、黑热病、包虫病、丝虫病，除霍乱、细菌性和阿米巴性痢疾、伤寒和副伤寒以外的感染性腹泻病。

对乙类传染病中传染性非典型肺炎、炭疽中的肺炭疽和人感染高致病性禽流感，采取本法所称甲类传染病的预防、控制措施。其他乙类传染病和突发原因不明的传染病需要采取本法所称甲类传染病的预防、控制措施的，由国务院卫生行政部门及时报经国务院批准后予以公布、实施。

需要解除依照前款规定采取的甲类传染病预防、控制措施的，由国务院卫生行政部门报经国务院批准后予以公布。

省、自治区、直辖市人民政府对本行政区域内常见、多发的其他地方性传染病，可以根据情况决定按照乙类或者丙类传染病管理并予以公布，报国务院卫生行政部门备案。

国务院卫生行政部门根据传染病暴发、流行情况和危害程度，可以决定增加、减少或者调整乙类、丙类传染病病种并予以公布。

同时根据传染病疫情波及的范围、危害程度，以及对社会、经济的影响，将传染病疫情分为四个等级，即特别重大传染病疫情事件(一级)、重大传染病疫情事件(二级)、较大传染病疫情事件(三级)和一般传染病疫情事件(四级)。依据所划分的级别，实施分级预警和控制。一旦发生疫情，按预警级别，启动相应级别的组织、管理、领导机制和工作预案。

3. 我国重大突发传染病分级处理体制机制

我国采取的是中央和省两级突发事件应急处理体制。《突发公共卫生事件应急条例》规定，突发事件发生后可能波及全国或者跨省、自治区、直辖市，需要及时启动全国突发事件应急预案。例如，国家卫生健康委员会在接到某一传染病暴发、流行的突发事件报告后，在采取预防控制措施的同时，还要组织专家对突发事件进行研究分析。当分析意见认为突发事件有可能进一步发展蔓延，需要国务院统一领导有关部门共同协作时，国家卫生健康委员会提出启动传染病应急预案的建议，报国务院批准。国务院随即设立全国突发事件应急处理临时指挥部，负责对全国突发事件应急处理的统一指挥。全国突发事件应急处理指挥部由突发事件可能涉及的国务院有关部门和军队有关部门组成，国务院主管领导人担任总指挥，但该指挥部是一个“战时”应急的、临时性的机构，平时不存在。省、自治区、直辖市人民政府制定本行政区域的突发事件应急预案。当在一个省辖区内发生突发事件时，相应的省、自治区、直辖市人民政府要成立地方突发事件应急处理临时指挥部，而且为了保证总指挥的权威性，要由省、自治区、直辖市人民政府主要领导人担任总指挥。而县级以上地方卫生行政主管部门具体负责组织突发事件的调查、控制和医疗救治工作[15]。

4. 我国重大突发传染病应急响应活动

当重大突发传染病暴发后，应急管理部门的应急响应活动主要包括：

(1) 开展突发传染病影响评估，包括灾情评估和需求评估。应急管理者在响应阶段必须经常进行损失评估，以便协调装备及物资，并将其送达最需要的地方。此外，应急响应者需要对恢复阶段进行前瞻，根据损失评估，确定恢复阶段的资金、政策需求[1]。

(2) 加强健康宣教，提高公众对突发急性传染病的认识和防范能力，大力开展爱国卫生运动，鼓励公众积极配合突发急性传染病的预防控制工作。

(3) 日常生活的保障，提供水、食品等日常需求的物品。

(4) 采取疫苗免疫、媒介控制、旅行劝告、检疫通告、隔离等措施控制突发急性传染病疫情。

(5) 进行卫生管理，包括日常的消杀、对人与动物尸体进行妥善处理，防止再次传染。

(6) 维持治安，包括维持社会秩序，避免出现趁火打劫等刑事犯罪的发生。

(7) 提供社会心理咨询服务，突发事件发生后，人的情感、认知、生理及人际关系都会出现问题，如恐惧、易怒、焦虑、不自信、疲惫、头痛、人际冲突增多等，应急响应者应提供心理咨询服务，以解决这些问题。

(8) 对捐赠进行管理，大量的捐赠物资的及时分配至关重要。

(9) 应急管理者需要与专业人员、志愿者进行良好的合作，形成应急响应的合力；同时，要建立并完善卫生、农业、林业、国境卫生检疫等部门的协调合作机制，共同研究重大突发急性传染病的防控对策，开展突发急性传染病疫情监测，形成联防联控的工作格局。

(10) 加强对野生动物的管理，避免公众接触、食用野生动物，降低野生动物源性突发急性传染病传播给人的风险；加强活禽市场管理，规范活禽养殖、免疫、运输、销售行为，减少禽流感病毒感染人的风险[16]。

(11)登记报告制度，严格执行传染病疫情的登记报告制度。

4.4　重大突发传染病应急修复体系

重大突发传染病疫情扰乱了社会正常的生产生活秩序，给公众的生命、健康、财产造成了巨大的损失。一般认为，在突发事件的事态基本上得到有效控制后，应急管理即从响应阶段过渡到恢复阶段。但是，实际上，响应与恢复之间的界限比较模糊。针对具体的传染病疫情，政府需要采取不同的控制策略，使社会生产生活尽快恢复到正常状态。

4.4.1　国外重大突发传染病应急修复体系

1. 韩国

韩国应急管理的一个重要特征是强调恢复。在韩国，国家应急管理署设四个总部，即预防与减缓总部、准备总部、响应总部和恢复总部。名义上，各个总部之间的地位平等，但恢复总部获得的支持要明显多于其他三个总部。国外学者认为，韩国应急管理之所以强调恢复而忽视准备，主要原因之一就是韩国的信息技术发达。一旦突发事件发生，轰动性的消息就会通过媒体迅速传播。此外，许多韩国学者认为，突发事件是一种宿命，控制突发事件超越了人的能力范畴[1]。

2. 加拿大

加拿大的应急管理同样包括预防与减缓、准备、响应、修复四个方面。它们以风险为基础，彼此相互依赖。其中，恢复是指通过灾害后期采取一系列措施，将灾区状况修复或恢复到可接受水平。长期恢复与未来灾害的预防和减缓关系密切[1]。

实际上，鉴于突发传染病的特殊性质，国外众多国家在突发传染病应急修复方面都采取了如下策略：解除封锁、降低风险防控等级、稳定复工复产、心理健康疏导等。各个国家旨在通过一系列措施使得本国的经济尽快恢复到正常状态，减轻传染病疫情的影响。

4.4.2　国内重大突发传染病应急修复体系

我国重大突发传染病应急修复管理主要包括：降低重大突发公共卫生事件响应等级、复工复产、损失赔偿/补偿评估、劳动者感染、心理健康疏导五个方面。

1) 降低重大突发公共卫生事件响应等级

疫情发生后，政府会设置相应的突发事件应急响应等级，并采取严格的防控措施应对疫情的传播，保障人民群众的健康。然而，随着疫情防控的持续向好，政府需要结合疫情发展实际，对当地的应急响应等级进行调整[17]，并及时调整当地的应急防控策略，完善相关应急预案的操作性和针对性。

2) 复工复产

在突发疫情逐步得到有效控制的形势下，企业如何复工复产成为社会关注的重要问题[18]。其中主要是以保障城市运行和群众生活为优先、以防控措施完备为优先、以市场需求迫切为优先。除此之外，各地政府也可以实行租金减免、财税优惠、金融支持、社保优惠、灵活用工等，为复工复产复市提供保障支撑[19]。同时，也可推行网上办事、设置多项行政审批宽限期来助力企业复工复产。

3) 损失赔偿/补偿评估

关于疫情导致的损失赔偿/补偿，实施征用的单位应结合传染病临时征用物资、场所(如房屋、交通工具及相关设施、设备)等的具体情况，给予被征用单位或者个人合理的报酬或补偿[20]。实施应急征用单位应当在征用后及时开具应急征用凭证，并在突发事件处置工作结束后制作应急征用物资(场所)使用情况确认书。而被征用单位或者个人可凭借上述材料书面申请补偿，补偿标准依规定确定。

4) 劳动者感染

关于劳动者从事志愿活动期间意外感染的情况，可基于因果关系、疫情防控需要等考虑，及时明确劳动者感染是否视同工伤，减轻劳动者的压力。

5) 心理健康疏导

心理健康疏导是重大突发传染病灾后恢复阶段的重要工作之一。重大突发传染病会对患者的家属及患者本人的心理造成一定的创伤[21]。此外，有些传染病还会给患者带来一定的后遗症，导致其产生焦虑、恐惧、抑郁等反应。因此，适当的心理干预及心理疏导对患者的恢复至关重要。

参考文献

[1] 王宏伟. 应急管理新论. 北京: 中国人民大学出版社, 2021.

[2] Drabek T E., Hoetmer G J. Emergency management: Principles and practice for local government. Washington, DC: International City Management Association, 1991.

[3] 王晓雯, 金春林, 程文迪, 等. 美国急性传染病和突发公共卫生事件综合监测和应对系统分享. 中国卫生质量管理, 2020, 27(5): 110-113.

[4] 田香兰. 日本公共卫生危机管理的特点及应对. 人民论坛, 2020(10): 33-35.

[5] 兰克, 张强, 郭季. 国外应对突发性传染病的机制(2): 应对疫情观他国机制. 中国科学院. [2003-05-08]. https://www.cas.cn/zt/kjzt/fdgx/gwdt/200305/t20030508_1710938. shtml.

[6] 艾雯，刘洁妍．英国重组公共卫生机构加强应对疫情．人民网．(2020-08-19). http://world.people.com. cn/n1/2020/0819/ c1002-31828477.html.

[7] 武汉市疾病预防控制中心．高强常务副部长考察英国的公共卫生体系．(2003-11-10). https://www.whcdc. org/view/7683.html.

[8] Hubbard J A. Integrating Emergency Management Studies into Higher Education: Ideas, Programs, and Strategies. Fairfax: Public Entity Risk Institute, 2010.

[9] 郭杰群．美国应急供应链管理机制的设置及对我国公共卫生突发事件应对的启示．供应链管理, 2020, 1(2): 12-21.

[10] 王泽彩，刘婷婷，赵蕊．公共卫生应急管理财政政策的国际借鉴．中国财政，2020(10): 38-42.

[11] 华建敏．我国应急管理工作的几个问题．中国应急管理, 2007(12): 5-9.

[12] 苗兴壮．超越无常：突发事件市急静态系统建构．北京：人民出版社, 2006.

[13] 兰克，张强，郭季．国外应对突发性传染病的机制(1)：防范瘟疫看他国立法．中国科学院．(2003-05-08). https://www.cas.cn/zt/kjzt/fdgx/gwdt/200305/t20030508_1710937.shtml.

[14] 郝广福，斯勤夫．新出现传染病流行与传染病控制国际法规(连载三)．口岸卫生控制，2005, 10(3): 35-37.

[15] 李海燕，许增禄，张虎林，等．中美突发传染病事件应急系统对比分析．中华医院管理杂志, 2005(5): 353-356.

[16] 中华人民共和国中央人民政府．卫生部关于印发《突发急性传染病预防控制战略》的通知．(2007-07-06). http://www.gov.cn/zwgk/2007-07/06/content_674815.htm.

[17] 盖纯，张祎．北京市突发公共卫生事件应急响应级别调至三级．人民网．(2020-07-20). http://cq.people. com.cn/n2/2020/0720/c365403-34168047.html.

[18] 沐一帆，轩召强．市政府常务会议召开，强调做好财政工作，保障疫情防控、基本民生及复工复产需要．人民网．(2022-05-10). http://sh.people.com.cn/n2/2022/0510/c134768-35262074.html.

[19] 叶宾得，康梦琦．上海出台多项金融政策举措 全力支持疫情防控和企业复工复产复市．人民网．(2022-05-09). http://zj.people.com.cn/n2/2022/0509/c186327-35259449.html.

[20] 关喜艳，周恬．武汉出台实施办法规范应急征用补偿工作．人民网．(2021-01-07). http://hb.people.com. cn/n2/2021/ 0107/c192237-34515598.html.

[21] 陈芳妹．突发传染病患者的心理分析及护理．实用临床护理学电子杂志, 2017, 2(33): 172.

第5章　重大突发传染病应急管理模型与方法

突发疫情环境下，相关应急管理决策人员面临诸多挑战。首先，要做到及时发现疫情，准确预测分析疫情的传播演化趋势，实时监测疫情的变化。其次，疫情发生之后，快速实施应急响应措施，合理分配应急资源至关重要。另外，大数据技术的应用使突发疫情应急管理更加高效。

5.1　重大突发传染病扩散演化模型

传染病动力学模型在生物医学研究方面具有十分重要的地位，是用于描述传染病的长期传播过程，分析传染病各仓室人群转换规律和疫情扩散趋势的经典模型。在非常规突发疫情应急响应过程中，精确刻画疫情扩散演化轨迹，是制定应急措施和分配应急资源的前提条件。此外，鉴于机器学习的广泛应用，本书将机器学习与系统动力学模型结合，构建组合模型对疫情发展趋势进行预测。

5.1.1　基于系统动力学的传染病预测模型

本小节在传统 SEIR 模型的基础上构建了 SEIR 优化模型[1]，如图 5-1 所示，模型中包含四类群体：易感染者、暴露者、感染者和移除者。

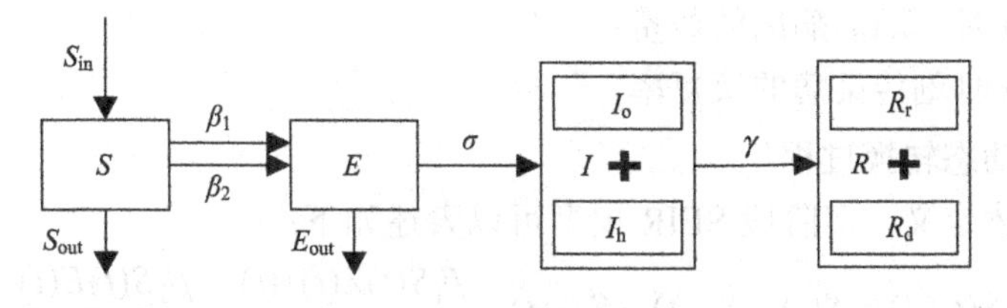

图 5-1　SEIR 模型示意图

1) 模型假设条件

以上模型基于如下假设与设计：①忽略自然死亡的情况；②假设该地区迁入人口皆为易感染者 S_{in}，迁出个体包括易感染者 S_{out} 和暴露者 E_{out} 两部分[2]；③考虑感染者没有症状但具有传染性的可能，将易感染者 S 被感染者 I 或暴露者 E 感染的概率分别设为 β_1 和 β_2；④感染者分为拥有入院治疗机会的 I_h 和未能住院的 I_o，其中，假设感染者 I_h 因被隔离不具感染力，而感染者 I_o 留在社区而有进一步传播的能力[3]；⑤模型中移除者包含两部分，即康复病例 R_r 和死亡病例 R_d。

2)参数和变量定义

为了便于多阶段 SEIR 模型的制定，所涉及的符号定义如下。

T：疫情暴发的周期，$t=1,2,\cdots,T$；

J：除目标地区以外的城市集，$j=1,2,\cdots,J$；

$S(t)$：t时刻的易感染者人数；

$E(t)$：t时刻的暴露者人数；

$I(t)$：t时刻的感染者人数；

$R(t)$：t时刻的移除者人数；

$N(t)$：t时刻的总人数；

$S_{\text{in}}(t)$：t时刻迁入人口数；

$S_{\text{out}}(t)$：t时刻迁出人口中易感染者的数量；

$E_{\text{out}}(t)$：t时刻迁出人口中暴露者的数量；

β_1：易感者和感染者之间的传播率；

β_2：易感者和暴露者之间的传播率；

σ：传染病的潜伏率；

γ：感染者移除率；

$\text{In}_j(t)$：在t时刻从城市j移动到目标地区的人数；

$\text{Out}_j(t)$：t时刻从目标地区迁出的人数；

$P_{\text{out}}(t)$：迁出人群中暴露者的占比；

k：每个确诊病例的平均接触人数；

$\lambda(t)$：在t时刻未住院的感染者比例；

$B(t)$：t时刻隔离病床的数量；

$\omega(t)$：t时刻传染病的康复率。

3)模型动态转换过程

基于上述定义，多阶段 SEIR 模型可以表述如下：

$$S(t+1)=S(t)+S_{\text{in}}(t)-S_{\text{out}}(t)-\frac{\beta_1 S(t)\lambda(t)I(t)}{N(t)}-\frac{\beta_2 S(t)E(t)}{N(t)} \tag{5.1}$$

$$E(t+1)=E(t)-E_{\text{out}}(t)+\frac{\beta_1 S(t)\lambda(t)I(t)}{N(t)}+\frac{\beta_2 S(t)E(t)}{N(t)}-\sigma E(t) \tag{5.2}$$

$$I(t+1)=I(t)+\sigma E(t)-\gamma I(t) \tag{5.3}$$

$$R(t+1)=R(t)+\gamma I(t) \tag{5.4}$$

$$S_{\text{in}}(t)=\sum_{j\in J}\text{In}_j(t) \tag{5.5}$$

$$S_{\text{out}}(t)=\text{Out}_j(t)\times\left[1-P_{\text{out}}(t)\right] \tag{5.6}$$

$$E_{\text{out}}(t) = \text{Out}_j(t) \times P_{\text{out}}(t) \tag{5.7}$$

$$P_{\text{out}}(t) = \frac{kI(t)}{N(t)} \tag{5.8}$$

$$I_{\text{o}}(t) = \lambda(t)I(t) \tag{5.9}$$

$$I_{\text{h}}(t) = [1-\lambda(t)]I(t) \tag{5.10}$$

$$\lambda(t) = 1 - \frac{B(t)}{I(t)} \tag{5.11}$$

$$R_{\text{r}}(t) = \omega(t)R(t) \tag{5.12}$$

$$R_{\text{d}}(t) = [1-\omega(t)]R(t) \tag{5.13}$$

式(5.1)表示疫情地区在t时刻的易感染个体通过接触暴露者或感染者转移到暴露者仓室；式(5.1)～式(5.4)定义了S、E、I和R四个仓室之间的动态转移过程；式(5.5)给定了在t时刻迁入总人数；通过式(5.6)～式(5.11)可以区分t时刻迁出人群中的易感染者和暴露者，以及在t时刻未接受治疗的感染者；最后，式(5.12)和式(5.13)为移除者仓室的状态转移方程，包括累计康复病例和死亡病例。

5.1.2　基于机器学习的传染病预测模型

随着人工智能技术的快速发展，很多研究者开始采用机器学习方法，尤其是神经网络，其表现出的自组织性和自学习能力等优势非常适合解决非常规突发疫情预测这一复杂问题，在解决突发疫情的监测和预测问题时能获得较好的预测结果。因此，本书结合群智能算法效率高、使用方便等特性，构建了由麻雀搜索算法(SSA)优化的 LSTM 预测模型。在将麻雀搜索算法引入 LSTM 预测模型的优化过程中时，以疫情数据的实际值和预测值误差最小为目标函数，寻找最佳超参数组合，主要包括不同隐藏层的不同神经元数、初始学习率及最大迭代次数的优化。

基于 SSA-LSTM 的疫情预测模型详细步骤如下：

步骤 1：构建 LSTM 预测模型初始网络结构；

步骤 2：初始化麻雀搜索算法，并进行适应度计算，以验证集均方差为适应度函数，目的是找到一组超参数使得 LSTM 网络的误差最小；

步骤 3：将步骤 2 输出的超参数值代入 LSTM 预测模型中，更新设定值并训练网络；

步骤 4：当 LSTM 预测模型达到设定的终止条件时，输出疫情演化预测结果。

5.1.3　基于系统动力学-机器学习组合预测模型

不同疫情预测模型在特征选择、可用范围、参数设置等方面具有一定的差异性，可以从不同角度挖掘其中有用的数据信息。因此，本小节在全面分析系统动力学模型和机器学习方法的优缺点基础上，提出基于麻雀搜索算法优化的 LSTM-SIRD 组合模型，并分为串联和并联两种结合方式，以更好地满足研究非常规突发疫情的预测需求。

1. 基于麻雀搜索算法优化的 LSTM-SIRD 串联模型

经典的 SIR 或 SEIR 系统动力学模型均能较好地预测非常规突发疫情演化趋势，其预测精度受传染率、死亡率和治愈率等参数设置的影响，通常假设该参数为常数，但这一假设无法反映出实际防控措施对疫情发展态势的影响。因此，本小节提出利用 LSTM 神经网络模型对上述传染病动力学模型中的参数进行自学习预测，从而实现对相关参数的实时更新。为提升 LSTM 神经网络模型的预测精度，与 5.1.2 节类似，引入麻雀搜索算法对 LSTM 模型的超参数进行优化。

在实际的疫情防控过程中，由于潜伏者人群难以明确，所以使用 SIRD 模型来模拟疫情传播扩散的动态演化过程。如图 5-2 所示，采用数据驱动的方法，基于收集到的实际疫情数据，将其代入 SIRD 模型中反演推算出参数的时间序列数值，包括传染率、治愈率和死亡率；在识别出每日的时间序列参数值后，通过 LSTM 神经网络模型对其进行学习，从而预测出适合预测疫情发展趋势的参数值；最后，将新获得的参数重新代入 SIRD 模型中，以便更为准确地预测传染病感染或移除病例。

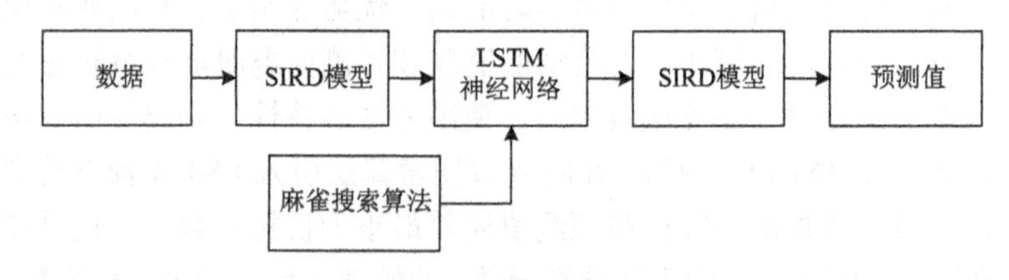

图 5-2　串联模型技术路线图

1) SIRD 模型反演参数

下面将介绍常用于描述传染病扩散的 SIRD 系统动力学模型，该模型在经典的 SIR 模型中引入了 D 隔间，即将移除者分为康复者 R 和死亡者 D。同样，S 和 I 分别表示易感染者和感染者，SIRD 模型架构如图 5-3 所示。

考虑到疫情的真实传播是由多种因素决定的，为不失一般性，采用以下假设来简化研究：①假设病毒的传播发生在封闭的环境中，无论自然出生率和自然死亡率如何，这意味着总人口是恒定的；②报告的确诊病例、治愈病例、死亡病例数据准确；③患者在潜伏期内无传染性，不存在超级传播者；④康复者能够产生抗体，不会被再次感染。

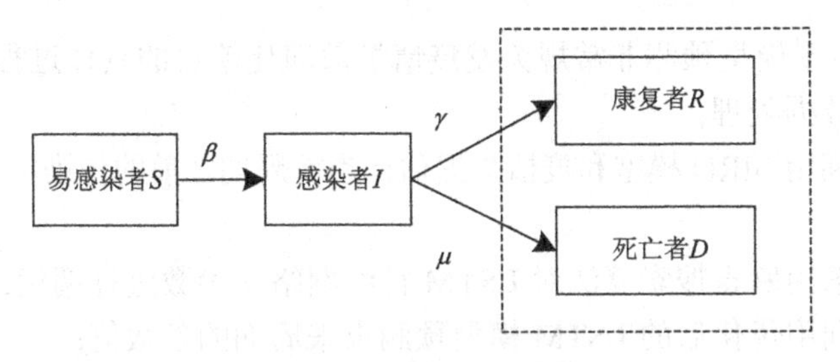

图 5-3　SIRD 模型架构

设总人口数为N，$S(t)$代表易感染者，$I(t)$代表感染者，$R(t)$代表康复者，$D(t)$代表死亡者，第t天的传染率β_t^*、死亡率μ_t^*、康复率γ_t^*为待确定的模型参数，式(5.14)为 SIRD 模型的离散形态：

$$\begin{cases} S_{t+\Delta t} = S_t - \dfrac{\beta_t^* S_t I_t}{N} \cdot \Delta t \\ I_{t+\Delta t} = I_t + \left(\dfrac{\beta_t^* S_t I_t}{N} - \gamma_t^* I_t - \mu_t^* I_t \right) \cdot \Delta t \\ R_{t+\Delta t} = R_t + \gamma_t^* I_t \cdot \Delta t \\ D_{t+\Delta t} = D_t + \mu_t^* I_t \cdot \Delta t \\ N_t = S_t + I_t + R_t + D_t \end{cases} \tag{5.14}$$

令Δt=1d，将传染率β、死亡率μ、康复率γ参数视为时间序列，利用实时更新的疫情数据反演出历史参数值，对于决策周期内$t = 1,2,\cdots,T$的任意一天，可通过式(5.15)对传染病仓室模型的参数进行估计：

$$\begin{cases} \overline{S}_t = \overline{S}_{t-1} - \dfrac{\beta_{t-1} \overline{S}_{t-1} \overline{I}_{t-1}}{N} \\ \overline{I}_t = \overline{I}_{t-1} + \dfrac{\beta_{t-1} \overline{S}_{t-1} \overline{I}_{t-1}}{N} - \gamma_{t-1} \overline{I}_{t-1} - \mu_{t-1} \overline{I}_{t-1} \\ \overline{R}_t = \overline{R}_{t-1} + \gamma_{t-1} \overline{I}_{t-1} \\ \overline{D}_t = \overline{D}_{t-1} + \mu_{t-1} \overline{I}_{t-1} \\ \overline{N}_t = \overline{S}_t + \overline{I}_t + \overline{R}_t + \overline{D}_t \end{cases} \tag{5.15}$$

式中，$\overline{S}_t$、$\overline{I}_t$、$\overline{R}_t$、$\overline{D}_t$及$\overline{S}_{t-1}$、$\overline{I}_{t-1}$、$\overline{R}_{t-1}$、$\overline{D}_{t-1}$为第t天和第$t-1$天的疫情真实数据，β_{t-1}、γ_{t-1}和μ_{t-1}分别为根据真实疫情数据估计出的参数值。基于上述模型，将各时刻的参数值计算结果作为数据样本，并以 LSTM 神经网络进行训练，从而预测出第t天的β_t、γ_t和μ_t。

2) 串联组合模型的预测步骤

基于麻雀搜索算法优化的 LSTM-SIRD 串联模型流程图如图 5-4 所示。利用

LSTM-SIRD 串联模型预测非常规突发疫情扩散演化趋势的具体过程如下。

步骤 1：数据处理；

步骤 2：利用 SIRD 模型和疫情数据估计当前周期之前的传染率、死亡率及康复率；

步骤 3：选用麻雀搜索算法对 LSTM 神经网络超参数进行调优；

步骤 4：利用优化后的 LSTM 模型预测未来周期的参数值；

步骤 5：将输出结果代入式(5.14)中，预测出未来周期的感染人数、死亡人数及康复人数。

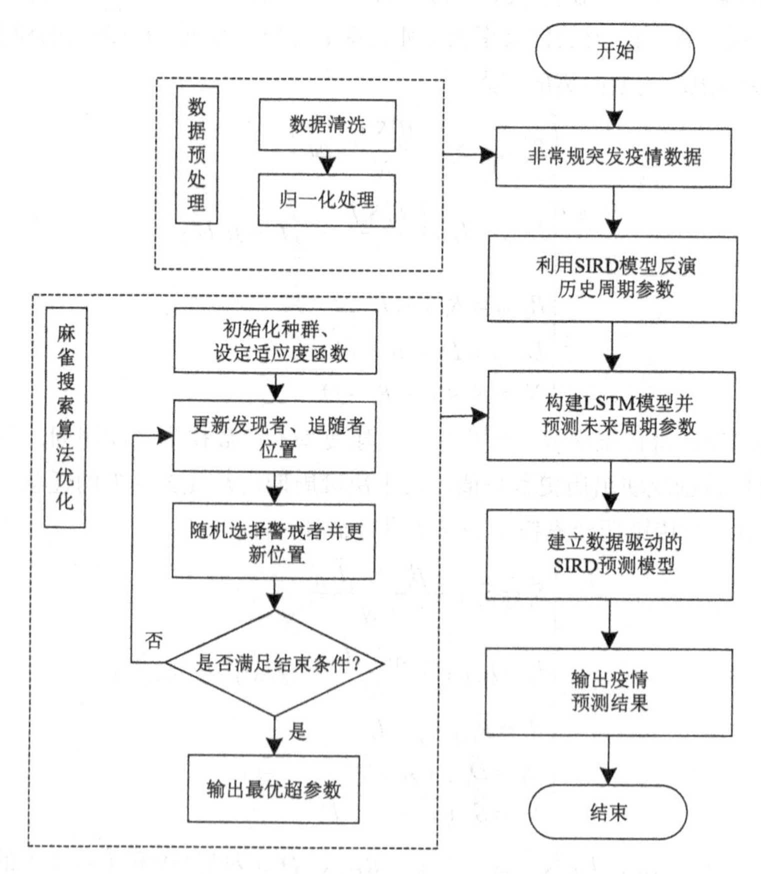

图 5-4　串联模型流程图

2. 基于麻雀搜索算法优化的 LSTM-SIRD 并联模型

单个预测模型拥有各自的信息，对疫情演化的预测结果也略有不同。为了减小预测值与真实值间的误差，提高预测精度，进一步提出一种并联式的组合方法，该并联模型的框架如图 5-5 所示。

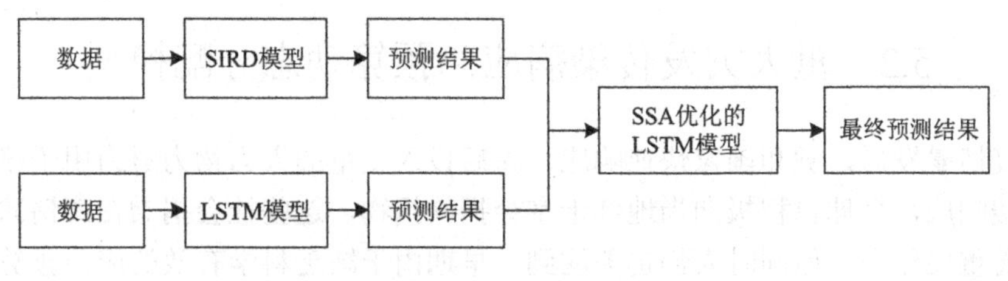

图 5-5　并联模型技术路线图

图 5-6 显示了 LSTM-SIRD 并联模型预测疫情趋势的实现过程，具体步骤如下。

(1) 首先，利用 SIRD 模型预测各个国家的疫情传播趋势，得到该国在特定时期内现存的感染人数、累计康复人数及累计死亡人数，即输出结果 $Y_S = \{I'_{t-1}, R'_{t-1}, D'_{t-1}\}$；

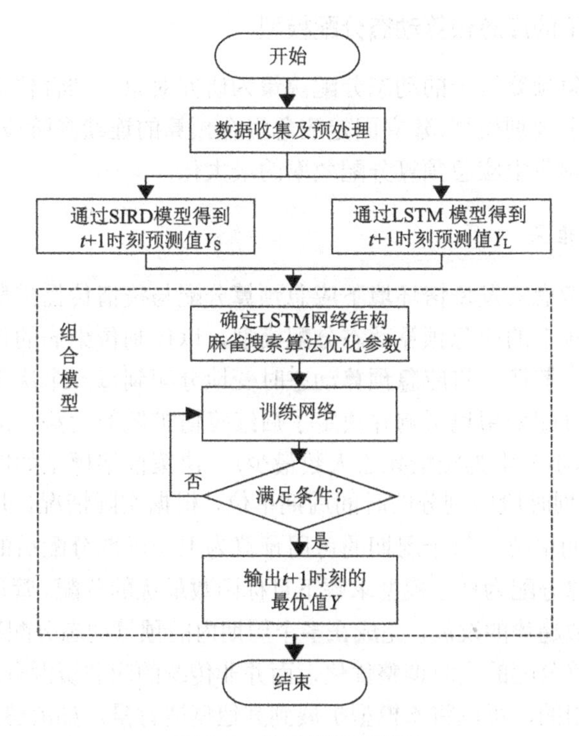

图 5-6　并联模型流程图

(2) 其次，利用 LSTM 神经网络模型预测相应国家的疫情演化状况，输出结果 $Y_L = \{I''_{t-1}, R''_{t-1}, D''_{t-1}\}$；

(3) 再次，将 SIRD 预测模型的结果 Y_S 与 LSTM 预测模型的结果 Y_L 作为输入特征，疫情的实际数据作为输出特征 Y，利用 SSA-LSTM 修正拟合预测结果；

(4) 最后，输出最符合非常规突发疫情演化趋势的预测值。

5.2 重大突发传染病应急预算动态分配模型

疫情暴发后，党和国家快速响应，先后投入大量的人力物力财力用于疫情应急救援响应，全球也积极向当地红十字会捐款捐物，这些社会捐赠在疫情防控中发挥着重要作用。但同时人们也关注到，早期由于缺乏科学有效的应急预算分配方法指导，社会捐赠分配不均、乱象丛生，引发网络舆论的强烈不满[4]。因此，重大突发疫情暴发后，如何结合疫情传播扩散规律，科学合理地分配应急资源(本节主要指应急预算资金，社会捐赠物资也可进行折算)，成为学术界亟须解决的一个重要科学问题。

5.2.1 固定总额下的应急预算动态分配模型

本小节以应急预算资金的动态分配决策为研究对象，结合传染病动力学模型和资源分配的动态规划模型，建立固定应急资金预算的连续多阶段动态分配模型，以实现疫情应急响应中应急预算分配效率的最大化。

1. 模型策略框架

本小节通过考虑突发疫情环境下应急预算分配与疫情传播扩散之间的交互作用，建立固定总额下的应急预算动态分配模型，以控制传染病的传播扩散。首先根据疫情的实时扩散情况将应急预算动态时变地分配到每一个决策周期内，同时每一周期预算的分配效用也影响并决定了后续疫情扩散的趋势，最后使得总的目标函数最优(在本小节中为疫情死亡人数最少)。决策框架模型如图 5-7 所示，设 $t=1,2,\cdots,T$ 为规划时段内划分的时间周期单位，根据实际情况，时间单位可以是天、周或其他时间单位。每个周期的可用预算为上一周期分配后的状态更新，每个周期得到的预算分配为规划模型求解下目标函数最优的分配。管理人员根据给定的预算和疫情扩散趋势的发展，完成在多个周期内的预算动态分配决策。本模型实现了疫情应急预算分配的实时调整优化，而并非传统的应急资源分配一次性规划。本建模框架是通用的，可以将本模型扩展到其他疫情背景，如流感、结核病等。

2. 模型建立

固定应急预算总额下的资源动态分配问题为预先提供一定量的可用应急预算总额，根据疫情的扩散情况来决策在多个时段内动态分配资金，以建立、运营隔离病房和感染者的住院治疗。因此，隔离病房数量根据预算的动态分配是随时间变化的。

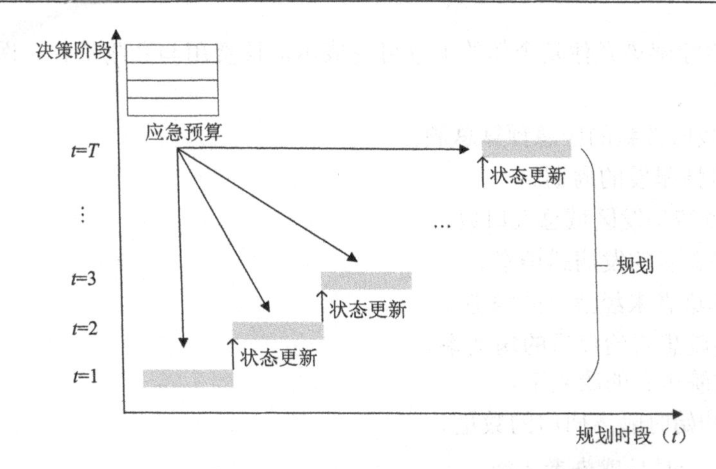

图 5-7　固定总额下的传染病控制决策框架模型

1) 模型假设条件

为确保本决策模型框架思路的合理性，根据国内外突发疫情的实际状况和模型通用性，提出以下假设。

(1) 假设应急预算总额是有限的，且一开始就全部到位。突发疫情状况下，各国政府和世界卫生组织都会启动应急响应预案，专项拨款用于传染病的控制救援。为了及时响应救助，该资金都会在疫情发现初期一步到位。

(2) 假设疫情传播率随时间动态变化。考虑疫情暴发时区域政府的应急响应干预措施，假设疫情传播率是随时间动态变化的，随着疫情救治的不断深入，疫情传播率逐渐下降。但由于疫情传播的相关转化参数研究属于医学数学研究领域，本小节假设其他相关参数是固定不变的。

(3) 不考虑人口流动，假设区域内的人口总数稳定不变。一旦发现传染病暴发，政府会立即采取地区人口流动防控措施，隔离和限制感染者的出行活动，避免疫情因人口流动而大范围扩散。因此，在应急响应措施实施期间，感染区域的人口流动将大大减少，人口总数基本稳定不变。

(4) 不考虑人口自然出生率和自然死亡率。在正常情况下，人口自然出生率和死亡率短时间内不会有较大变化，一般需要数十年时间才会对区域的人口基数产生影响，而疫情扩散时间一般仅为数月，因此假设模型研究时段内不会变化。

2) 参数和变量定义

模型的相关参数和变量定义如下。

(1) 模型参数。

t：规划范围内的时间周期，$t=1,2,\cdots,T$ 。

η：隔离病房每天的固定运营成本。这笔费用可用于运营一间隔离室，该隔离室专门用于治疗患者，因此无法再有任何其他用途。

v：治疗感染者住院个体的单位可变成本。该费用与药物消耗、医生护士费用等成本有关。

Ω：政府拨款的应急预算总额。

T：疫情暴发的周期。

N：疫情暴发区域总人口数。

λ：暴露者的发病感染率。

α：感染者未经治疗的病逝率。

δ：住院患者治疗后的病逝率。

γ：住院患者的康复率。

W_0：初始时隔离病房的数量。

s^0：初始时易感染者人数。

e^0：初始时暴露者人数。

i^0：初始时感染者人数。

h^0：初始时住院治疗的人数。

r^0：初始时康复人数。

d^0：初始时死亡人数。

(2) 状态变量。

$\beta(t)$：t 周期疫情的传染率；

$S(t)$：t 周期易感染者人数；

$E(t)$：t 周期暴露者人数；

$I(t)$：t 周期的感染者人数；

$\bar{I}(t)$：t 周期可以接受住院治疗的感染者人数；

$H(t)$：t 周期接受治疗的住院人数；

$R(t)$：t 周期治疗康复者人数；

$D(t)$：t 周期死亡人数；

$W(t)$：t 周期隔离病房的累计数量。

(3) 决策变量。

$W^v(t)$：t 周期新增加或关闭的隔离病房数量；

$X(t)$：t 周期分配的预算金额。

3) 固定总额下的应急预算动态分配模型

根据上述符号说明，建立如下应急预算动态分配模型。

$$\min Z = \sum_{t=1}^{T}\left[\alpha I(t) + \delta H(t)\right] \tag{5.16}$$

式中，α 为感染者未经治疗的病逝率；$I(t)$ 为 t 周期的感染者人数；δ 为住院患者治疗后的病逝率；$H(t)$为t周期接受治疗的住院人数；$\alpha I(t)+\delta H(t)$为t周期的死亡人数总和。该目标函数表示整个疫情应急响应过程中死亡人数之和最小。

该目标函数需满足以下约束条件。

(1)疫情传染扩散约束。

在传染病动力学 SEIRD 模型基础上，进一步研究应急预算对感染者救治医疗后的救助效果，其中 SEIHRD 模型如图 5-8 所示。考虑固定应急预算总额的动态分配，通过预先提供一定的可用应急预算总额，管理者决策在多个时段内动态建立不同数量的隔离病房以响应应急救援，因此在相应的传染病动力学基础模型中增加住院治疗者这一转换仓室，感染者到住院治疗者的转化人数也不再由固定的转化参数来定义，而是由当前救助资金所能救助的住院治疗的人数决定。

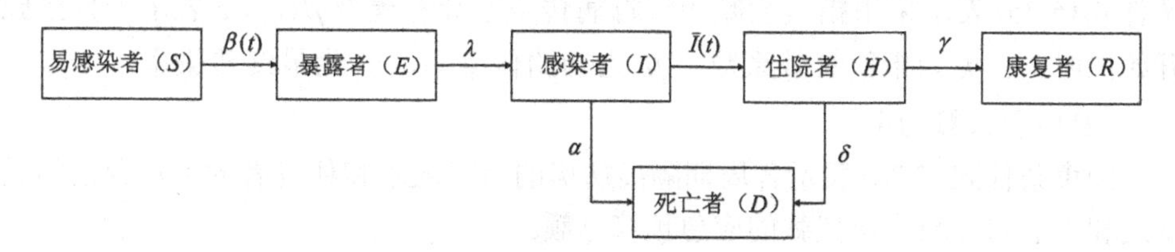

图 5-8　传染病动力学 SEIHRD 模型

$$S(0)=s^0,E(0)=e^0,I(0)=i^0,H(0)=h^0,R(0)=r^0,D(0)=d^0 \tag{5.17}$$

$$S(t+1)=S(t)-\beta(t)S(t)I(t),\forall t\in T \tag{5.18}$$

$$E(t+1)=E(t)+\beta(t)S(t)I(t)-\lambda E(t),\forall t\in T \tag{5.19}$$

$$I(t+1)=I(t)+\lambda E(t)-\alpha I(t)-\overline{I}(t),\forall t\in T \tag{5.20}$$

$$H(t+1)=H(t)+\overline{I}(t)-\delta H(t)-\gamma H(t),\forall t\in T \tag{5.21}$$

$$R(t+1)=R(t)+\gamma H(t),\forall t\in T \tag{5.22}$$

$$D(t+1)=D(t)+\alpha I(t)+\delta H(t),\forall t\in T \tag{5.23}$$

$$N=S(t)+E(t)+I(t)+H(t)+R(t)+D(t),\forall t\in T \tag{5.24}$$

$$\beta(t)=\begin{cases}\beta_0, & t<\tau\\ \beta_1+(\beta_0-\beta_1)\mathrm{e}^{-k(t-\tau)}, & t<\tau\end{cases} \tag{5.25}$$

约束条件式(5.17)定义了上述 SEIHRD 传染病模型中各仓室人群的初始状态。约束条件式(5.18)～式(5.23)为各个仓室的状态转移方程，约束条件式(5.18)表示任意$t+1$周期的易感染者人数，等于t周期易感染者的人数减去t周期因接触感染者而成为暴露者的人数；约束条件式(5.19)表示任意$t+1$周期的暴露者人数，等于t周期暴露者的人数加上t周期因接触感染者而新增的暴露者人数，再减去因发病而成为感染者的人数；约束条件式(5.20)为感染者仓室的状态转移方程，表示任意$t+1$周期的感染者人数，等于t周期感染者人数加上t周期由暴露者转化为感染者的人数，减去t周期感染后没有及时救治而死亡的人数和住院接受治疗的人数；约束条件式(5.21)为住院治疗者仓室的状态转移方程，表示任意$t+1$周期的住院治疗者人数，等于t周期住院治疗人数加上t周期新增的住院治疗人数，减去t周期治疗后的死亡人数和住院治疗后康复的人数；约束条件式(5.22)为康复者仓室的状态转移方程，表示任意$t+1$周期的康复者人数，等于t周期康复者人数加上t周期感染后得到治疗而康复的人数；约束条件式(5.23)为死亡者仓室的状态转移方程，表示任意$t+1$周期的死亡者人数，等于t周期死亡的人数加上t周期新增的感染后没有及时救治而死亡的人数和治疗后死亡的人数。约束条件式(5.24)表示t周期的总人口数量，等于t周期各仓室人口数量的总和，为固定值。约束条件式(5.25)表示采用指数衰减的病毒病传染率计算模型$\beta(t)$，τ表示干预措施开始的时间，k为指数衰减系数，β_0为初始传染率，β_1为最终传染率。

(2)应急预算约束。

约束条件式(5.26)表示各周期隔离病房的运营成本和住院者的治疗救助的成本之和不能超过政府所拨款的应急预算总额。

$$\sum_{t=1}^{T}\left[\eta W(t)+\nu H(t)\right]\leqslant \Omega \tag{5.26}$$

约束条件式(5.27)表示t周期隔离病房的数量等于从初始时刻到当前t周期累计的隔离病房数量。

$$W(t)=W_0+\sum_{q=1}^{t}W^{\nu}(t),\quad \forall t\in T \tag{5.27}$$

约束条件式(5.28)表示t周期要分配的预算等于各时期隔离病房的运营成本和住院者的治疗救助成本之和。

$$X(t)=\eta W(t)+\nu H(t) \tag{5.28}$$

约束条件式(5.29)表示t周期可以住院治疗的感染者人数等于可用隔离病房数量和当前感染者人数两者的最小值。

$$\overline{I}(t)=\min\left\{W(t)-H(t),I(t)\right\},\forall t\in T \tag{5.29}$$

约束条件式(5.30)表示任一周期隔离病房的数量都不能超过该时刻感染者和住院治疗者人数之和，此约束用来避免预算资金的浪费。

$$I(t)+H(t)\geqslant W(t),\forall t\in T \tag{5.30}$$

约束条件式(5.31)表示任一时刻医院隔离病房的数量都不能小于医院初始时所拥有的隔离病房的数量，这是因为医院初始时的隔离病房数量是医院在非突发疫情情况下的基本需求数量。

$$W(t) \geqslant W_0, \forall t \in T \tag{5.31}$$

(3)变量约束。

约束条件式(5.32)表示任一周期的每个仓室的人数都是非负的。约束条件式(5.33)表示任一周期的决策变量都为整数，正整数表示新增的隔离病房数量，负整数表示关闭的隔离病房数量，0 表示隔离病房数量在当前时刻不变。

$$S(t), E(t), I(t), \bar{I}(t), H(t), R(t), D(t) \geqslant 0, \forall t \in T \tag{5.32}$$

$$W^{v}(t) \in \mathbf{Z}, \forall t \in T \tag{5.33}$$

5.2.2 可变总额下的应急预算动态分配模型

本小节在固定总额应急预算动态分配模型基础上，考虑加入随时间变化的社会捐助资金。这意味着，预算和隔离病房的可用数量都是随时间变化的。以此构建可变总额下的应急预算动态分配策略，以支持管理者进行在多个时段内动态分配两类应急资金的决策，并且使疫情死亡人数最少。

1. 模型策略框架

本小节通过考虑突发疫情环境下应急预算分配与疫情传播扩散之间的交互作用，建立可变总额下的时变应急预算动态分配模型，以控制传染病的扩散。根据传染病疫情的实时扩散情况将应急预算(包括政府固定应急预算和可变的社会救助资金)动态时变地分配到每个决策周期内，同时每个周期应急预算的分配也影响并决定了后续疫情扩散的趋势，最后使得总的目标函数最优(在本小节中为传染病死亡人数最少)。本小节主要考虑可变的社会救助资金的影响，建立时变的疫情应急预算分配实时调整优化模型。具体决策框架模型见图 5-9。

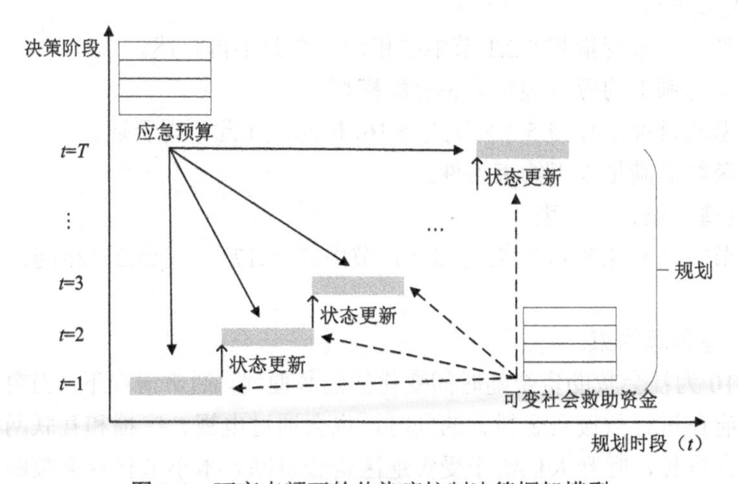

图 5-9　可变点额下的传染病控制决策框架模型

2. 模型建立

在固定总额上进一步考虑可变总额下的资源动态分配问题。考虑加入随时间变化的社会救助资金，管理者决定在多个时段内动态分配预算，以使死亡人数最小化。在本模型中，社会救助资金为随时间延长而增长的线性函数。根据疫情扩散趋势分配每个周期的预算，使得目标损失即死亡人数最少。因此，隔离病房数量和每日应急预算总额都是随时间变化的。

1) 模型假设条件

本模型的假设条件与 5.2.1 节中的相同，在此不再赘述。

2) 参数和变量定义

模型的相关参数和变量定义如下。

(1) 模型参数。

除了如下模型参数外，其余参数与 5.2.1 节中的模型参数相同，在此不再赘述。

T_{p}：社会救助资金在该时刻达到最大值；

a：在 $0\sim T_{\mathrm{p}}$ 时段社会救助资金的增长幅度；

b：在 $T_{\mathrm{p}}\sim T$ 时段社会救助资金的减少幅度；

ϕ：该线性函数的直线截距。

(2) 状态变量。

除了如下状态变量外，其余状态变量与 5.2.1 节中的状态变量相同，在此不再赘述。

$J(t)$：t 周期的捐赠金额；

$A(t)$：t 周期的可用预算。

(3) 决策变量。

本模型的决策变量与 5.2.1 节中的相同，在此不再赘述。

3) 可变总额下的应急预算动态分配模型

本模型的目标函数与 5.2.1 节式(5.16)相同，在此不再赘述。

目标函数需满足以下约束条件。

(1) 疫情传染扩散约束。

本小节疫情传染扩散约束与 5.2.1 节中式(5.17)～式(5.25)相同，在此不再赘述。

(2) 应急预算约束。

图 5-10 为社会救助资金随时间变化的函数曲线。通常情况下，当突发疫情暴发时，政府在进行救援资金拨款的同时，也会通过电视、广播和互联网等各种渠道进行社会宣传，呼吁人们给予受灾地区资金资助。本小节将社会救助资金设定

为分段线性函数[约束条件式(5.34)]，社会救助资金在开始阶段呈线性增长趋势，一段时间后达到高峰(T_{p})，之后开始呈线性减少趋势。

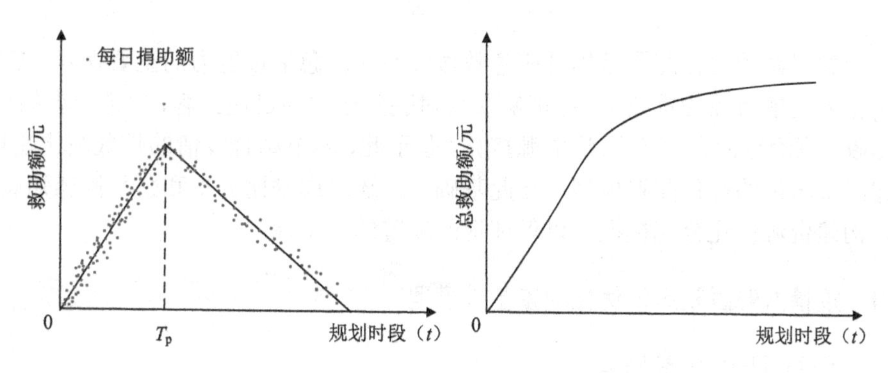

图 5-10　社会救助资金随时间变化的函数曲线

$$J(t)=\begin{cases} at, & t \leqslant T_{\mathrm{p}} \\ -bt+\phi, & t>T_{\mathrm{p}} \end{cases}, \forall t \in T \tag{5.34}$$

约束条件式(5.35)表示第 $t+1$ 周期开始时的可用预算等于第 t 天开始的可用预算减去第 t 天分配的预算再加上第 t 天捐赠的救助金额。

$$A(t+1)=A(t)-X(t)+J(t), \forall t \in T \tag{5.35}$$

约束条件式(5.36)表示第 t 周期分配的预算应小于等于这一周期的可用预算总额。

$$X(t) \leqslant A(t)+J(t), \forall t \in T \tag{5.36}$$

约束条件式(5.37)表示运营隔离病房和治疗住院者的总费用应不超过该周期分配的预算。

$$\eta W(t)+v H(t) \leqslant X(t), \forall t \in T \tag{5.37}$$

约束条件式(5.38)表示累计分配的预算总额应小于等于政府拨款和社会救助总额之和。

$$\sum_{t=1}^{T} X(t) \leqslant \Omega+\sum_{t=1}^{T} J(t), \forall t \in T \tag{5.38}$$

其余约束条件与 5.2.1 节中式(5.27)～式(5.31)相同，在此不再赘述。

(3)变量约束。

约束条件式(5.39)表示任一周期的社会救助资金、可用预算和分配预算都是非负的。其余约束条件与 5.2.1 节中式(5.32)和式(5.33)相同，在此不再赘述。

$$X(t), A(t), J(t) \geqslant 0, \forall t \in T \tag{5.39}$$

5.3 重大突发传染病下方舱医院优化配置模型

应急资源的优化配置是提升应急救援效率和应急治理能力的重要保障，方舱医院作为疫情防控的重要举措，能够实现对医院床位的迅速扩容，保证患者的“应收尽收，应治尽治”，避免医疗资源挤兑。鉴于此，本节结合疫情的扩散演化趋势，构建医院床位的优化配置模型。在此基础上，还考虑攀比公平和公平性感知满意度，构建资源优化分配模型，以保证资源配置的公平性。

5.3.1 疫情方舱医院床位优化配置基础模型

1. COVID-19 仓室模型

本小节以传染病系统动力学为理论基础，建立疫情扩散的 SEIHRD 系统动力学模型，如图 5-11 所示。在该模型中，各个仓室分别对应疫情中不同群体的健康

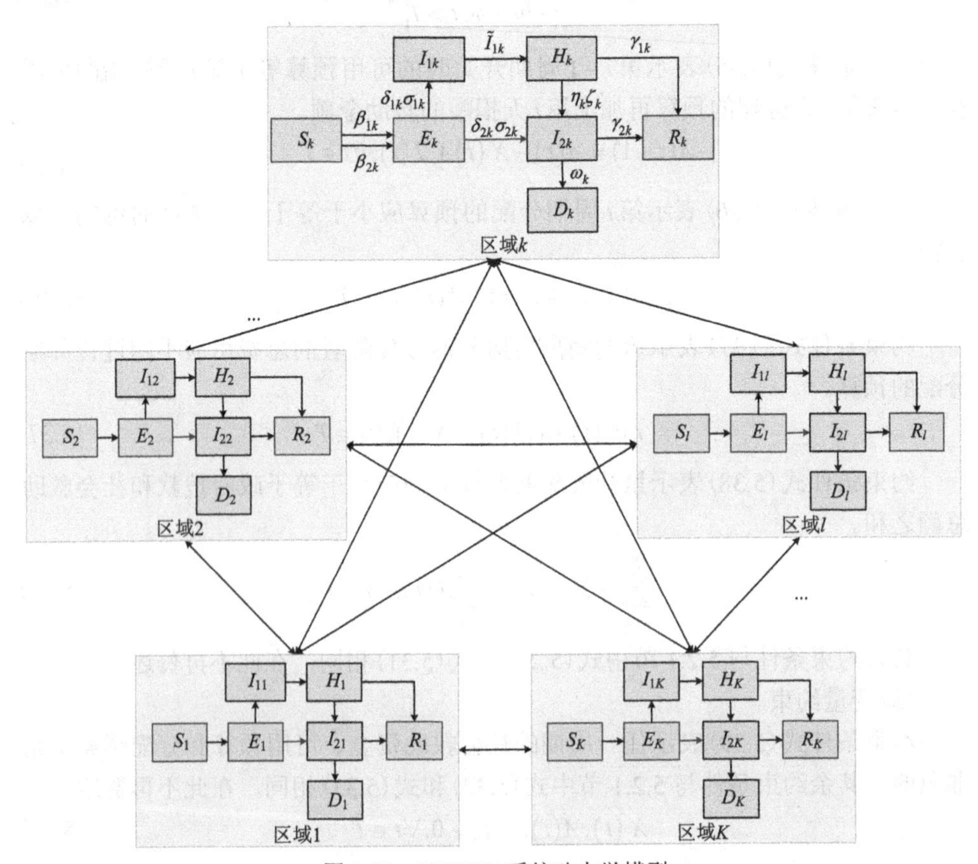

图 5-11　SEIHRD 系统动力学模型

状态，包括易感染者(S)、暴露者(E)、轻型感染者(I_1)、重型感染者(I_2)、住院治疗的轻型感染者(H)、康复者(R)和死亡者(D)。虽然某些城市采取了“封城”措施，但是在城市内部人口还是具有一定的流动性，本小节主要考虑易感染者在各区域之间的流动。

对于任意区域k，易感染者(S)因与该区域中的轻型感染者(I_1)或重型感染者(I_2)密切接触，将以不同的概率β_1或β_2转化为暴露者(E)。一部分暴露者(E)经过$1/\sigma_{1k}$天的潜伏期以δ_{1k}的概率转化为轻型感染者(I_1)；还有一部分暴露者经过$1/\sigma_{2k}$天的潜伏期以δ_{2k}的概率转化为重型感染者(I_2)。与现有研究文献不同，本小节聚焦于轻症患者的收治，因此假设在疫情前期，医院床位的紧缺使得其重点收治的对象为重型感染者，只有很小一部分轻型感染者($\tilde{I}_1$)可以入院治疗。随着定点医院床位数量的增加及方舱医院的建成，轻型感染者入院治疗的概率才逐渐增大，最终达到100%应收尽收。根据武汉市疫情防控指挥部医疗救治组制定的《方舱医院管理规则》，方舱医院建成后，为方便分类治疗，定点医院全部用于救治重型感染者，轻型感染者只能被收治在方舱医院。轻型感染者进入方舱医院，$1/\zeta_k$天后会有η_k的概率病情加重，从而转化为重型感染者，而重型感染者则会有ω_k的概率死亡。与此同时，本小节将轻型感染者和重型感染者的康复期分别设置为$1/\gamma_{1k}$天和$1/\gamma_{2k}$天。

2. 参数符号说明

为方便后续模型的建立，给出参数和变量定义如下。

1) 模型参数

K：疫区集合，$k \in K$；

L：区域k周围所有受影响的区域集合，$l \in L$；

J：方舱医院的种类集合；

T：时间集合；

β_{1k}：区域k中轻型感染者的传染率；

β_{2k}：区域k中重型感染者的传染率；

δ_{1k}：区域k中暴露者出现症状变成轻型感染者的概率；

δ_{2k}：区域k中暴露者出现症状变成重型感染者的概率；

σ_{1k}：区域k中暴露者出现症状变成轻型感染者的速率；

σ_{2k}：区域k中暴露者出现症状变成重型感染者的速率；

ω_k：区域k中重型感染者的死亡率；

η_k：区域k中住院治疗的轻型感染者病重转化为重型感染者的比例；

ζ_k：区域k中住院治疗的轻型感染者病重转化为重型感染者的速率；

γ_{1k}：区域 k 中住院接受治疗的轻型感染者的康复率；

γ_{2k}：区域 k 中重型感染者的康复率；

$\theta_{l\to k}$：区域 l 到区域 k 的人口迁入率；

$\mu_{k\to l}$：区域 k 到区域 l 的人口迁出率；

Π：应急预算总额；

w_j：j 类型方舱医院的容量(床位数)；

ρ：每张床位的设置成本；

f_j：设立 j 类型方舱医院的固定成本，与医院的规模(容量)有关；

g：每位感染者的单位治疗成本。

2)状态变量

$N_k(t)$：区域 k 在 t 时刻的人口总量；

$S_k(t)$：区域 k 在 t 时刻的易感染者数量；

$\widehat{S}_k(t)$：t 时刻迁入区域 k 的易感染者数量；

$\breve{S}_k(t)$：t 时刻迁出区域 k 的易感染者数量；

$E_k(t)$：区域 k 在 t 时刻的暴露者数量；

$I_{1k}(t)$：区域 k 在 t 时刻的轻型感染者数量；

$I_{2k}(t)$：区域 k 在 t 时刻的重型感染者数量；

$I_k(t)$：区域 k 在 t 时刻的感染者总量；

$H_k(t)$：区域 k 在 t 时刻住院治疗的轻型感染者数量；

$R_k(t)$：区域 k 在 t 时刻的康复者数量；

$D_k(t)$：区域 k 在 t 时刻的死亡者数量。

3)决策变量

$\tilde{I}_{1k}(t)$：区域 k 在 t 时刻可以收治的轻型感染者数量；

$x_j^k(t)$：区域 k 在 t 时刻开设 j 类型方舱医院的数量；

$C_k(t)$：区域 k 在 t 时刻建立的方舱医院的总容量(床位数)。

3. 模型假设

(1)不考虑人口自然出生率和死亡率。在疫情扩散演化的过程中，通常这两个因素都需要长时间才能对人口结构产生影响，而疫情集中持续时间通常只有几个月，因此在预测过程中不予以考虑。

(2)疫情康复者会获得个体终身免疫，即其不会再次感染该类病毒。

(3)假设政府的应急响应预算资金是有限的。尽管我国在应急救援过程中奉行人道主义原则，秉持人民至上、生命至上的理念，不计成本地挽救生命，但在其他国家和地区，应急预算资金常常是有限的，为了使模型更具有一般性，本节假设应急预算资金具有一定的有限性。

(4) 为防止疫情的进一步扩散，感染者遵循就近就医原则，只能到居住地所在区的医院进行治疗，不能跨区就诊。

(5) 本小节研究的重点为方舱医院的设置情况与应急资金分配对疫情发展的影响，因此，在方舱医院建成之前，将各区域轻型感染者的每日收治率设为一个较小的随机数。

4. *疫情应急资源分配优化模型*

1) 目标函数

本模型以所有地区累计感染者总量降至最低为优化目标：

$$\min Z_1 = \sum_{t=1}^{T}\sum_{k=1}^{K}\left[\delta_{1k}\sigma_{1k}E_k(t) + \delta_{2k}\sigma_{2k}E_k(t)\right] \tag{5.40}$$

2) 系统动力学约束

约束条件式 (5.41) 和式 (5.42) 表示易感染者的迁移，针对区域 k 来说，易感染者以迁出率 $\mu_{k\to l}$ 从区域 k 迁移到其周围区域 l，以迁入率 $\theta_{l\to k}$ 从周围区域 l 迁移到区域 k。最终 t 时刻结束时，区域 k 中迁移的易感染者人数表示如下：

$$\widehat{S}_k(t)=\sum_{l=1}^{L}\theta_{l\to k}S_l(t) \quad \forall t\in T, k\in K, l\in L \tag{5.41}$$

$$\breve{S}_k(t)=\sum_{l=1}^{L}\mu_{k\to l}S_k(t) \quad \forall t\in T, k\in K, l\in L \tag{5.42}$$

约束条件式 (5.43) 表示区域 k 在 $t+1$ 时刻的易感染者数量，等于 t 时刻的易感染者数量减去 t 时刻因接触感染者（轻型、重型）而成为暴露者的数量。

$$S_k(t+1) = S_k(t) + \widehat{S}_k(t) - \breve{S}_k(t) - \frac{\beta_{1k}\times I_{1k}(t)\times S_k(t)}{N_k(t)} - \frac{\beta_{2k}\times I_{2k}(t)\times S_k(t)}{N_k(t)} \quad \forall t\in T, k\in K \tag{5.43}$$

约束条件式 (5.44) 表示区域 k 在 $t+1$ 时刻的暴露者数量，等于 t 时刻的暴露者数量加上 t 时刻因接触感染者而新增的暴露者数量，减去 t 时刻因发病而成为感染者的数量。

$$\begin{aligned}E_k(t+1) = E_k(t) &+ \frac{\beta_{1k}\times I_{1k}(t)\times S_k(t)}{N_k(t)} + \frac{\beta_{2k}\times I_{2k}(t)\times S_k(t)}{N_k(t)} \\ &- \delta_{1k}\sigma_{1k}E_k(t) - \delta_{2k}\sigma_{2k}E_k(t) \quad \forall t\in T, k\in K\end{aligned} \tag{5.44}$$

约束条件式 (5.45) 表示区域 k 在 $t+1$ 时刻的轻型感染者数量，等于 t 时刻的轻型感染者数量加上 t 时刻由暴露者转化为轻型感染者的数量，减去 t 时刻轻型感染者能够住院接受治疗的轻型感染者数量。

$$I_{1k}(t+1)=I_{1k}(t)+\delta_{1k}\sigma_{1k}E_k(t)-\tilde{I}_{1k}(t) \quad \forall t\in T,k\in K \tag{5.45}$$

约束条件式(5.46)表示区域k在$t+1$时刻的重型感染者数量，等于t时刻的重型感染者数量加上t时刻由暴露者转化为重型感染者的数量，再加上t时刻轻型感染者病重转化为重型感染者的数量，减去t时刻重型感染者康复和死亡的数量。

$$I_{2k}(t+1)=I_{2k}(t)+\delta_{2k}\sigma_{2k}E_k(t)+\eta_k\zeta_k H_k(t)-\gamma_{2k}I_{2k}(t)-\omega_k I_{2k}(t) \quad \forall t\in T,k\in K \tag{5.46}$$

约束条件式(5.47)表示区域k在$t+1$时刻的感染者数量，等于$t+1$时刻的轻型感染者数量及重型感染者数量之和。

$$I_k(t+1)=I_{1k}(t+1)+I_{2k}(t+1)+H_k(t+1) \quad \forall t\in T,k\in K \tag{5.47}$$

约束条件式(5.48)表示区域k在$t+1$时刻的正在住院接受治疗的感染者数量，等于t时刻正在住院接受治疗的感染者数量加上t时刻可以被收治在医院接受治疗的轻型感染者数量，减去t时刻方舱医院的轻型感染者病重转化为重型感染者的数量和轻型感染者治疗结束后康复的数量。

$$H_k(t+1)=H_k(t)+\tilde{I}_{1k}(t)-\eta_k\zeta_k H_k(t)-\gamma_{1k}H_k(t) \quad \forall t\in T,k\in K \tag{5.48}$$

约束条件式(5.49)表示区域k在$t+1$时刻的康复者数量，等于t时刻康复者数量加上t时刻新增的康复者数量。

$$R_k(t+1)=R_k(t)+\gamma_{1k}H_k(t)+\gamma_{2k}I_{2k}(t) \quad \forall t\in T,k\in K \tag{5.49}$$

约束条件式(5.50)表示区域k在$t+1$时刻的死亡者数量，等于t时刻死亡者数量加上t时刻新增死亡者的数量。

$$D_k(t+1)=D_k(t)+\omega_k I_{2k}(t) \quad \forall t\in T,k\in K \tag{5.50}$$

约束条件式(5.51)表示区域k在t时刻的人口总量，等于在t时刻各仓室人口数量之和。

$$N_k(t)=S_k(t)+E_k(t)+I_k(t)+R_k(t)+H_k(t)+D_k(t)+\widehat{S}_k(t)-\breve{S}_k(t) \quad \forall t\in T,k\in K \tag{5.51}$$

当给定初始值$S_k(0)$、$E_k(0)$、$I_{1k}(0)$、$I_{2k}(0)$、$H_k(0)$、$R_k(0)$、$D_k(0)$及相关参数，便可由上述差分方程组来预测易感染者、暴露者、轻型感染者、重型感染者、方舱医院住院治疗者、康复者及死亡者的数量。

3)疫情应急资源分配约束

约束条件式(5.52)表示应急预算资金的限制，包括固定成本和可变成本。本小节的研究重点为方舱医院建设与应急预算分配对疫情发展演化的影响，因此，固定成本指建立方舱医院的费用，可变成本指轻型感染者的住院治疗费用。

$$\sum_{k=1}^{K}\left(g\sum_{t=1}^{T}H_k(t)+\sum_{t=1}^{T}\sum_{j=1}^{J}x_j^k(t)f_j\right)\leqslant \Pi \tag{5.52}$$

式中，建设各种类型方舱医院的固定成本 f_j 等于方舱医院的规模(床位数量)与每张床位设置成本的乘积，具体为

$$f_j=\rho w_j \tag{5.53}$$

约束条件式(5.54)决定了区域 k 方舱医院的总容量，即累计床位数，等于方舱医院的初始总容量[$C_k(0)$]加上截至 t 时刻区域 k 新增方舱医院对应的总容量。

$$C_k(t)=C_k(0)+\sum_{t'=1}^{t}\sum_{j=1}^{J}w_j x_j^k(t') \quad \forall t\in T,k\in K \tag{5.54}$$

约束条件式(5.55)表示设立方舱医院之后，基于可用床位数而确定的轻型感染者中能够入院治疗的个体数量。如果轻型感染者数量 $I_{1k}(t)$ 大于区域 k 中方舱医院的剩余容量，则方舱医院只能容纳 $C_k(t)-H_k(t)$ 位轻型感染者；否则，如果区域 k 中的方舱医院有足够的床位，那么所有轻型感染者都将被收治。因此，该约束条件表示住院接受治疗的人数[$\tilde{I}_{1k}(t)$]将等于寻求治疗的感染者人数和可用床位数之间的最小值。

$$\tilde{I}_{1k}(t)=\min\left\{C_k(t)-H_k(t),I_{1k}(t)\right\} \quad \forall t\in T,k\in K \tag{5.55}$$

约束条件式(5.56)表示对易感染者、暴露者、感染者、住院治疗者、康复者及死亡者数量的非负性限制。

$$S_k(t),E_k(t),I_{1k}(t),I_{2k}(t),\tilde{I}_{1k}(t),H_k(t),R_k(t),D_k(t)\geqslant 0 \quad \forall t\in T,k\in K \tag{5.56}$$

约束条件式(5.57)表示对方舱医院开设数量的整数性约束和非负性约束。

$$x_j^k(t)\in \mathbf{Z}^+ \tag{5.57}$$

约束条件式(5.58)表示如果一个区域没有出现轻型感染者，那么该区域就不会设立方舱医院。

$$x_j^k(t)\leqslant I_{1k}(t) \quad \forall j\in J,t\in T,k\in K \tag{5.58}$$

5.3.2　考虑攀比公平的疫情方舱医院床位优化配置模型

在疫情前期，方舱医院的设立数量不能完全满足应急需求，导致感染者能否入院治疗受床位数量的限制。而一些不能入院治疗的感染者在等待床位的过程中，可以通过各种渠道获得应急救援的相关信息，在与收治率水平较高地区的对比之下，其心态会受到影响，对床位的设置数量与分配情况存疑，导致公平感缺失，有可能还会引起舆论效应，甚至影响社会的稳定。因此，为了安抚这些感染者的情绪，应该合理地设置方舱医院的开放情况，使床位总量合理，从而减少其等待

时间，减轻其由于攀比而产生的焦虑感，提升公平感。

1. 考虑攀比心理的公平函数定义

1) 参数符号说明

基于5.3.1节中的参数和变量定义设置，针对本小节所建立的考虑攀比心理的优化模型，新增参数如下。

$r_k(t)$：在t时刻区域k对轻型感染者的收治率；

t_k：区域k从开始封城到收治率达到100%的等待时长；

ε_k：区域k收治率达到100%的等待时长与收治率最早达到100%区域所等待时长的差距；

U_k：由于攀比心理产生的惩罚成本，与ε_k有关。

2) 公平函数定义

由于收治率代表不同区域的救治水平，为定义考虑攀比心理的公平函数，本小节首先给出轻型感染者收治率的定义。对于任意区域k，其在t时刻的轻型感染者收治率定义为该时刻能够入院接受治疗的轻型感染者数量占未入院治疗的轻型感染者总量的比例，即

$$r_k(t)=\frac{\tilde{I}_{1k}(t)}{I_{1k}(t)}, \forall k \in K \tag{5.59}$$

如前文所述，定义t_k为区域k从开始封城到收治率达到100%的等待时长，则区域k收治率达到100%的等待时长与收治率最早达到100%区域所等待时长的差距如式(5.60)所示。差距越大，等待时间更长区域内的感染者心理不平衡程度越强烈。

$$\varepsilon_k = t_k - \min_{k' \in K}\{t_{k'}\}\Big| r_k(t)=1, \forall k \in K \tag{5.60}$$

由于疫情期间感染区域的民众精神压力较大，这种敏感压力会引导其产生攀比心理。随着等待时长差距（ε_k）的增大，民众会觉得其所处区域的感染者救治不及时，进而认为其受到了不公平对待。基于此，本小节使用指数函数对这一公平性目标进行刻画，如式(5.61)所示，其中，a、b为常数，a取一个较大的正数作为惩罚因子，当选址分配方案不满足约束条件时，使目标函数值远离最优值；b的取值决定了函数的变化速率，即曲线的陡峭程度。

$$U_k=a\times\left(e^{b\times\varepsilon_k}-1\right) \tag{5.61}$$

式(5.61)反映了当各区域收治率进度水平相当时，即ε_k趋于0时，民众会觉得相对公平；反之，当各区域收治率达到100%的时长差距越大，即ε_k逐渐增大，收治率低的区域的民众公平缺失感程度会越严重，且呈指数级上升。在后续的救

援中，政府部门则需要付出更多的成本来提升当地民众的公平获得感。式(5.61)所定义的考虑攀比心理的公平函数变化趋势示意图如图 5-12 所示。

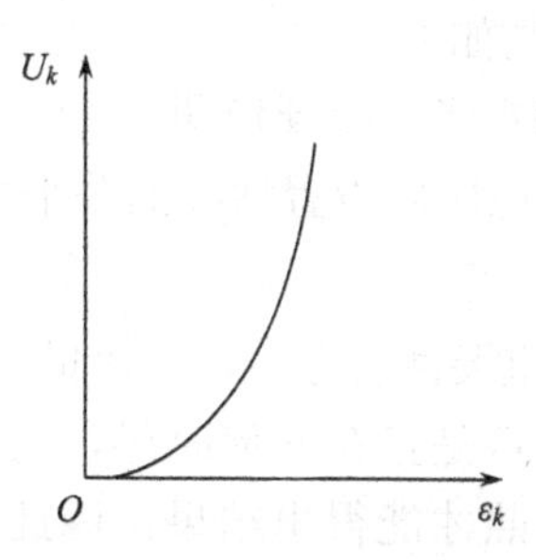

图 5-12　考虑攀比心理的公平函数变化趋势示意图

2. 模型构建

1) 目标函数

基于攀比心理的疫情应急资源分配优化模型的目标函数包含两个方面，其中一个目标函数与 5.3.1 节的式(5.40)相同，另一个目标函数为

$$\min Z_2 = \sum_{k=1}^{K} U_k \tag{5.62}$$

式(5.62)表示公平性优化目标，即最小化惩罚成本。

2) 约束条件

本小节的约束条件与 5.3.1 节中的式(5.41)～式(5.58)相同，因此不再赘述。

5.3.3　考虑公平性感知满意度的疫情方舱医院床位优化配置模型

在疫情暴发前期，方舱医院的设置情况(床位数量)会影响轻型感染者的收治率，如果设置不够公平、合理就会导致感染者不能被及时收治，感染者对应急救援过程的公平性感知满意度就会降低。感知通常是人的主观心理感受和认知的结果，主观性较强，而疫区民众的心理感受又是影响决策者制定政策的关键因素，因此，本小节借鉴前景理论相关内容，引入价值函数对轻型感染者的感知满意度进行刻画。

1. 考虑感知满意度的公平函数定义

本小节参考卡内曼(Kahneman)和特沃斯基(Tversky)提出的基于人的有限理性的前景理论[5,6]，运用其中的价值函数对各区域感染者的感知满意度进行度量，价值函数值表示感染者对方舱医院设置情况(病床数量)的公平性感知满意度。

1) 参数符号说明

基于 5.3.1 节中的参数和变量定义设置，针对本小节所建立的考虑公平性感知满意度的优化模型，新增参数如下。

r_0：收治率参照点(期望水平、心理预期)；

$V_k(t)$：轻型感染者对方舱医院设置情况的公平性感知满意度。

2) 函数定义

参照依赖是价值函数的重要性质之一，与“世上没有绝对的公平，只有相对的公平”道理类似，参照依赖是指在任何时候，人们对收益和损失的判断都不是绝对的，而是通过相互参照才能得出结果，因此需要设置一个参照点来进行对比[7]。本小节将一个相对平均的感染者入院治疗比例(r_0)作为参照点，若某区域内感染者入院治疗的比例低于参照点水平，那么其感知满意度就会降低，心里会感觉到不公平；反之，其感知满意度就会提高，不公平感减弱甚至消失。公平性感知满意度函数如图 5-13 所示，当 $r_k(t) < r_0$ 时，表示区域 k 的床位数量设置不合理，导致该区域的收治率低于平均水平，民众由于不能及时得到救治，认为被不公平地对待，因此，其对应急救援效果感到不满，产生心理损失；反之，当 $r_k(t) > r_0$ 时，说明方舱医院设置情况较为合理，民众认为应急救援更加公平且符合其心理预期，感知满意度较高，产生心理收益；当 $r_k(t) = r_0$ 时，方舱医院的设置情况和期望水平相当，因此民众的心理在公平性感知满意度方面没有产生收益或损失。

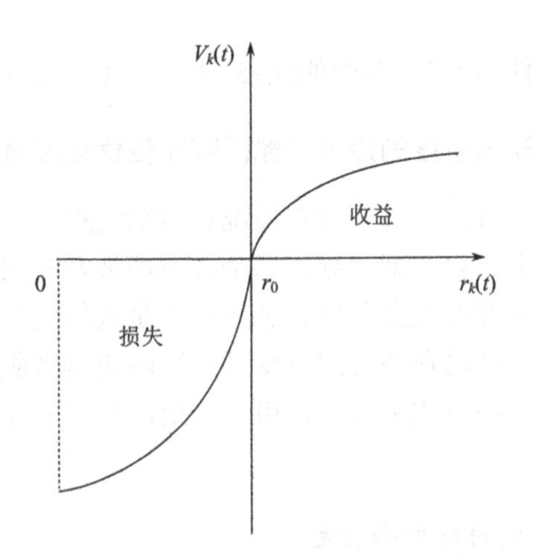

图 5-13　公平性感知满意度函数示意图

感染者公平性感知满意度函数为

$$V_k(t)=\begin{cases}(r_k(t)-r_0)^{\alpha}, r_0\leqslant r_k(t)\\ -\lambda(r_0-r_k(t))^{\beta}, 0\leqslant r_k(t)<r_0\\ \alpha>0, \beta<1, \lambda>1\end{cases} \tag{5.63}$$

式中，α 和 β 分别为在收益和损失区间内，民众对方舱医院配置情况的公平性感知满意度函数的凸凹程度，即当 $r_k(t)<r_0$ 时，$\beta<1$，公平性感知满意度函数为凸函数；当 $r_k(t)>r_0$ 时，$\alpha>0$，公平性感知满意度函数为凹函数。系数 λ（$\lambda>1$）表示感染者对方舱医院设置不合理的敏感性高于方舱医院设置较合理时的敏感性，反映了民众的心理损失厌恶特征，即在收治率 $r_k(t)-r_0$ 的绝对值相同的情况下，心理损失的绝对值大于收益的绝对值，表示民众对方舱医院设置情况不满而导致的心理损失更加厌恶。

为方便后续优化建模，将公平性感知满意度函数进行归一化处理：

$$V_k(t)=\frac{V_k(t)-\min V_k(t)}{\max V_k(t)-\min V_k(t)} \tag{5.64}$$

式中，$\min V_k(t)=\min\{V_k(t)|k=1,2,3,\cdots,K,\forall t\in T\}$，$\max V_k(t)=\max\{V_k(t)|k=1,2,3,\cdots,K,\forall t\in T\}$。

2. 模型构建

1）目标函数

考虑公平性感知满意度的疫情应急资源分配优化模型的目标函数包含两个方面，其中一个目标函数与 5.3.1 节的式(5.40)相同，另一个目标函数为

$$\max Z_3=\frac{1}{T}\sum_{t=1}^{T}\min_{k\in K}(V_k(t)) \tag{5.65}$$

式(5.65)表示最大化每个时刻各区域之间最小公平性感知满意度的平均值。

2）约束条件

本小节的约束条件与 5.3.1 节中的式(5.41)～式(5.58)相同，因此不再赘述。

5.4　重大突发传染病应急物流网络设计模型

本节首先以不考虑人口流动的传染病动力学模型为基础，建立对应的需求预测函数，随后提出应急服务水平的概念，并建立基于服务水平的突发疫情应急物流网络设计基础模型。在此基础上，考虑到现实世界中感染区域的人口流动和应急配送中心的服务半径限制，进一步建立基于服务水平的突发传染病应急物流网络设计改进模型。

5.4.1　不考虑人口流动及服务半径的基础模型

1. 需求预测

疫情暴发期间，病毒传播方式主要有：空气传播、水源传播、食物传播、接触传播等。本小节以传染病动力学为理论基础，以疫情暴发时各类人群的数量变化为研究对象，建立疫情扩散的动力学模型——SEIRD 模型，如图 5-14 所示。SEIRD 模型将疫情暴发区域的人群分为 5 类：易感染者(S)、暴露者(E)、感染者(I)、康复者(R)和死亡者(D)。

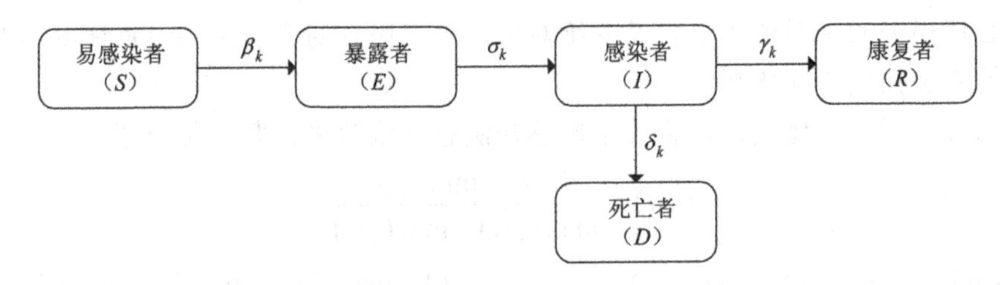

图 5-14　SEIRD 模型

1) 假设条件

上述传染病动力学模型的各项假设条件如下：

(1) 不考虑人口自然出生率和死亡率。通常这些因素都需要长时间才能对人口结构产生影响，而疫情通常只持续几个月，因此在需求预测中不予以考虑。

(2) 各个疫区的人口情况稳定。假设在疫情暴发时，政府采取强有力的控制手段，使得各个疫区的人口流入与流出达到平衡，即相当于不考虑人口流动。

(3) 疫情康复者获得永久性免疫力，即不会再次感染。

(4) 假设政府采取应急救援策略是对疫情中的患者进行隔离治疗并对密切接触者进行二级环形预防(图 5-15)[8]。

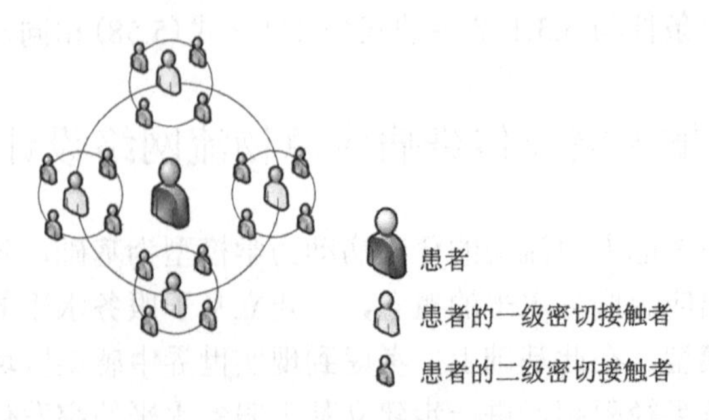

图 5-15　二级环形预防策略

2) 参数符号说明

需求预测函数所涉及的参数及变量如下。

(1) 参数集合。

T：整个疫情持续的时间集合，$t=1,2,3,\cdots,T$；

K：疫情暴发区集合，$k=1,2,3,\cdots,K$。

(2) 参数。

β_k：疫区 k 中感染者对易感染者的传染率；

σ_k：疫区 k 中暴露者的发病率；

δ_k：疫区 k 中感染者的死亡率；

γ_k：疫区 k 中感染者的康复率；

θ：每个患者每天的应急物资需求量；

n：每个患者的环形密切接触人数；

η：每个与患者密切接触的人每天的应急物资需求量。

(3) 状态变量。

$N_k(t)$：在 t 时刻疫区 k 的人口总数；

$S_k(t)$：在 t 时刻疫区 k 的易感染者数量；

$E_k(t)$：在 t 时刻疫区 k 的暴露者数量；

$I_k(t)$：在 t 时刻疫区 k 的感染者数量；

$R_k(t)$：在 t 时刻疫区 k 的康复者数量；

$D_k(t)$：在 t 时刻疫区 k 的死亡者数量。

3) 需求预测函数构建

在前文的各项假设条件下，将疫区 k 在 t 时刻的突发疫情传播行为刻画为

$$\frac{\mathrm{d}S_k(t)}{\mathrm{d}t}=-\beta_k S_k(t)I_k(t) \tag{5.66}$$

$$\frac{\mathrm{d}E_k(t)}{\mathrm{d}t}=\beta_k S_k(t)I_k(t)-\sigma_k E_k(t) \tag{5.67}$$

$$\frac{\mathrm{d}I_k(t)}{\mathrm{d}t}=\sigma_k E_k(t)-\delta_k I_k(t)-\gamma_k I_k(t) \tag{5.68}$$

$$\frac{\mathrm{d}R_k(t)}{\mathrm{d}t}=\gamma_k I_k(t) \tag{5.69}$$

$$\frac{\mathrm{d}D_k(t)}{\mathrm{d}t}=\delta_k I_k(t) \tag{5.70}$$

$$N_k(t)=S_k(t)+E_k(t)+I_k(t)+R_k(t)+D_k(t) \tag{5.71}$$

由于上述常微分方程组很难获得精确解析解，而在疫情处置中，通常获取数

据的频率是每日一报，即上述微分方程组的 Δt 等于 1 天，据此，可以将其离散化如下：

$$S_k(t+1) = S_k(t) - \beta_k S_k(t) I_k(t) \tag{5.72}$$

式(5.72)表示 $t+1$ 时刻疫区 k 中的易感染者数量，等于 t 时刻该地区的易感染者数量减去由易感染者成为暴露者的数量。

$$E_k(t+1) = E_k(t) + \beta_k S_k(t) I_k(t) - \sigma_k E_k(t) \tag{5.73}$$

式(5.73)表示 $t+1$ 时刻疫区 k 中的暴露者数量，等于 t 时刻该地区暴露者的数量加上由易感染者成为暴露者的数量，再减去暴露者转化成感染者的数量。

$$I_k(t+1) = I_k(t) + \sigma_k E_k(t) - \delta_k I_k(t) - \gamma_k I_k(t) \tag{5.74}$$

式(5.74)表示 $t+1$ 时刻疫区 k 中的感染者数量，等于 t 时刻该地区感染者数量与暴露者转化成感染者的数量之和，减去感染后死亡者数量及康复者数量。

$$R_k(t+1) = R_k(t) + \gamma_k I_k(t) \tag{5.75}$$

式(5.75)表示 $t+1$ 时刻疫区 k 中的康复者数量，等于 t 时刻该地区的康复者数量加上感染后的康复者数量。

$$D_k(t+1) = D_k(t) + \delta_k I_k(t) \tag{5.76}$$

式(5.76)表示 $t+1$ 时刻疫区 k 中的死亡者数量，等于 t 时刻该地区的死亡者数量加上感染后的死亡者数量。

进一步地，将差分方程组[式(5.72)～式(5.76)]简写如下：

$$\begin{cases} S_k(t+1) = \hat{S}_k(t)(\beta_k) \\ E_k(t+1) = \hat{E}_k(t)(\beta_k, \sigma_k) \\ I_k(t+1) = \hat{I}_k(t)(\sigma_k, \delta_k, \gamma_k) \\ R_k(t+1) = \hat{R}_k(t)(\gamma_k) \\ D_k(t+1) = \hat{D}_k(t)(\delta_k) \end{cases} \tag{5.77}$$

那么，当给定初始值 $S_k(0)$、$E_k(0)$、$I_k(0)$、$R_k(0)$ 和 $D_k(0)$ 及相关参数时，便可由式(5.77)来预测疫区 k 中易感染者、暴露者、感染者、康复者及死亡者的数量。基于对感染者的预测，可以估算出疫情暴发区域对应急物资的需求量。

定义每个患者每天的应急物资需求量为 θ，那么第 t 天疫区 k 的患者对应急物资的需求量就是 $\theta I_k(t)$；同时假设每个患者的环形密切接触人数为 n，每个被接触的人每天的应急物资需求量为 η，则在第 t 天的二级环形预防应急物资总需求量为 $n(n+1)\eta I_k(t)$。综合考虑，疫区 k 的应急物资需求量 $d_k(T)$ 为

$$d_k(T) = [\theta + n(n+1)\eta] \sum_{t=1}^{T} I_k(t) \tag{5.78}$$

疫情暴发区域的应急物资总需求量 $d(T)$ 为

$$d(T)=\sum_{k=1}^{K}[\theta+n(n+1)\eta]\sum_{t=1}^{T}I_k(t) \tag{5.79}$$

2. 应急物流网络设计基础模型

本小节构建的应急物流网络是三级应急救援网络，其中包含国家战略储备库(strategic national stockpile, SNS)、区域配送中心(regional distribution center, RDC)及疫情暴发区域，如图 5-16 所示。在疫情突然暴发的情况下，应急物资需要从 SNS 运送到各个 RDC，再由 RDC 按照各个疫区的实际需求分别配送。本小节构建的应急物流网络不考虑应急物资在 RDC 之间的调换，且为了保证应急救援的效率，每个疫区的应急物资需求仅由一个配送中心满足。综合考量各个疫区的需求满足情况及应急救援总成本，以应急服务水平最大化为目标，构建了一个 0-1 混合非线性整数规划模型来优化应急救援过程中的物流网络布局。

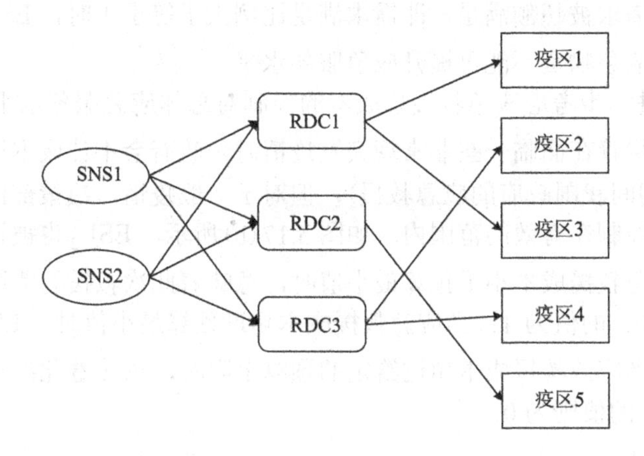

图 5-16　应急物流网络示意图

1) 应急服务水平的定义

虽然应急物流的弱经济性决定了成本目标不是最重要的，但是如果能在保证救援效率与效果的条件下，降低应急响应成本，使有限的资金发挥出最大的效用，对应急救援来说也非常重要，毕竟用于应急响应的预算资金非常宝贵，决策者也希望每分钱都能用在刀刃上并产生价值。因此，本小节综合考量效率与成本两个方面，提出应急服务水平的概念。

为刻画应急服务水平这一概念，从应急物资需求满足情况(应急服务水平 1，用 ESL_1 表示)与应急救援的总成本(应急服务水平 2，用 ESL_2 表示)两方面进行综合考量，这两方面对应急服务水平的影响如图 5-17 所示。

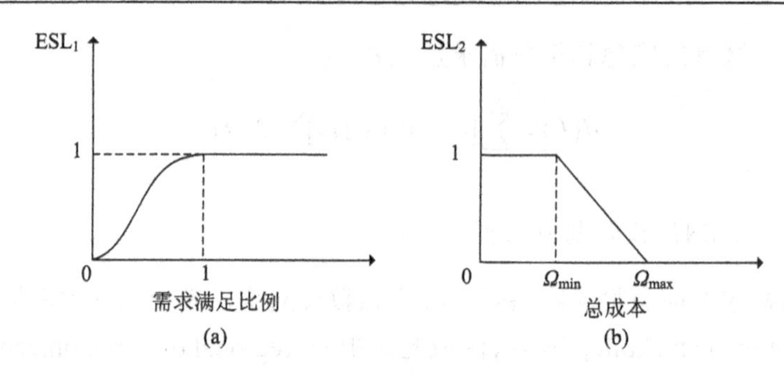

图 5-17　应急服务水平定义

在突发疫情的应急救援环境下，决策者首先考虑的是满足各个疫区的应急物资需求。本小节用需求满足比例来描述ESL_1，并将其设计为一条分段曲线，如图 5.17(a)所示。当需求未满足，即需求满足比例小于 1 时，ESL_1是从 0 到 1 的“S”形曲线，反映应急物资的逐渐满足对应急服务水平的影响是由小到大再趋于平缓的；而当需求被超额满足，即需求满足比例大于等于 1 时，ESL_1变为常数，意味着多余的应急物资不能再提升应急服务水平。

ESL_2则进一步考虑应急救援总成本的控制对总体应急服务水平（ESL）提升的促进作用。尽管在面临一些非常规突发疫情时，政府会不计成本地进行应急救援(如 SARS 期间我国政府的应急救援)，但对于一般疫情，决策部门希望应急救援的成本能够控制在有效的范围内。如图 5.17(b)所示，ESL_2也被设计为一条分段曲线，当应急救援成本小于预算最小值时，意味着此次救援的费用控制在较好的范围内，ESL_2的值为 1；当应急救援成本超过预算最小值时，ESL_2的值也随之逐步降低；当应急救援成本超过给定的预算上限时，意味着此次救援的费用超过预期，ESL_2的值则为 0。

2)假设条件

为了界定本小节提出模型的使用范围及保证其架构合理，参考疫情暴发期间的情况，并综合现有资料，做出以下假设。

(1)假设政府给定了应急救援成本的预算范围区间。尽管在应急救援的过程中，应急救援成本不是主要考虑因素，但是将宝贵的应急预算花在刀刃上是我们所追求的目标。

(2)由于各个地区经济发展程度的差异，较发达的地区人口往往较为密集，当应急物资未满足需求时，所造成的影响较大，后果更严重，用参数ω_k衡量。

3)参数符号说明

模型所涉及的参数及决策变量如下。

(1)参数集合。

I：SNS 集合，$i=1,2,3,\cdots,I$；

J：RDC 集合，$j=1,2,3,\cdots,J$；

K：疫情暴发区集合，$k=1,2,3,\cdots,K$。

(2)参数。

α：应急服务水平权重参数；

d_k：疫区 k 的应急物资需求量；

ω_k：疫区 k 的人口数占所有疫区总人口的比例，$\sum_{k=1}^{K}\omega_k=1$；

U_i：第 i 个 SNS 的供应能力；

$\Omega_{\min}$：预期应急救援预算最小值；

$\Omega_{\max}$：预期应急救援预算最大值；

(x_k,y_k)：第 k 个疫区的位置坐标；

(x_i,y_i)：第 i 个 SNS 的位置坐标；

C_{TL}：从 SNS 到 RDC 的单位运输成本；

C_{LTL}：从 RDC 到疫区的单位运输成本；

C_j：RDC 设置的固定成本；

φ：RDC 的运营成本系数。

(3)变量。

D_{ij}：从第 i 个 SNS 到第 j 个 RDC 的应急物资配送距离，$D_{ij}=\sqrt{(x_j-x_i)^2+(y_j-y_i)^2}$；

D_{jk}：从第 j 个 RDC 到第 k 个疫区的应急物资配送距离，$D_{jk}=\sqrt{(x_j-x_k)^2+(y_j-y_k)^2}$；

ε_{jk}：0-1 变量，第 j 个 RDC 是否给第 k 个疫区提供应急物资服务，如果提供，则 $\varepsilon_{jk}=1$，否则 $\varepsilon_{jk}=0$；

z_j：0-1 变量，是否设置第 j 个 RDC，如果设置，则 $z_j=1$，否则 $z_j=0$；

x_{jk}：从第 j 个 RDC 给第 k 个疫区提供的应急物资量；

y_{ij}：从第 i 个 SNS 给第 j 个 RDC 提供的应急物资量；

h_k：第 k 个疫区的需求未满足的比例；

$p(h_k)$：第 k 个疫区的需求未满足的比例对 ESL_1 的影响；

s_j：第 j 个 RDC 的相对规模；

VC_j：RDC 的运营成本，由 RDC 的相对规模决定；

(x_j,y_j)：第 j 个 RDC 的位置坐标。

4）模型构建

基于上述的参数符号说明，构建如下模型。

式(5.80)表示最大化应急服务水平：

$$\max \ \mathrm{ESL} = \alpha \mathrm{ESL}_1 + (1-\alpha)\mathrm{ESL}_2 \tag{5.80}$$

式中，ESL_1 由式(5.81)～式(5.83)来定义，未满足的需求越少，ESL_1 的值越大。

$$\mathrm{ESL}_1 = \sum_{k=1}^{K} p(h_k) \tag{5.81}$$

$$p(h_k) = \omega_k \mathrm{e}^{\frac{-h_k}{1-h_k}} \tag{5.82}$$

$$h_k = 1 - \frac{\sum_{j=1}^{J} \varepsilon_{jk} x_{jk}}{d_k} \tag{5.83}$$

ESL_2 由式(5.84)～式(5.88)来定义。结合本小节关于应急服务水平的定义，ESL_2 的具体描述如式(5.84)所示：

$$\mathrm{ESL}_2 = \begin{cases} 1, \ f \leqslant \Omega_{\min} \\ -\lambda f + b, \ f \in (\Omega_{\min}, \Omega_{\max}] \\ 0, \ f > \Omega_{\max} \end{cases} \tag{5.84}$$

式中，根据图 5-17(b)，由式(5.85)计算得到 λ、b 的值：

$$\lambda = \frac{1}{\Omega_{\max} - \Omega_{\min}}, \ b = \frac{\Omega_{\max}}{\Omega_{\max} - \Omega_{\min}} \tag{5.85}$$

f 表示应急救援总成本，计算过程为

$$f = C_{\mathrm{TL}} \sum_{j=1}^{J} \sum_{i=1}^{I} z_j y_{ij} D_{ij} + C_{\mathrm{LTL}} \sum_{j=1}^{J} \sum_{k=1}^{K} \varepsilon_{jk} x_{jk} D_{jk} + \sum_{j=1}^{J} z_j (\mathrm{VC}_j + C_j) \tag{5.86}$$

式中，VC_j 为设置的第 j 个 RDC 的运营成本，它由该 RDC 的相对规模决定，在参考一些相关文献的基础上，将 VC_j 设计为

$$\mathrm{VC}_j = \varphi \sqrt{s_j \times 100} \tag{5.87}$$

$$s_j = \frac{\sum_{k=1}^{K} x_{jk}}{\sum_{j=1}^{J} \sum_{k=1}^{K} x_{jk}}, \forall j \in J \tag{5.88}$$

模型的约束如下：

$$\text{s.t.}\quad \sum_{j=1}^{J}\varepsilon_{jk}=1,\forall k\in K \tag{5.89}$$

$$\sum_{j=1}^{J}\varepsilon_{jk}x_{jk}\leqslant d_k,\forall k\in K \tag{5.90}$$

$$\sum_{i=1}^{I}z_j y_{ij}=\sum_{k=1}^{K}\varepsilon_{jk}x_{jk},\forall j\in J \tag{5.91}$$

$$\sum_{j=1}^{J}\sum_{k=1}^{K}\varepsilon_{jk}x_{jk}=\min(\sum_{i=1}^{I}U_i,\sum_{k=1}^{K}d_k) \tag{5.92}$$

$$\varepsilon_{jk}\leqslant z_j,\forall j\in J,k\in K \tag{5.93}$$

$$\sum_{j=1}^{J}z_j\leqslant J \tag{5.94}$$

$$\sum_{j=1}^{J}y_{ij}\leqslant U_i,\forall i\in I \tag{5.95}$$

$$z_j,\varepsilon_{jk}\in\{0,1\},\forall j\in J,k\in K \tag{5.96}$$

$$x_{jk},y_{ij}\in\mathbf{R}^+,\forall i\in I,j\in J,k\in K \tag{5.97}$$

$$x_j,y_j\in\mathbf{R}^+,\forall j\in J \tag{5.98}$$

约束条件式(5.89)表示每个疫区的应急物资需求仅由一个 RDC 提供。约束条件式(5.90)表示提供给每个疫区的应急物资量不超过该疫区的需求量。约束条件式(5.91)表示每个 RDC 的流量守恒约束。约束条件式(5.92)表示应急物资需求量应尽可能满足。约束条件式(5.93)表示只有被设置的 RDC 才能给疫区提供应急物资配送服务。约束条件式(5.94)表示 RDC 的数量限制。约束条件式(5.95)表示每个 SNS 的供应能力约束。约束条件式(5.96)～式(5.98)表示决策变量的类型。很显然，由于变量和目标函数的性质，这是一个 0-1 混合非线性整数规划模型。

5.4.2　考虑人口流动及服务半径的改进模型

一般情况下，在突发疫情应对中，并不能完全限制人口的流动，因此松弛 5.4.1 节需求预测中的假设(2)，将感染区域的人口流动纳入模型中。此外，在 5.4.1 节的应急物流网络设计中，ESL_2 从成本最优的角度，研究设置较少的 RDC 数量使得对感染区域能够全覆盖，本书尽管区分每个 RDC 的相对大小，但在上述基础模型中忽略了 RDC 的服务半径问题，而这可能导致上述最优的结果不具有可操作性。基于此，本小节将这两类因素进行综合考量，对 5.4.1 节中的模型进行相应的修改，构建考虑人口流动及服务半径的基于服务水平的突发疫情应急物流网络设计改进模型。

1. 需求预测

在考虑人口流动的情况下，每个区域的需求不仅仅由该区域原本的人口结构决定，还需要引入有关人口流动的变量。考虑人口流动的 SEIRD 模型如图 5-18 所示。

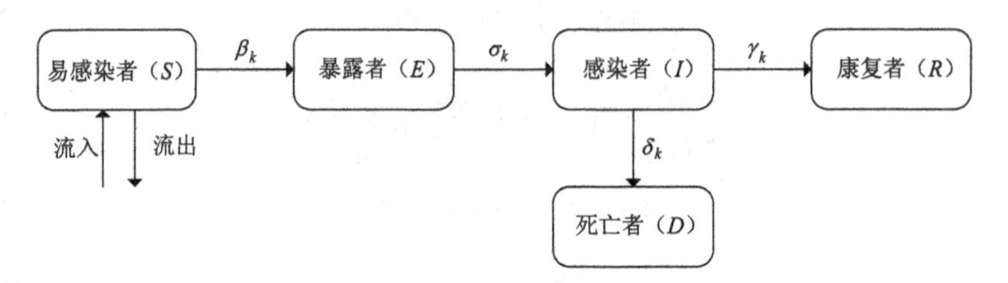

图 5-18　考虑人口流动的 SEIRD 模型

1）假设条件

结合本节实际对 5.4.1 节需求预测中的相关假设条件（2）做出如下修改，其他假设条件与 5.4.1 节需求预测中相同，本节不再赘述。

条件（2）考虑人口流动。在突发传染病应急响应中，政府虽然会采取强有力的手段控制人口的流动，但显然不能完全避免，因此考虑人口流动的假设更符合实际情况。现有的文献大多假设流动人口为易感染者，本小节也做同样的假设。此外，假设人口出行数据可以通过公路、铁路、航空、码头等各类数据综合统计而来。

2）参数符号说明

基于 5.4.1 节中的参数和变量定义设置，考虑人口流动的 SEIRD 模型中增加的变量如下。

$\mathrm{NI}_k(t)$：在 t 时刻疫区 k 内人口的流动净值；

$A_{mk}(t)$：在 t 时刻流入疫区 k 的人口数；

$O_{km}(t)$：在 t 时刻流出疫区 k 的人口数。

3）需求预测函数构建

在考虑人口流动的情况下，疫区 k 在 t 时刻的人口流动净值为

$$\mathrm{NI}_k(t)=\sum_{m=1}^{M}A_{mk}(t)-\sum_{m=1}^{M}O_{km}(t), \forall k\in K, t\in T \tag{5.99}$$

式（5.99）表示区域 k 在 t 时刻人口的流动净值，等于从其他区域进来的人口流入量之和，减去从该区域到其他区域的人口流出量之和。因此，当 $\mathrm{NI}_k(t)>0$ 时，表示该区域存在外来人口流入；反之，当 $\mathrm{NI}_k(t)<0$ 时，表示该区域存在向外人口流失；而当 $\mathrm{NI}_k(t)=0$ 时，表示该区域人口处于平衡状态。

因此，在考虑人口流动的情况下，对5.4.1节的SEIRD模型修正如下：

$$\frac{\mathrm{d}S_k(t)}{\mathrm{d}t} = \mathrm{NI}_k(t) - \beta_k S_k(t) I_k(t) \tag{5.100}$$

$$\frac{\mathrm{d}E_k(t)}{\mathrm{d}t} = \beta_k S_k(t) I_k(t) - \sigma_k E_k(t) \tag{5.101}$$

$$\frac{\mathrm{d}I_k(t)}{\mathrm{d}t} = \sigma_k E_k(t) - \delta_k I_k(t) - \gamma_k I_k(t) \tag{5.102}$$

$$\frac{\mathrm{d}R_k(t)}{\mathrm{d}t} = \gamma_k I_k(t) \tag{5.103}$$

$$\frac{\mathrm{d}D_k(t)}{\mathrm{d}t} = \delta_k I_k(t) \tag{5.104}$$

$$N_k(t) = S_k(t) + E_k(t) + I_k(t) + R_k(t) + D_k(t) \tag{5.105}$$

将其离散化如下：

$$S_k(t+1) = S_k(t) + \mathrm{NI}_k(t) - \beta_k S_k(t) I_k(t) \tag{5.106}$$

$$E_k(t+1) = E_k(t) + \beta_k S_k(t) I_k(t) - \sigma_k E_k(t) \tag{5.107}$$

$$I_k(t+1) = I_k(t) + \sigma_k E_k(t) - \delta_k I_k(t) - \gamma_k I_k(t) \tag{5.108}$$

$$R_k(t+1) = R_k(t) + \gamma_k I_k(t) \tag{5.109}$$

$$D_k(t+1) = D_k(t) + \delta_k I_k(t) \tag{5.110}$$

进一步地，将差分方程组[式(5.106)～式(5.110)]简写为

$$\begin{cases} S_k(t+1) = \hat{S}_k(t)(\beta_k) \\ E_k(t+1) = \hat{E}_k(t)(\beta_k, \sigma_k) \\ I_k(t+1) = \hat{I}_k(t)(\sigma_k, \delta_k, \gamma_k) \\ R_k(t+1) = \hat{R}_k(t)(\gamma_k) \\ D_k(t+1) = \hat{D}_k(t)(\delta_k) \end{cases} \tag{5.111}$$

疫区k的应急物资需求$d_k(T)$与5.4.1节式(5.78)的计算方式相同，疫情暴发区域的应急物资总需求$d(T)$与5.4.1节式(5.79)的计算方式相同，在此不再赘述。

2. 应急物流网络设计改进模型

1)假设条件

改进模型考虑了RDC服务半径的限制，其余各项假设条件同5.4.1节，在此不再赘述。

2）参数符号说明

本小节引入配送中心最大配送半径参数 MR，其他参数和变量同 5.4.1 节，在此不再赘述。

3）模型构建

（1）目标函数。

本模型的目标函数同 5.4.1 节式（5.80），在此不再赘述。

（2）约束条件。

$$\varepsilon_{jk} D_{jk} \leqslant \mathrm{MR}, \forall k \in K, j \in J \tag{5.112}$$

约束条件中加入式（5.112），以限制每个配送中心具有相等的最大配送半径，其余约束与 5.4.1 节式（5.89）～式（5.98）相同，在此不再赘述[9]。同样，本小节所构建的模型也是一个 0-1 混合非线性整数规划模型。

5.5 大数据技术在重大突发传染病中的应用

疫情的暴发，严重危及人类的安全与社会的安定。在疫情发展过程中，对疫情引发的网络舆情的演化趋势进行挖掘和分析，将有助于制定有效的网络舆情应对策略，维护社会秩序。

5.5.1 疫情暴发初期微博主题聚类-情感分析模型

本小节提出基于 LDA2VEC-BERT 模型的微博主题聚类-情感分析模型，其中通过词嵌入方法进一步提升 LDA（latent Dirichlet allocation）主题模型的主题挖掘能力，同时提出基于主题关键词的遮掩策略优化 BERT（bidirectional encoder representations from transformers）模型的 MLM（masked language model）遮掩模型逻辑，以实现对微博语料库的主题聚类和情感分析，从而有助于进一步探究对网络舆情的引导与治理。疫情暴发初期对微博语料进行主题聚类并实现情感分析的流程图如图 5-19 所示。

5.5.2 应急响应阶段微博主题聚类-情感分析模型

本小节继续进行疫情应急响应阶段微博热点话题与情感的研究，提出全新的融合 G-BTM 热点话题发现模型和改进的 RoBERTa-TCNN 情感分析模型的微博主题聚类-情感分析模型。通过 GloVe 算法提取词义信息，从而提升 BTM（biterm topic model）对微博短文本主题聚类能力，同时在 RoBERTa（a robustly optimized BERT pretraining approach）模型的基础上通过 TCNN（text convolutional neural network）模型实现全局特征的深度提取，进一步优化微博热点主题聚类和语义情感分析，并借助协同治理理论深入探索网络舆情的引导与治理。应急响应阶段对微博语料进行主题聚类并实现情感分析的流程图如图 5-20 所示。

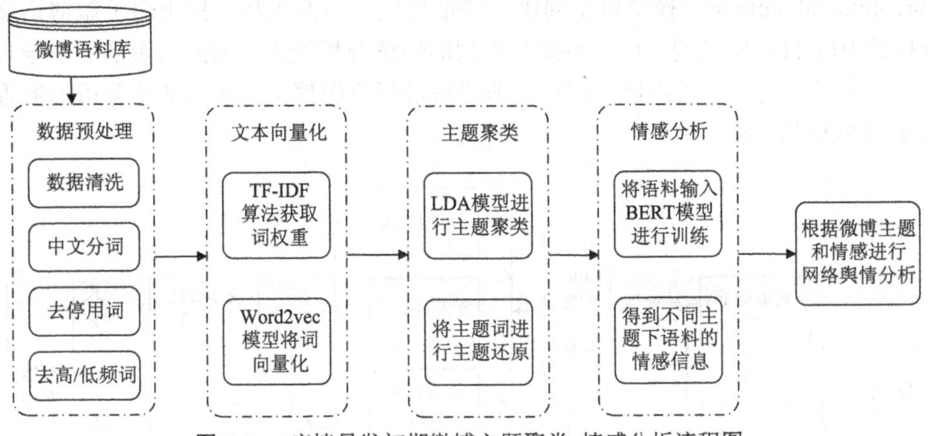

图 5-19　疫情暴发初期微博主题聚类-情感分析流程图

TF-IDF (term frequency-inverse document frequency) 是一种用于信息检索与数据挖掘的常用加权技术；Word2vec 模型用来获取词语的权重及具有相关关系的词向量

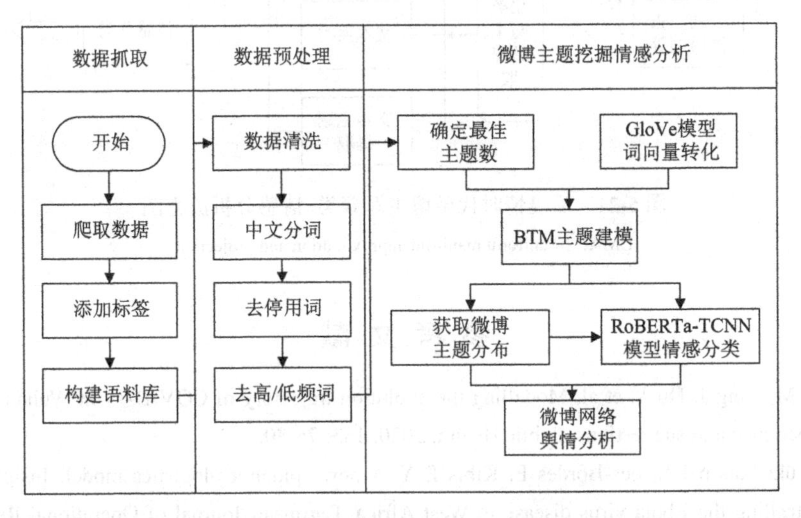

图 5-20　应急响应阶段微博主题聚类-情感分析流程图

5.5.3　后疫情时代微博主题聚类-情感分析模型

针对后疫情时代网络舆情的发展演化趋势，本小节借助并改进了全新的模型方法，从而对微博热点话题与情感进行研究，提出优化后的基于 BERTopic 模型和 BERTGCN 模型的微博主题聚类-情感分析模型。本小节使用改进的 K-means 聚类算法替代了传统的 HDBSCAN (hierarchical density-based spatial clustering of applications with noise) 聚类方法，使得 BERTopic 模型实现主题的精准挖掘，避免过多无效主题的产生。同时，基于 BERT 模型的局部语义提取及 GCN(graph convolutional network)模型对全局语义特征提取能力的优势，提出用于微博语义分析的 BERTGCN 模型，进一步提升模型的情感分析能力，为网络舆情的引导与治理研究提供支持。后疫情时代对微博语料进行主题聚类并实现情感分析的流程图如图 5-21 所示[10]。

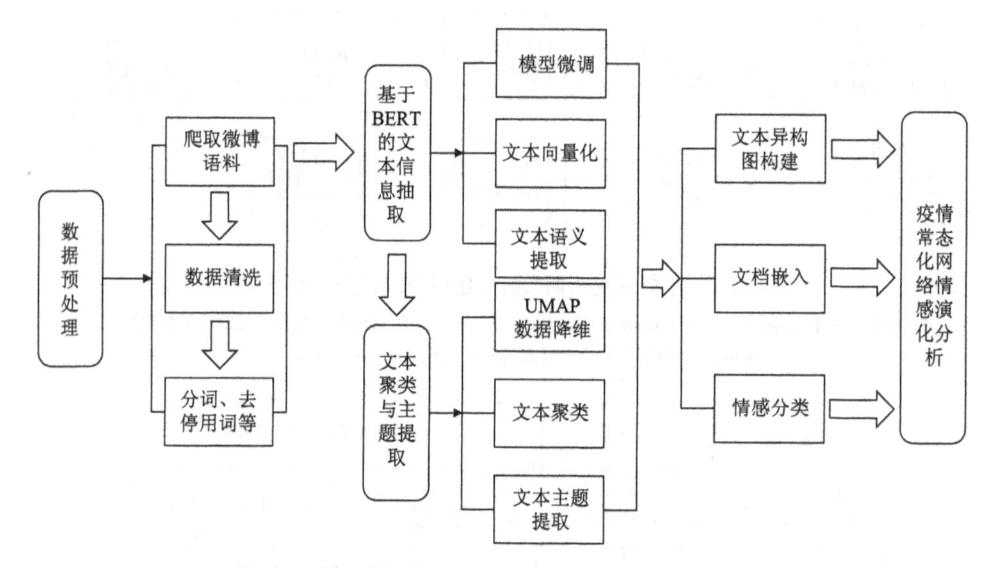

图 5-21　后疫情时代微博主题聚类–情感分析流程图

UMAP 指 uniform manifold approximation and projection

参 考 文 献

[1] Liu M, Ning J, Du Y, et al. Modelling the evolution trajectory of COVID-19 in Wuhan, China: Experience and suggestions. Public Health, 2020, 183: 76-80.

[2] Büyüktahtakın İ E, des-Bordes E, Kıbış E Y. A new epidemics-logistics model: Insights into controlling the Ebola virus disease in West Africa. European Journal of Operational Research, 2018, 265(3): 1046-1063.

[3] Thompson R N, Hollingsworth T D, Isham V, et al. Key questions for modelling COVID-19 exit strategies. Proceedings of The Royal Society B: Biological Sciences, 2020, 287(1932): 20201405.

[4] 佚名. 对红十字会存在的问题，武汉官方作出一项决定. 央广网. (2020-02-01)[2021-11-19]. https://baijiahao.baidu. com/s?id=1657267804218337186&wfr=spider&for=pc.

[5] Kahneman D, Tversky A. Prospect theory: An analysis of decision under risk. Econometrica, 1979, 47(2): 263-292.

[6] Kahneman D, Tversky A. Choices, Values, and Frames. Cambridge: Cambridge University Press,

2000.
[7] Bleichrodt H, Schmidt U, Zank H. Additive utility in prospect theory. Management Science, 2009, 55(5): 863-873.
[8] 刘明, 李颖祖, 曹杰, 等. 突发疫情环境下基于服务水平的应急物流网络优化设计. 中国管理科学, 2020, 28(3): 11-20.
[9] 李颖祖. 基于服务水平的突发疫情应急物流网络优化设计研究. 南京: 南京理工大学, 2019.
[10] 王钜琳. 重大突发疫情中的网络舆情演化与治理策略研究. 南京: 南京理工大学, 2023.

第三篇　重大突发动物疫情应急管理理论与方法

重大动物疫病的传播速度快，致病性强，造成的损失大，不仅威胁养殖业的健康发展，还会引起公共卫生危机，造成社会恐慌，因此重大动物疫病的防控和应急管理受到社会各界的关注。目前，对于动物疫情的处理以隔离、治疗、扑杀为主，自2003年非典疫情暴发后，我国开始着手建立健全应急管理机制，目的是在疫情暴发的第一时间能够及时采取措施，降低疫情传播速度，减少疫情带来的损失。2005年11月18日国务院颁布了《重大动物疫情应急条例》(国务院令第450号)，各省(自治区、直辖市)也成立了重大动物疫病指挥部，并制定了禽流感、非洲猪瘟、小反刍兽疫等重大动物疫病应急预案，确保尽早扑灭疫情，保障养殖生产安全，保护公众生命健康，维护稳定的社会秩序。同时，重大动物疫病的发生，给社会公共卫生安全带来了巨大的冲击，也暴露了我国卫生资源配置的不足，对政府的反应及应变能力提出了巨大的挑战。禽流感、非洲猪瘟等重大疫病的发生凸显了应急管理机制的重要性，在重大疫病的防控过程中，我国不断总结，不断提升，取得了丰富的经验和显著的成效，但是应急管理工作还存在着一些问题，有待继续完善。

突发重大动物疫情具有突然发生、迅速传播、发病率或者死亡率高等特点，有些甚至是人畜共患病，若防控不及时、工作不到位很可能造成严重危害。因此，本篇根据近些年我国重大动物疫病的发生情况及应急管理状况，详细介绍典型突发动物疫情案例、应急管理体系、应急管理理论与方法等方面的内容，以期引起人们对重大突发动物疫情应急管理的重视，完善应急管理机制，提升应急管理水平，降低疫情的发生率。

第 6 章　重大突发动物疫情典型案例分析

重大突发动物疫情是对动物健康和畜牧业产生极大影响的重大事件。其中，非洲猪瘟、高致病性禽流感、口蹄疫和布鲁氏菌病是目前国际上最为严重的几种动物疫病。这些疫病具有高度传染性、致死率高、治疗难度大等特点，不仅对动物健康造成威胁，还会对人类、社会和经济产生广泛而深刻的影响。因此，本章针对这些疫病的发生和扩散情况，制定相应的防控和治疗措施，以期加强对重大突发动物疫情的监测和预警，提升动物疫情防控措施的应对能力，保持动物健康和畜牧业的可持续发展。

6.1 非 洲 猪 瘟

非洲猪瘟作为一类重特大接触性传染病，危害严重。自 2018 年在我国辽宁省被发现后，迅速蔓延至全国，严重影响了我国生猪养殖业的可持续发展。为缓解非洲猪瘟防控压力，有效防范非洲猪瘟对我国生猪养殖业的危害，需要全面地认识该病，掌握该病科学的应对策略[1]。

6.1.1 非洲猪瘟介绍

非洲猪瘟病毒(African swine fever virus, ASFV)是一种有囊膜的单分子线状双股病毒，呈复杂多层结构，外被囊膜，内有核衣壳[2]。非洲猪瘟的急性症状主要表现为高热、网状内皮系统出血及高死亡率。非洲猪瘟的毒株可根据毒力分为三大类，超强毒株可导致感染猪在 12～14 天内死亡，中等毒力毒株的感染死亡率为 30%～50%，低毒力毒株感染仅引起少量死亡，但感染康复猪体内会持续携带病株，容易造成大范围的感染。非洲猪瘟的流行主要在家畜养殖系统中传播，同时可借助野生动物寄主及媒介加以扩散。其中，病猪、康复猪和隐性感染猪由于可以持续排病毒或终生带病毒而成为非洲猪瘟的主要传染源，另外，钝缘蜱也是传染源之一[3,4]。非洲猪瘟的感染方式主要分为呼吸道感染、消化道感染及钝缘蜱叮咬感染。由于非洲猪瘟的高传染性，在短距离范围内通过空气、污染的饲料、淋水、剩菜等都可以传播本病[5]。许多之前无疫情的国家，往往由于在机场和港口对感染的猪制品、待处理废水、残羹等未进行及时安全处理而导致非洲猪瘟暴发，除此之外，带病毒野猪的迁移也会导致非洲猪瘟传入接壤的国家。而有软蜱存在的国家更容易出现非洲猪瘟的暴发，ASFV 可以在这些蜱中复制到比较高的滴度，然后经产卵及交配传播非洲猪瘟。此外，吸血昆虫如蚊子也可传播非洲猪瘟[6]。

6.1.2 非洲猪瘟疫情发展

非洲猪瘟是由 ASFV 引起所有品种及各年龄段的家猪和野猪出现一系列综合征症状的传染病。1921 年，非洲猪瘟疫情在肯尼亚首次暴发。在此之后，非洲猪瘟从非洲的东部、南部穿过非洲中部向西部蔓延到非洲绝大部分国家，并且向外传播至印度洋岛屿。欧美地区也一直饱受非洲猪瘟的影响。截至 2015 年，全球约有 52 个国家发生过非洲猪瘟疫情或检测到 ASFV，其中包括 31 个非洲国家、17 个欧洲国家和 4 个拉丁美洲国家。

在 2017 年，俄罗斯伊尔库茨克州暴发非洲猪瘟疫情，由于疫情发生地距我国边境较近，仅 1000km 左右，且我国一直以来是养猪及猪肉消费大国，生猪出栏量、存栏量及猪肉消费量均位于全球首位[7]。我国每年种猪及猪肉制品进口总量巨大，与多个国家贸易频繁，其中俄罗斯伊尔库茨克州便与我国贸易往来频繁，因此存在极大的 ASFV 输入风险。而自 2018 年 8 月 1 日，我国辽宁省沈阳市某养殖场猪群出现首例非洲猪瘟疫情后[8]，在河南、江苏、浙江、安徽、黑龙江等 22 个省(自治区)相继出现疫情，给我国生猪产业带来了较大的冲击，因此非洲猪温被我国列为一类动物疫病[9,10]。

6.1.3 非洲猪瘟疫情影响

1. 非洲猪瘟对生猪市场的影响

受非洲猪瘟疫情发展和调运政策影响，生猪产品全国流通格局被割裂为区域、省甚至市县级流通，活猪价格受局部供需影响明显分化。非洲猪瘟疫情发生后，猪肉供需形势和猪价主要呈现 3 个发展阶段：第一阶段是北方产区生猪供给严重过剩，猪价“北跌南涨”。此阶段主要为 2018 年 9 月～2019 年 1 月，表现为北方产区生猪调运受阻、压栏严重，南方销区供给偏紧、猪价快速上涨，北方产区生猪产能受疫情和亏损双重影响[11]。第二阶段为缺猪不缺肉，猪价“北涨南跌”。此阶段为 2019 年 2～6 月，北方产区疫情稳定，南方产区疫情造成恐慌性出栏和母猪产能剧减。其中，广西和广东生猪产能急剧下降。该阶段主要表现为北方猪价回升，南方猪价低迷。第三阶段为猪肉和生猪供给均阶段性偏紧。此阶段自 2019 年 7 月起，尤其是 8 月以来，销区引发的猪肉价格大幅上涨带动全国普遍性的猪价阶段性快速上涨。其中 2006～2019 年活猪和猪肉月价格走势见图 6-1。

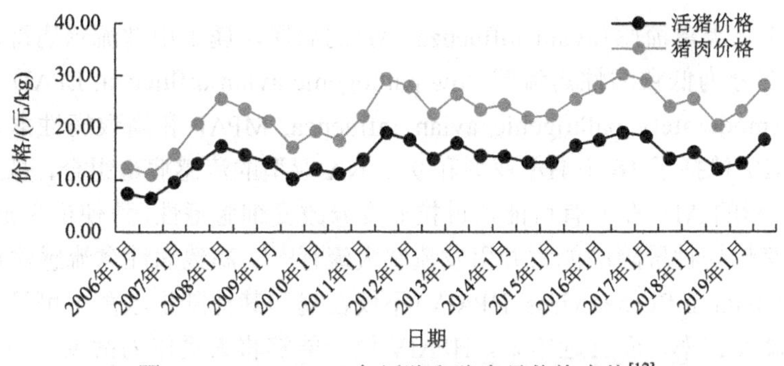

图 6-1　2006～2019 年活猪和猪肉月价格走势[12]

2. 非洲猪瘟对生猪产业的影响

非洲猪瘟对区域产业布局产生冲击。受鲜肉消费习惯的影响，屠宰和加工环节集中在消费地区，而活猪跨区域运输势必加大疫病防控难度。因此，疫区的封锁不但影响了肉猪的跨区域调动，也直接影响农牧企业的跨省交易。同时，非洲猪瘟防控的长期性也决定了我国跨省调运的禁令可能在较长一段时间内不会完全撤销。在这样的环境下，各大种猪、养殖企业可能被迫调整企业规划，“南猪北养”的区域规划布局受到挑战[13]。

非洲猪瘟有助于推动生猪产业规范升级。当前，我国生猪养殖规模化程度较低，猪肉深加工程度低、种类少，以鲜食猪肉消费为主。同时，我国品牌猪肉所占比例较低，产业抵御风险能力较弱，非洲猪瘟疫情有助于倒逼产业规范升级。主要表现在：①推动养殖环节规范化；②收购环节管理严格化；③推进屠宰加工就地化；④推动新技术落地。

6.2　高致病性禽流感

高致病性禽流感(highly pathogenic avian influenza, HPAI)是当前对全球家禽养殖业危害最大的禽类烈性传染病，不仅涉及养殖业健康发展和野生动物安全，而且是全球公共卫生的主要问题之一。高致病性禽流感严重威胁着人类的生命健康，只有做好动物禽流感的监控与防疫，才能有效降低人类感染的概率。加强此类疫病的防控，需要了解其流行趋势特点、特征，围绕常见的养殖问题及所面临的健康风险等方面进行深入分析，以便更好地提出针对性防控措施[14]。

6.2.1　高致病性禽流感介绍

禽流感病毒(avian influenza virus, AIV)是一种单负链包膜 RNA 病毒，是引起家禽及野生鸟类禽流感(avian influenza, AI)的病原，属于甲型流感病毒，根据其致病力强弱分为低致病性禽流感(low pathogenic avian influenza, LPAI)、中致病性禽流感(moderately pathogenic avian influenza, MPAI)和高致病性禽流感三大类[15,16]。AIV 包括了 16 个 HA 亚型和 9 个 NA 亚型的流感病毒组合，是流感病毒的保存库。新的 AIV 亚型有可能通过抗原变异改变细胞嗜性，致使宿主范围扩大，从而获得跨越物种屏障的能力并引发流感大流行[17]。高致病性禽流感病毒(highly pathogenic avian influenza virus, HPAIV)不仅在鸡和其他陆生家禽中可导致全身感染并带来高死亡率，而且近年来，HPAIV 已经能够将人类作为宿主，并造成数百人感染，死亡率超过 30%，因此需要进一步加强对 AI 的防控工作[18]。

鸡、鸭、鹅、雉鸡、鹧鸪、鸵鸟、鸽和孔雀等多种禽类对于 AI 均易感，传染源主要为病禽和带病毒禽(包括水禽和飞禽)[19]。AI 的主要传播途径是粪便—水—口，主要经呼吸道传播和密切接触感染的禽或受病毒污染的水、粪便及分泌物等。在人类环境中，活禽市场暴露、近距离接触病死禽和直接接触病死禽是 3 个独立的危险感染因素[20]。

6.2.2　高致病性禽流感疫情发展

高致病性禽流感被称为是一种毁灭性的疾病，一直严重威胁着世界养禽业的发展，它的每一次暴发都会给养禽业带来巨大的损失。禽流感最早发现于 1878 年的意大利，当时意大利发生鸡群未知原因的大量死亡，因此被称为鸡瘟。直至 1955 年，科学家证实致病病毒为甲型流感病毒，此后被更名为禽流感[21]。21 世纪以来，禽流感病毒的种类一直不断增加，并广泛分布于世界各国，在欧洲、亚洲、北美洲、南美洲、大洋洲等地区都有发生[22]。目前，高致病性禽流感已经在 5 个洲的 70 多个国家或地区内发生，根据世界动物卫生组织(Office International Des Epizooties, OIE)的统计，2003～2016 年世界各国 H5N1 的暴发总次数为 7231 次。

我国第一例禽流感于 1997 年在香港特别行政区暴发，内地首例禽流感是在 2004 年 1 月于广西的隆安县暴发[23]。近些年来，我国高致病性禽流感的流行趋势比较平稳，未出现大范围暴发的情况，但局部地区仍有疫情发生，其中流行毒株以 H5N6 亚型和 H7N9 亚型为主。2021 年世界动物卫生组织报告显示，在非洲(尼日利亚、塞内加尔、南非)、亚洲(中国、印度、伊朗、以色列、韩国、科威特等)和欧洲(比利时、捷克、丹麦、芬兰、法国、德国等)的多个国家和地区依然存在 H5N1、H5N5 和 H5N8 亚型禽流感疫情。

6.2.3　高致病性禽流感疫情影响

HPAI 是由部分 H5 或 H7 亚型 AIV 引起禽类急性感染和死亡的一种烈性传染病，被世界动物卫生组织列为法定报告动物疫病，在我国被列为一类动物疫病，是 24 种人畜共患传染病之一，是引发公共卫生事件最常见的一类传染病[24]。在国务院发布的《国家中长期动物疫病防治规划(2012—2020 年)》中，将其列为优先防治的国内动物疫病 5 种一类动物疫病之一，HPAI 不仅给养禽行业带来了严重的经济损失，而且给人类健康甚至生命安全带来了严重威胁。2018～2020 年我国发生的 H5 亚型禽流感疫情见表 6-1。

表 6-1　2018～2020 年我国发生的 H5 亚型禽流感疫情

确诊时间	地点	宿主	死亡数/发病数	死亡率/%	病毒亚型
2018 年 3 月 5 日	广西壮族自治区	肉鸭	23950/28000	85.54	H5N6
2018 年 6 月 21 日	青海省海西蒙古族藏族自治州	肉鸡	1050/1050	100.00	H5N1
2018 年 9 月 29 日	贵州省黔南布依族苗族自治州惠水县	家禽	4948/5297	93.41	H5N6
2018 年 10 月 9 日	湖南省湘西土家族苗族自治州凤凰县	家禽	385/516	74.61	H5N6
2018 年 10 月 24 日	湖北省宜昌市点军区	家禽	340/340	100.00	H5N6
2018 年 11 月 21 日	云南省保山市腾冲市	家禽	4420/4800	92.08	H5N6
2018 年 11 月 21 日	云南省昆明市禄劝彝族苗族自治县	家禽	5400/6540	82.57	H5N6
2018 年 11 月 23 日	江苏省扬州市江都区	家禽	320/1200	26.67	H5N6
2019 年 2 月 22 日	云南省丽江市华坪县	家禽	463/463	100.00	H5N6
2019 年 4 月 2 日	辽宁省沈阳市新民市	家禽	1000/24500	4.08	H5N1
2019 年 5 月 30 日	新疆维吾尔自治区伊犁哈萨克自治州霍尔果斯市	家禽	1015/1503	67.53	H5N6
2020 年 1 月 8 日	新疆维吾尔自治区伊宁县和博乐市	天鹅	15/15	100.00	H5N6
2020 年 2 月 1 日	湖南省邵阳市双清区	肉鸡	4500/4500	100.00	H5N1
2020 年 2 月 9 日	四川省南充市西充县	家禽	1840/2497	73.69	H5N6

资料来源：中华人民共和国农业农村部官网[25]。

HPAI 的暴发使我国的家禽饲养业遭受巨大的冲击，导致消费市场低迷，出口受限，对饲料、加工等相关产业发展造成了严重的影响。疫区在疫期内生产停滞，存栏量下降，同时疫情暴发期间禽类消费量明显减少，市场流通受限，导致畜禽饲料和加工行业等其他上下游企业订单减少，行业不景气，成本上升，出现较大程度的亏损。与此同时，HPAI 不仅对经济造成巨大的直接损失，而且也可能对社会产生深远的影响。一方面饲养场(户)的收入大幅降低，如在 2004 年暴发的 HPAI 疫情导致我国农民人均年收入减少 20 元，蛋鸡养殖农户每日经济损失达 1.4 万元；另一方面使得政府公共开支增加，疫情出现后，政府出台了灾后生产重建的有关扶持政策和措施，帮助家禽养殖户发展非家禽产业并联系资金、技术和市场，减少农户经济损失和影响，促进农民增收和农业生产发展。相关资料显示，从 2013 年 2 月到 2018 年 7 月，全球人类确诊病例达 1625 例，死亡 623 例，其中大部分发生在我国，HPAI 具有极高的传染率和死亡率，对我国的公共卫生安全提出了新的要求[26]。

6.3 口 蹄 疫

口蹄疫(foot-and-mouth disease, FMD)是由口蹄疫病毒(foot-and-mouth disease virus, FMDV)引起的一种动物疫病，其中猪、牛、羊等偶蹄动物对此病比较敏感，发病率高，危害严重，被世界卫生组织列为A类动物传染病的首位[27]。口蹄疫传播速度快，传播途径多，一旦发生常会引起暴发流行，给养殖场和社会公共卫生安全带来严重的威胁[28]。

6.3.1 口蹄疫介绍

口蹄疫传播速度快、致病性高、发病率较高，临床上以患病动物的口、蹄等部位出现水疱为主要患病特征，但大部分成年家畜可以自行康复，幼畜则经常不见症状而猝死，死亡率因毒株而异，因此口蹄疫对偶蹄类动物具有严重的潜在威胁。世界动物卫生组织等已经将口蹄疫列为家畜传染病之首，我国政府也将其排在一类动物疫病的首位，展现了世界各国对该病的重视程度[29]。

FMDV可通过空气，灰尘，病畜的水疱、唾液、乳汁、粪便、尿液、精液等分泌物和排泄物，以及被污染的饲料、褥草或接触过病畜的人员的衣物传播[30]。口蹄疫病毒通过空气传播时，甚至能随风散播到100km以外的地方。尽管口蹄疫在偶蹄动物中可呈暴发流行，但FMDV一般不传染给人，不会在人群中流行。然而，据文献报告，FMDV的少数变种病毒亦可传染给人，主要是抵抗力较弱的儿童，引起无症状感染或非特异性发热性疾病，但通过对症治疗可以较快地痊愈。总体来说，该病毒对人类的健康危害不大。当该病毒侵入机体内，主要临床症状表现是：牛、羊、猪等感染后表现出精神委顿、结痂潮红、脉搏加快、食欲减退、反刍减弱、产奶量减少等多种症状[31]。

6.3.2 口蹄疫疫情发展

口蹄疫首次发现于1514年，但一直到1898年才由洛夫勒(Loffler)等证明本病的病原为滤过性病毒[32]。在北美大陆上，美国在1932年以前一共发生过9次口蹄疫疫情，加拿大和墨西哥在20世纪四五十年代也发生过口蹄疫疫情，因此北美洲各国启动了北美联防计划，在此之后北美洲再没有发生过口蹄疫疫情。自1871年开始，南美洲许多国家便相继出现口蹄疫疫情。从1931年至今，非洲口蹄疫的流行便从未间断，主要原因是野生动物，尤其是非洲水牛隐性感染多，带病毒多且时间长，是SAT1型、SAT2型和SAT3型(即南非1型、2型、3型)病毒的保藏者和传播者。历史上，口蹄疫疫情曾在欧洲多个国家发生过，其中德国、法国、荷兰、捷克、波兰、比利时等国家的疫情较为严重。2018 年，非洲、欧洲和南美洲分别暴发了 377 起、5 起和 8 起，欧洲和南美洲只有俄罗斯和哥伦比亚暴发了口蹄疫。

亚洲是口蹄疫重疫区，1997～2000 年亚洲发生了大规模的 O 型口蹄疫疫情，打破了中国台湾地区 68 年、日本 92 年、韩国 66 年无疫状态，冲击了我国大陆 27 年偶发单一流行病毒和单一血清型疫情的格局。我国这些年来流行 O 型和 A 型病毒，其中 O/PanAsia 病毒引起了多起疫情。2006 年湖北、甘肃、西藏暴发亚洲 I 型口蹄疫，2007 年青海、甘肃、新疆发生亚洲 I 型口蹄疫。2009 年，我国台湾地区的云林县与彰化县两家养猪场发现了感染口蹄疫的病猪，近 700 头带有疑似症状的病猪全部被扑杀。后来，2010～2014 年 O/Mya-98 毒株在国内引发疫情，2013～2014 年又由 A/Sea-97 毒株引发疫情[33]。而根据农业农村部数据，2014～2018 年每年都有口蹄疫疫情发生，5 年间一共通报了 54 次，其中仅 2018 年就通报口蹄疫疫情 27 次，其中 O 型通报 26 次，A 型通报 1 次。

6.3.3　口蹄疫疫情影响

在扑灭口蹄疫与防控疫情的过程中，口蹄疫发生地区及其周边城市的政府会采取封锁、隔离、交通阻断等策略，严重影响了其他家畜产品的流通，也封锁了一系列家畜产品的市场销路，造成的直接经济损失与间接经济损失不可估量。1924 年，美国口蹄疫大流行，范围涉及 22 个州，捕杀了 32.5 万头牛、2.2 万只鹿，经济损失高达 3.9 亿美元；2001 年 2 月，英国 2030 个农场遭受口蹄疫的袭击，592 万头动物被扑杀，造成多达 50 亿美元的经济损失，使英国的养殖业几乎处于瘫痪状态，同时还波及周边的法国、荷兰、德国、爱尔兰等国；而 1997 年以来在我国台湾地区暴发的口蹄疫疫情，导致当地每年损失 600 多万头猪，共计年均损失外销市场经济效益 16 亿美元[34]。

口蹄疫的自然发病率和死亡率都很高，由于传染性较强，一旦发生口蹄疫疫情，就需要处理大量病死牲畜尸体，并进行无害化处理，造成该地区较大的人力、物力及财力资源的损失。在口蹄疫疫情的控制过程中，需要对周边被污染的场所及其环境进行消毒，还需要反复给猪注射高免血清，这会造成大量的资金消耗，影响当地畜牧疾病防控机构的资金流动。此疫病的真正杀伤力在于令人恐慌，人们对吃肉类食品感到恐惧，影响社会安定。而牧场、农场、肉食加工企业、乳品加工企业和饲料公司等都受到重创，工厂停工，工人失业和农民因此遭受损失，甚至影响到旅游业，社会经济再次受到重创[35]。

在口蹄疫病毒中猪口蹄疫病毒传播较快，猪群感染率可达 70%以上，对猪肉食品安全造成了极大威胁，引发人们对猪肉食品安全的担忧。更关键的是，外表健康的猪也可能是带病毒猪，给动物性食品安全带来极大的威胁。因此，我们要对口蹄疫给予足够的重视，对生猪养殖者尤其是农村散养殖者做好防疫和猪肉食品安全宣传工作，控制生猪口蹄疫，防止病猪肉流入市场，消除猪肉食品安全隐患[36]。

6.4 布鲁氏菌病

布鲁氏菌病(Brucellosis)是由布鲁氏杆菌(*Brucella*)引起的一种人畜共患传染病，又称为马耳他热或波状热，简称布病[37]。该疾病不仅会对养殖业造成严重影响，而且会威胁到人类健康和生命安全。所以需要明确布鲁氏菌病带来的影响，并做好有效的防治措施，在疫情发生后采取有效的控制措施，从而切实减少损失的严重性。

6.4.1 布鲁氏菌病介绍

布鲁氏菌病(布病)是一种公认的全世界范围内目前所流行的危害最为严重的人畜共患传染病，因此世界动物卫生组织将其列为B类动物疫病，我国农业农村部也将其列为二类动物疫病。该病易感动物范围特别广，主要是羊、牛、猪，其次是马、鹿、骆驼、犬、鼠和其他野生动物，同时人也易感。布病主要引起人类波状热、慢性感染及家畜和野生动物流产与睾丸炎等症状，临床上以长期发热、多汗、乏力、肌肉和关节疼痛、肝脾及淋巴结肿大为主要特征，直接影响畜牧业发展，造成巨大经济损失，同时严重威胁着人类健康[38]。布病的传染源是带菌者和患病动物，其中感染的妊娠母畜在流产或分娩时会将大量的布鲁氏菌随着羊水、胎儿和胎衣排出，因而具有最大的危险性。在人之间传播时，布病已经打破传统单纯养殖业从业人群发病的单一职业模式，感染人群逐渐由牧民、农民转向皮毛制革工、屠宰工、挤奶工、基层干部、兽医和饲养员等，同时布病也易造成实验室感染[39,40]。布病的潜伏期长短不一，短则2周，长则可达半年甚至以上[41,42]。布病最显著的临床症状包括怀孕母畜流产和公畜睾丸炎。人布病潜伏期一般为1～4周，平均是2周左右，由于初期布病症状与流感类似，主要为全身无力、大汗等，得病早期易被误诊或忽略而使布病转为慢性，后期还可能出现关节炎等症状，最严重的是男性丧失劳动能力、女性流产或不孕。

6.4.2 布鲁氏菌病疫情发展

1887 年布鲁斯(Bruce)从死亡士兵的脾脏中，首次分离出了一种新型细菌，命名为布鲁氏菌，后来检测为羊种布鲁氏菌。从此以后，各领域的学者纷纷对布鲁氏菌展开研究。而在 1897 年，丹麦学者邦(Bang)从母牛流产后排放的羊水中分离到一种新的布鲁氏菌——牛种布鲁氏菌，并给此布鲁氏菌种起了新的名字。

1912 年，美国学者 Traum 从流产猪的胎儿中也分离得到另一种新的布鲁氏菌——猪种布鲁氏菌。贝文(Bevan)等分别在 1921 年和 1924 年从一些患者体内分离到了可感染人类的新菌种——牛种和猪种布鲁氏菌，也首次证实了除了羊种布鲁氏菌，病牛和病猪是人间布鲁氏菌病的另外两种传染源。目前为止，根据对宿主的选择性不同，布鲁氏菌可以分为 10 个种[43]。

据统计，布病在北非和中东地区的埃及各地区年发病率为(18～70)/10 万，伊拉克各地区年发病率为(52.3～68.8)/10 万，沙特阿拉伯全国年发病率为 137.61/10 万；欧洲的德国全国年发病率为 0.03/10 万，意大利全国年发病率为 1.4/10 万，希腊各地区年发病率为(4.00～32.49)/10 万；中亚的吉尔吉斯斯坦全国年发病率为 88/10 万；拉丁美洲的阿根廷地区年发病率为 12.84/10 万，墨西哥地区年发病率为 25.69/10 万；北美洲的美国各地区年发病率为(0.02～0.09)/10 万[44]。1905 年，Boone 首次在我国重庆报告了两例布病患者。而在 20 世纪 50 年代之前，我国的布病主要是由其他国家家畜的引入导致的。在 20 世纪 50～70 年代，我国布病疫情整体较为严重，且人感病例出现了两次流行高峰：1957～1963 年及 1969～1971 年部分地区的人感布病感染率可高达 10%～20%。随着 70～90 年代控制措施的实施，布病病势逐渐下降。直到 90 年代中期，我国布病疫情再度回升，开始在各个地区肆虐流行。而到 21 世纪，随着布病疫情的回升，羊种布鲁氏菌又成为主流的优势菌种。按照发病日期统计，2014 年全国疫情达到历史记载的最高水平，共报告新发布病 57222 例，报告发病率为 4.22/10 万。到 2019 年，31 个省(自治区、直辖市)报告发病数为 44036 例，报告发病率为 3.15/10 万，较 2018 年增长了 16.05%的报告病例数和 15.43%的发病率。根据《2019 年家畜布病专项流行病学调查报告》我国牛羊布病“北高-南低”的空间分布格局没有改变，北方牛/羊布病感染率仍高于控制水平，据 28 个监测点所在县畜牧部门数据统计，共血清学检查羊 260897 只，阳性 1857 只(0.71%)；血清学检查牛 59994 头，阳性 391 头(0.65%)(图 6-2)[45]。

6.4.3　布鲁氏菌病疫情影响

1. 布鲁氏菌病对全球的影响

现在，全世界除挪威、瑞典、芬兰、英国、荷兰、日本和冰岛等 14 个国家和地区宣布无布病外，已有 170 多个国家和地区报告有人、畜布病疫情发生，其中较严重的国家集中分布在亚洲、非洲和南美洲。统计资料显示，全世界每年因布鲁氏菌病造成的经济损失近 30 亿美元，仅在拉丁美洲就造成 6 亿美元损失，美国在 20 世纪 90 年代平均每年由布病造成的损失可达 1.5 亿美元。显然，布病不仅对动物造成巨大的危害，同时也给人的健康及社会经济带来巨大的威胁。

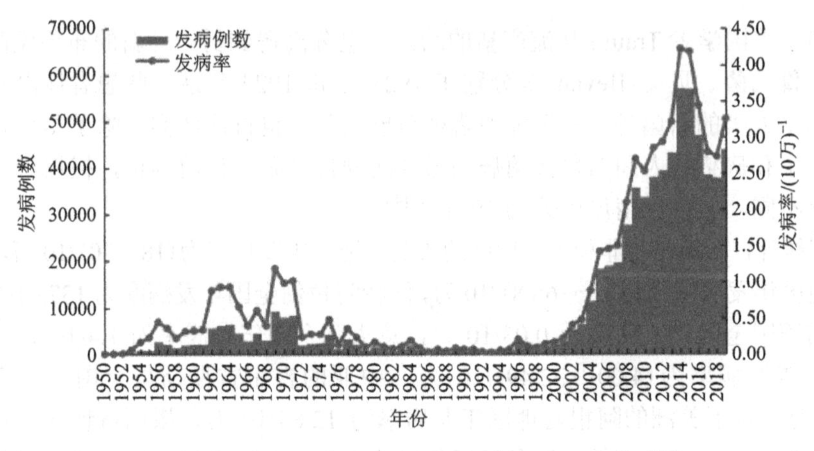

图 6-2　1950～2018 年我国布病发病例数和发病率[45]

2. 布鲁氏菌病对畜牧业的影响

布鲁氏菌病严重影响家畜的生产力和动物性产品的生产安全，给畜牧业发展造成严重的经济损失。每年感染布病的家畜达到百万头之多，造成的经济损失可达十几亿元。布鲁氏菌病不仅严重危害着人类健康，而且阻碍畜牧业及相关产业的健康发展，影响相关的进出口经济贸易。畜间布病疫情可以通过多种方式传染给人类，一旦畜间布病疫情暴发流行且人间、畜间防控措施落实不力，紧随其后的将是人群中布病疫情的发生或流行，有可能给人类带来生物灾难，严重危害公共卫生安全，影响社会稳定。同时，畜间布病疫情的流行造成大量牲畜被捕杀并无害化处理，畜产品供给量减少造成直接经济损失，畜产品品质、质量下降，行业国际竞争力下降，出口受阻，阻碍经济社会发展，人间布病疫情的流行严重阻碍旅游业、商贸等正常经济交往活动的进行，从多方面影响并阻碍了经济社会的正常健康发展[46]。

参 考 文 献

[1] 王华丽，王俊杰. 非洲猪瘟的流行趋势变化及综合防控. 中国动物保健，2023，25(4)：30-31.

[2] Zhou X T, Li N, Luo Y Z, et al. Emergence of African swine fever in China, 2018. Transboundary and Emerging Diseases, 2018, 65(6): 1482-1484.

[3] Beltrán-Alcrudo D, Arias M, Gallardo C, et al. 非洲猪瘟：发现与诊断−兽医指导手册. 联合国粮食及农业组织(FAO)《生产动物及卫生动物手册》第 19 册，罗马：联合国粮食及农业组织, 2018.

[4] 林瑞庆，孙炎戊，王新秋，等. 钝缘蜱在非洲猪瘟传播中的作用及其防控. 养猪，2018(6)：

6-8.
[5] 徐善之，田质高，陈飞. 非洲猪瘟的流行、诊断及综合防控. 畜牧兽医科技信息，2018, 494(2): 6-8.
[6] Costard S, Wieland B, de Glanville W, et al. African swine fever: How can global spread be prevented? Philosophical Transactions of the Royal Society B: Biological Sciences, 2009, 364(1530): 2683-2696.
[7] 卢劲晔，顾蓓蓓，卢炜，等. 浅析非洲猪瘟疫情分布、传播及防控对策. 农业开发与装备，2017, 10: 123-124.
[8] 王颖，缪发明，陈腾，等. 中国首例非洲猪瘟诊断研究. 病毒学报, 2018, 34(6): 817-821.
[9] 聂赟彬，乔娟. 非洲猪瘟发生对我国生猪产业发展的影响. 中国农业科技导报，2019, 21(1): 11-17.
[10] 中华人民共和国农业农村部，中华人民共和国海关总署. 中华人民共和国农业农村部 中华人民共和国海关总署第 256 号公告.（2020-07-03）. https://www.moa.gov.cn/govpublic/xmsyj/202007/t20200703_ 6347760.htm.
[11] 朱增勇，李梦希，张学彪. 非洲猪瘟对中国生猪市场和产业发展影响分析. 农业工程学报，2019, 35(18): 205-210.
[12] 中华人民共和国农业农村部. 7 月份第 4 周畜产品和饲料集贸市场价格情况.（2019-07-30）. http://www.moa.gov.cn/ztzl/nybrl/rlxx/201908/t20190801_6321877.htm.
[13] 胡向东，郭世娟. 疫情对生猪市场价格影响研究——兼析非洲猪瘟对产业冲击及应对策略. 价格理论与实践, 2018(12): 51-55.
[14] 邱玉涛，柯艳坤，龚海燕. 2021 年动物高致病性禽流感疫情的全球流行特征分析. 中国兽医杂志, 2022, 58(6): 1-8.
[15] Chen H L, Subbarao K, Swayne D, et al. Generation and evaluation of a high-growth reassortant H9N2 influenza A virus as a pandemic vaccine candidate. Vaccine, 2003, 21(17-18): 1974-1979.
[16] Guan Y, Smith G J. Genetic characterisation of H9N2 influenza viruses in southern China. Hong Kong Medical Journal, 2016, 22(3 Suppl 4): 4-6.
[17] 谭伟，徐倩，谢芝勋. 禽流感病毒研究概述. 基因组学与应用生物学, 2014, 33(1): 194-199.
[18] Sutton T C. The pandemic threat of emerging H5 and H7 avian influenza viruses. Viruses, 2018, 10(9): 461.
[19] 曹国锋. 高致病性禽流感的预防与控制. 当代畜禽养殖业, 2020(6): 30-31.
[20] 崔尚金. 我国禽流感的流行病学调查. 北京：中国农业科学院, 2005.
[21] Alexander D J, Brown I H. History of highly pathogenic avian influenza. Revue Scientifique et Technique-Office International Des Epizooties, 2009, 28(1): 19-38.
[22] 甘孟侯. 对高致病禽流感流行特点的认识与分析. 当代畜牧, 2004(3): 9-11.
[23] 黄泽颖. 我国肉鸡产业高致病性禽流感影响与防控的经济研究. 北京：中国农业科学院，2016.
[24] 于凯，佟强，吴铎. 蛋鸡高致病性禽流感的诊断与防控. 畜牧兽医科技信息, 2018(3): 52.

[25] 信息公开. 中华人民共和国农业农村部. [2022-06-06]http://www.moa.gov.cn.
[26] 潘舒心. 禽流感(H5+H7)重组杆状病毒载体三价灭活疫苗对家禽免疫效果研究. 北京: 中国农业科学院, 2021.
[27] 黄虹. 猪口蹄疫的流行与防控. 今日畜牧兽医, 2020, 36(3): 34.
[28] 高巧梅. 口蹄疫的流行特点与防控措施. 今日畜牧兽医, 2022, 38(12): 32-34.
[29] 谢庆阁. 口蹄疫. 北京: 中国农业出版社, 2004.
[30] 李夏莹, 郑鹭飞, 张秀杰, 等. 口蹄疫病毒研究进展. 中国畜牧兽医, 2015, 42(7): 1910-1916.
[31] 曹丽娟. 口蹄疫病毒非结构蛋白 2B、3A 对细胞凋亡的影响及干扰 3D 基因对病毒抑制的观察. 石河子: 石河子大学, 2015.
[32] Logan D, Abu-Ghazaleh R, Blakemore W, et al. Structure of a major immunogenic site on foot-and-mouth disease virus. Nature, 1993, 362(6420): 566-568.
[33] 刘在新. 全球口蹄疫防控技术及病原特性研究概观.中国农业科学, 2015, 48(17): 3547-3564.
[34] 王剑英. 俄罗斯与中国口蹄疫疫情的综合监测与预警. 上海: 上海大学, 2019.
[35] 裴小辉. 猪口蹄疫的危害及防控. 饲料博览, 2020(2): 70.
[36] 何元晨, 白瑜. 猪口蹄疫对猪肉食品安全的影响及控制措施. 当代畜牧, 2019(7): 68-70.
[37] 蔺国珍. 布鲁氏菌病 LAMP 检测方法的建立及双基因共表达分子疫苗研究. 北京: 中国农业科学院, 2012.
[38] 张海霞, 孙晓梅, 魏凯, 等. 布鲁氏菌病的研究进展. 山东农业大学学报(自然科学版), 2018, 49(3): 402-407.
[39] Staszkiewicz J, Lewis C M, Colville J, et al. Outbreak of *Brucella melitensis* among microbiology laboratory workers in a community hospital. Journal of Clinical Microbiology, 1991, 29(2): 287-290.
[40] Fiori P L, Mastrandrea S, Rappelli P, et al. Brucella abortus infection acquired in microbiology laboratories. Journal of Clinical Microbiology, 2000, 38(5): 2005-2006.
[41] 王根龙. 动物布鲁氏菌病临床症状及防控措施. 现代农业科技, 2011(7): 354, 359.
[42] 刘兆春. 布鲁氏菌病的临床诊断与防制. 现代畜牧兽医, 2005(5): 31.
[43] 姚红梅, 樊繁. 多措并举, 扎实推进羊只布鲁氏菌病净化工作. 中国动物保健, 2022, 24(12): 1-2.
[44] Dean A S, Crump L, Greter H, et al. Global burden of human brucellosis: a systematic review of disease frequency. PLoS Neglected Tropical Diseases, 2012, 6(10): e1865.
[45] 姜海, 阚飙. 我国布鲁氏菌病防控现状、进展及建议. 中华流行病学杂志, 2020, 41(9): 1424-1427.
[46] 王艺娟, 曾中华, 李顺芳. 动物布鲁氏病危害及防控措施. 中国畜禽种业, 2017, 13(4): 50-51.

第 7 章　重大突发动物疫情应急管理体系

近 30 年，有超过 75%的人类新发疾病源自动物源性病原体，除此之外，每年约有 200 万人死于被忽视的人畜共患病[1]。动物疫情由于传染性强、传播速度快、传播范围广等特点，不仅对畜牧业等相关行业造成重大的经济损失，而且对自然环境及人民的生命安全也造成极为严重的影响。尽管我国已经初步建立了应急管理体系，但必须清楚的是，现有的应急管理体系仍面临极为严峻的情形，再加上国际交流的进一步加大，同样也对我国的公共卫生工作提出了更高的要求，因此亟须借鉴其他国家经验来进一步完善动物疫情应急管理体系，以帮助政府、人民共同抵御危机，这也成为我国走向社会主义现代化强国一项必不可少的重要课题。

7.1　重大突发动物疫情应急预防体系

从时间上来看，“动物疫情的应急预防”是指在疫情对民众、畜牧业等造成实质影响前就地扼杀，避免进一步扩散蔓延，进而将疫情的损失降至最低。尽管动物疫情的暴发往往具有突发性，但综合来看，并不是无根之源，其暴发往往是病毒从感染到累积再最终暴发的过程[2]。因此如果能在疫情刚刚出现时就通过各类机制对其进行监测、预警并采取相应的举措，则可以在极大程度上降低损失。就应急的预防阶段来说，从流程上主要划分为疫情监测、应急报告与应急保障等举措，在具体执行过程中则需要根据动物疫情的严重性与特殊性采取不同的策略。

7.1.1　国外重大突发动物疫情应急预防体系

1. 美国

美国政府在应对动物疫情的应急管理中建立了多维度的全面联动合作，形成了全面的现代化、多层次应急管理网络。该应急管理系统由各机构共同参与，以美国农业部为主体，包括美国国土安全部、联邦调查局、卫生与公众服务部、能源部、环境保护局和应急管理局等[3]。此外，为提高监测预警能力，美国还建立了完整的应急管理组织架构。该组织架构包括各级动植物卫生检疫局，并设有分支机构，负责检测、预警和监测相关情况，控制动物传染类疾病。动物疫病应急指挥部是动植物卫生检疫局设立的专门机构，负责制定和执行动物疫病应急预案。

这些机构联动起来，实现了动物疫情应急管理体系的全方位、现代化、多层次的综合应急管理[3]。

2. 欧盟

欧盟委员会以欧盟国家管理体系框架为基础，针对动物疫情防控问题制定了共同的管理标准。欧洲食品安全局分析风险，在日常监测中实施快速反应机制控制风险，同时建立了动物疫病信息通报系统，将各国信息打通，并定期汇总上传至欧盟总部。该系统促进了欧盟成员国间的协同运作，提高了各国共同抵御风险的能力。此外，通报系统每年会发布年度报告，各国可据此对重点问题进行持续的跟进，为动物疫情的及时控制和防治提供保障[4]。

3. 英国

英国的动物疫情应急管理体制与其他国家不同，采用了以社区为基础的自下而上的管理体系。此外，英国的国家卫生服务体系构成了应急机制的框架，其应急管理主要依靠地方政府，对此地方政府成立了应急规划机构，负责日常预警和应急工作计划制定，以及危机发生后的应急培训。这些措施帮助英国建立了相对完整的动物疫情应急管理机制，确保了动物疫情的快速响应和及时控制。

4. 日本

与澳大利亚的地理环境相似，日本在动物疫情防疫方面也具有先天的优势。由于法律对动物、植物检疫的严格限制，该国对进口肉类保持较高警惕。在动物疫情的日常宣传中，政府在各类动物养殖基地通过海报、广播等多种途径向养殖户传递信息与知识，加强养殖户的防疫意识。此外，日本各府县之间加强合作，提高信息共享效率，以加强合作抗疫。这些措施共同构成了一套完整的动物防疫体系，帮助日本防范动物疫情的暴发[5]。

7.1.2　国内重大突发动物疫情应急预防体系

自 2005 年兽医管理体制改革以来，我国建立了中央、省、市、县四级的动物疫病预防控制机构和省、市、县三级的动物卫生监督机构，并分别设立畜牧兽医站和村级防疫员为基层提供支撑。此外，全国建立了 14 家国家兽医参考实验室、10 家专业实验室、3 家区域实验室，负责疫情最终诊断、标准品制备、技术研究等工作。这些机构分工明确，协作配合，共同构成了我国的动物疫病预防控制体系。同时，我国建立了突发动物疫情应急预防体系，为快速响应动物疫情提供支持[6]。这些措施保障了我国畜牧业生产的稳定和动物疫情的有效控制。

1. 我国突发动物疫情应急监测系统

我国建立了完整的动物疫情监测体系，包括国家疫情直报系统、国家疫情层级报告系统和动物疫情专业实验室报告系统三部分。国家疫情直报系统有省级动物疫病预防与控制中心、地方动物疫情测报站等机构，一旦发现疫情就直接向国家动物疫病预防与控制中心报告；国家疫情层级报告系统则由各地兽医行政主管部门组织动物疫情监测工作，一旦发现疫情，逐级上报到国家动物疫病预防与控制中心；动物疫情专业实验室报告系统则有国家参考实验室、区域性专业实验室和科研院校的动物疫病专业实验室等机构，一旦发现疫情信息就直接向农业农村部和国家动物疫病预防与控制中心报告。这些协同工作、密切联系的监测体系为我国疫情防控提供了有效的支持[7]。

2. 我国突发动物疫情应急报告制度

我国针对禽流感、布鲁氏菌病、肺结核等疾病制定了技术规范和方案，地方各级政府建立了强制免疫、监测预警、应急处置和区域管理等制度，明确了有关部门的职责，并建立了疫情报告制度。从图 7-1 可以看出，我国大型动物疫情报告流程较为详细：针对大型动物疫情报告流程，县级与市级兽医主管部门需立即到现场进行调查核实，确认后须在 2 小时内向省级兽医主管部门和同级人民政府报告。在疑似人畜共同患病时，还需向同级卫生主管部门报告。省级兽医主管部门应在疫情发生 1 小时内通知本级人民政府和国务院兽医主管部门。国务院兽医主管部门应在 4 小时内向国务院报告。这些规定和流程保障了疫情信息的及时报告和防疫控制工作的快速反应，有效防止了疫情的传播和扩散。

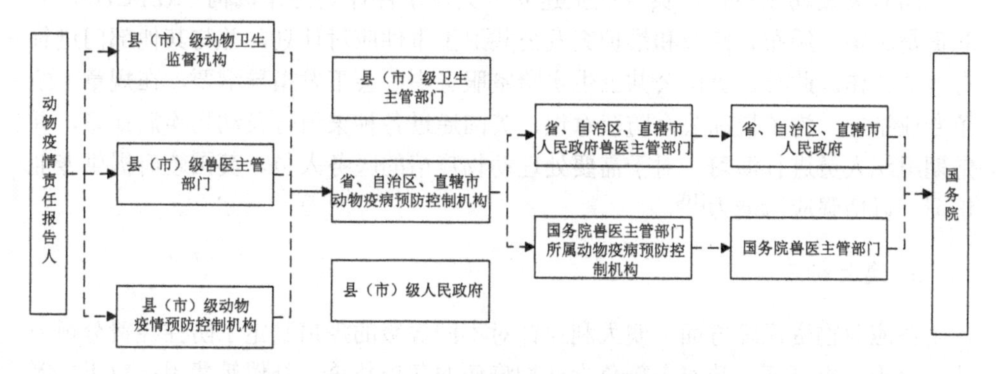

图 7-1　动物疫情处理报告流程[3]

7.2　重大突发动物疫情应急准备体系

应急准备体系是指为应对突发事件而建立的组织、预案、措施和培训等一系列措施。其意义在于减轻事故带来的伤害和损失。建立健全的应急准备体系可以在紧急情况下迅速、有序、高效地做出应对措施，有效保障人民群众生命财产安全，同时提高组织或个人应对突发事件的能力，减少不必要的损失和影响。

7.2.1　国外重大突发动物疫情应急准备体系

1. 美国

由于动物疫情暴发的突发性与紧急性，处置疫情所需物资、应急预案、相关法律不可能在短期内得到充分满足，因此，需要建立比较完备的应急准备体系。美国在这方面的举措有：①建立了以州为主、上下联动的应急物资管理体系[8]。②制定突发动物疫情相关法律，包括《国家突发事件管理系统(NIMS)》《联邦法典》《应急行动指南》等超过 90 部突发动物疫情相关法律。③重视公民应急教育和演练，并建立较为完善的疫情应急处理措施[9]。④建设应急预案。2000 年左右，美国针对各类动物疫情逐步建立了较为完善的动物疫病应急反应方案，《国家动物健康应急管理系统纲要》《疑似外来动物疫病或突发疫情的调查程序》等规定了禽流感、猪瘟等多种动物疫情的应急处理措施[9]。

2. 英国

面对突发动物疫情，英国主张建立“突发事件计划协作机构”(EPCU)，其职责是制定、颁布、修改和维护突发公共卫生事件应对计划，并与其他部门进行有效的合作。此外，英国公共卫生实验室服务中心会下发指导纲要，在规章上给予专业指导。为了提高公众防范意识，英国通过各种渠道普及动物疾病知识，并定期组织人员进行演习。对于需要处理动物疫情的医务人员，英国政府提供专业培训，以增强应对能力[10]。

3. 澳大利亚

在应急物资保障方面，澳大利亚针对不同等级的疫情制定了防控经费分摊办法：对于一类疫病，政府全额负责动物疫病的各项扑杀、补偿等费用；对于二类疫病，政府的补助比例就从 100%下降到 80%；对于三类疫病，则是下降到 50%；对于四类疫病，政府仅出资 20%。由于各项补助清晰明了，有效避免了重大疫病的瞒报与漏报[9]。针对专业人员队伍建设，澳大利亚建立了分类管理的体系，包括政府兽医、协会聘用兽医和私人执业兽医。

4. 日本

日本的《家畜传染病预防法》自 1951 年制定实施后，截至目前已修订超过 13 次，其中《实施细则》修订 158 次，极高的修订频率使得法律始终以现实背景为依托。针对疫情瞒报等问题，该法律规定了处以 3 年以下监禁或 100 万日元以下罚款的惩罚措施，并要求农场主在疫情环境下严格遵守防疫规定，否则将受到相应的惩罚[11]。

7.2.2　国内重大突发动物疫情应急准备体系

重大突发动物疫情应急准备机制是应急管理的重要工作，包括思想准备、组织准备、制度准备(包括应急预案、法律规范准备)、资源准备(包括经费、物资、基础设施和技术准备)[12]。

1. 我国重大突发动物疫情应急管理预案体系

目前我国已形成从国家到基层政府的较为全面、较为系统的重大动物疫情应急管理预案体系。按照不同的责任主体，我国重大动物疫情应急管理预案体系包括总体应急预案、专项应急预案、部门应急预案、地方应急预案、重大活动单项预案共 5 个层次(图 7-2)[12]。

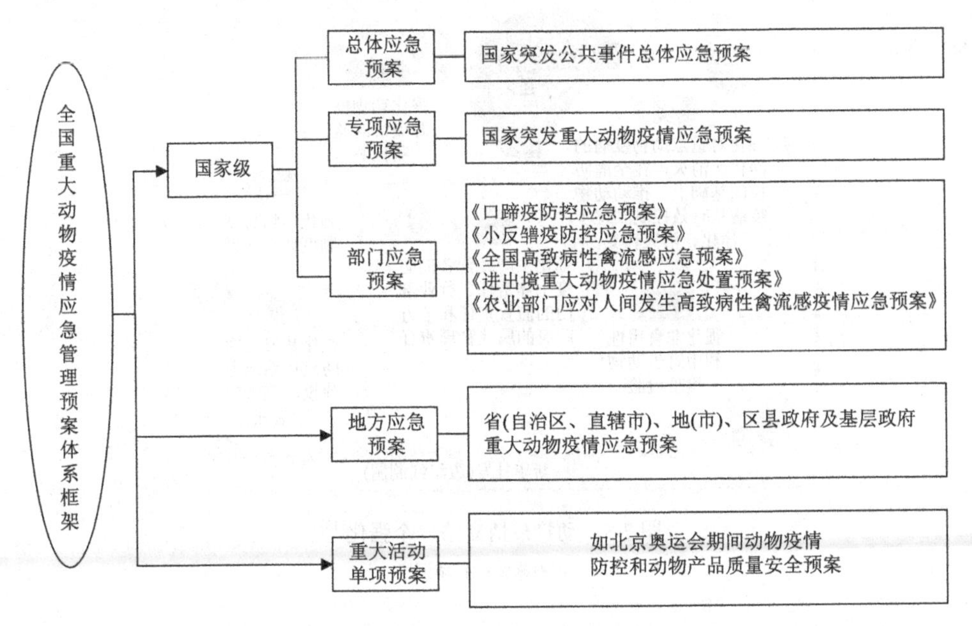

图 7-2　我国重大突发动物疫情应急管理预案体系框架[12]

2. 我国重大突发动物疫情法规建设

2007年第十届全国人民代表大会常务委员会第二十九次会议审议通过了《中华人民共和国突发事件应对法》，为我国重大动物疫情应急管理法律制度的建立奠定了基础。自2008年1月1日《中华人民共和国动物防疫法》修订实施以来，我国动物防疫的专业性与标准化程度不断提升，这对于保障动物养殖业的生产安全、动物源性食品安全、公共卫生安全和生态环境安全起到了重要的支撑作用。

2018年，《中华人民共和国动物防疫法》修正案列入立法计划，并形成了动物防疫法修订案草案，如图7-3所示。其中，《中华人民共和国进出境动植物检疫法》《中华人民共和国进出境动植物检疫法实施条例》《重大动物疫情应急条例》等法律法规的出台构成了我国重大动物疫情应急管理法律体系的主体框架。此外，卫生部门的一些法律法规如《中华人民共和国传染病防治法》《突发公共卫生事件应急条例》等，也对重大动物疫情应急管理活动有专业指导作用，从不同方面、特定领域建立健全了重大动物疫情应急管理法律体系[12]。同时，我国制定了《动物检疫管理办法》《畜禽标识和养殖档案管理办法》等相关法规，提供了动物防疫条件检查办法和特定动物疫病地区评价管理办法。

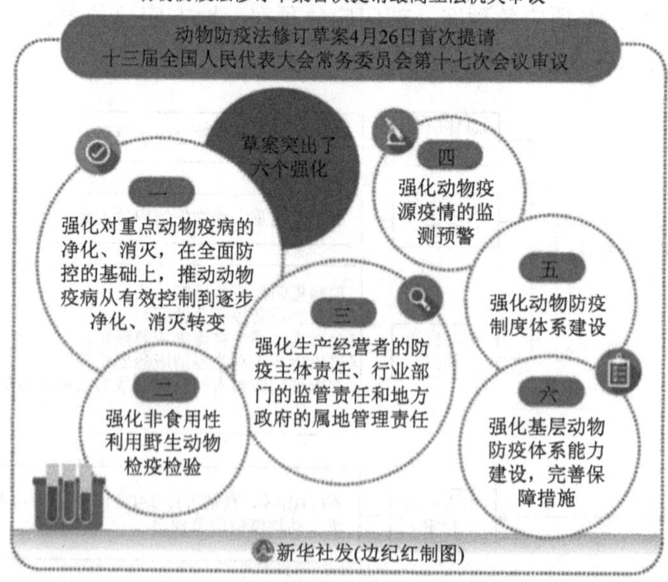

图7-3　动物疫情立法六个强化[13]

资料来源：新华网

3. 我国重大突发动物疫情应急资源准备

1) 基础设施的构建

从 1998 年起，国家先后通过一期、二期动物保护工程项目，共投资 52.1 亿元用以加强中央和地方动物疫情监测预警体系基础设施建设。经过多年努力，我国逐步完善了乡—县—市—省—国家五级动物疫情逐级报告系统，同时在全国各地建立了 304 个国家动物疫情测报站和 146 个边境动物疫情监测站，初步形成一个布局合理、层次分明、相互配合、功能完善、运转高效的动物疫病测报网络，为政府决策提供了良好的疫情数据支持，增强了对重大动物疫病的快速预防、监测、控制和扑灭的综合能力。

在科研机构建设方面，中央级兽医科研机构包括中国农业科学院及其 5 个所属研究所即哈尔滨兽医研究所、兰州兽医研究所、上海兽医研究所、北京畜牧兽医研究所和特产研究所；教育部所属的中国农业大学、南京农业大学、华中农业大学等大学的兽医院或动物医学院实验室；军事医学科学院所属的军事兽医研究所及农业农村部所属的 3 个国家级中心。几乎每个省(自治区、直辖市)都在其农业科学院内设有兽医研究所，在农业大学或综合性大学里设有兽医相关院系。另外，在中央级机构中设有多个国家兽医参考实验室和诊断实验室，其中口蹄疫和禽流感参考实验室还是世界动物卫生组织参考实验室。此外，我国还建成了多个防控基础物资支撑中心和储藏库，如国家动物疫病诊断液制备中心、国家防疫疫苗抗原储备库、国家动物血清库等。这些机构提供的科研支持和技术支持，促进了中国动物疾病防控工作的提升[12]。

2) 技术人才队伍储备

自 2005 年起，中央和地方政府逐步推进兽医管理体制改革，在国家和地方层面上建立健全了兽医管理工作体制和基层动物防疫机构。在国家层面上，成立了国家首席兽医师(官)和畜牧兽医局，并组建了 3 个国家级中心。在地方层面上，设立了兽医行政管理、动物卫生监督和动物疫病预防控制三类工作机构，还设立了乡镇兽医站和村级动物防疫员制度。此外，政府也加快了官方兽医和执业兽医制度建设，健全完善基层兽医队伍，强化兽医队伍能力建设。目前，全国“上下协调、制度完善、职责明确、运转高效”的动物疫病防疫监督组织体系已经基本形成，在应对突发重大动物疫情时，充分发挥这支队伍的作用，将为动物防疫监督及重大动物疫情应急管理提供坚强的组织保障[12]。

3) 应急物资准备

以河北省为例，《河北省重大动物疫情应急物资储备指导意见》要求，建立省、市、县三级物资储备，对重大动物疫情应急物资储备实行定量储备，其中，省级按同时发生 3 个疫点时的应急物资需求量储备，市级按区域内同时发生 2 个疫点时的应急物资需求量储备，县级按区域内发生 1 个疫点时的应急物资需求量储备。另外，明确了河北省重大动物疫情应急物资储备库的建设指导标准、河北省重大动物疫情应急物资储备指导标准[14]。

7.3 重大突发动物疫情应急响应体系

应急响应是指在动物疫情暴发后，依照相关规定及时启动提前制定好的应急预案，通过评估动物疫情级别采取相应的措施。在具体执行过程中，应急响应阶段主要可以分为：风险评估、启动应急预案、划分应急区域、封锁相关疫区、现场处置患病动物等。

7.3.1 国外重大突发动物疫情应急响应体系

1. 美国

美国应急管理的核心理念在于“所有危害因素管理包括危险物质事件、疾病暴发及自然灾害在内的所有突发事件的管理”。因此，动物疫情暴发以后，美国通过三级系统来对动物疫情进行响应，该系统包括：①CDC 联邦疾病控制与预防系统；②卫生资源和服务部（Health Resources and Services Administration, HRSA）（地区/州）医院应急准备系统；③美国地方性公共卫生机构（Metropolitan Medical Response System, MMRS）（地方）大都市医疗反应系统[10]。

通过地方执法部门、消防部门、自然灾害处理部门、医院、公共卫生机构及一线基层人员来对疫情进行各项处理，确保疫情能在尽可能短的时间内获得控制，避免疫情的进一步扩大而使联邦动用全国资源进行支援。

2. 欧盟

欧盟境内动物疫情暴发后，相应的疫情风险评估由欧洲食品安全局（EFSA）负责执行。评估主要分为三个阶段：申请阶段、评定阶段与采用阶段。第一阶段，欧洲食品安全局主要从欧盟委员会、欧盟成员国收集建议并明确执行过程中的职权、时限等要素。第二阶段，则会专门成立一个专家工作组，通过研究机构或公司提供的病原情况、传播媒介情况、易感人群暴露等信息形成一份意见稿并进行讨论。第三阶段，则是在意见稿审核通过后，确定风险评估效果。

3. 英国

为了在疫情暴发后及时响应，英国建立了“国民健康服务系统”（NHS），其中基本医疗委托机构（PCTs）是英国公共卫生应急系统的核心。该机构的职责主要是更新紧急应对计划，动员社区资源，支持 NHS 基础设施和医院建设，并与地区的公共卫生官员保持联络。英国动物疫情应急响应的另一大特色是通过招募志愿者加盟来帮助抵御前期资源短缺阶段，避免由人员短缺导致疫情的进一步扩散[15]。为了提高在疫情暴发后的组织协调能力，英国组建了民事突发事件秘书处，主要负责突发动物疫情暴发后的组织协调工作。

7.3.2 国内重大突发动物疫情应急响应体系

应急响应机制的核心是协调、高效，为了对重大动物疫情迅速做出反应，我国以《国家突发重大动物疫情应急预案》为依托，确立了重大动物疫情的分级响应机制。应急响应等级的判定是后续工作有序开展的前提，发生重大动物疫情时，事发地的县级以上人民政府及有关部门应按照分级响应原则对动物疫情做出应急响应。

1. 我国重大突发动物疫情应急响应策略

自改革开放以来，我国针对动物疫情的响应举措取得了长足的进步，形成了一套系统的与动物疫病相关的法律法规和一套具有实际意义的动物疫病响应体系，不仅极大遏制了疫情的进一步传播，还进一步总结经验，推动我国防治体系的完善。

在涉及具体处理疫情暴发的各项举措时，我国《重大动物疫情应急条例》基本明确了各项具体措施及各方责任。2005 年，该《重大动物疫情应急条例》依据《中华人民共和国动物防疫法》而制定，2017 年对该《重大动物疫情应急条例》进一步修订，重点突出动物疫情的三大特征，即“传染性极强”“传播速度极快”“危害性极大”。

《重大动物疫情应急条例》规定了以下内容。

1）应急管理机构

重大动物疫情发生后，国务院和有关地方人民政府设立的重大动物疫情应急指挥部统一领导、指挥重大动物疫情应急工作。

2）疫区分类标准

重大动物疫情发生后，县级以上地方人民政府兽医主管部门应当立即划定疫点、疫区和受威胁区，调查疫源，向本级人民政府提出启动重大动物疫情应急指挥系统、应急预案和对疫区实行封锁的建议，有关人民政府应当立即作出决定。

疫点、疫区和受威胁区的范围应按照不同动物疫病病种及其流行特点和危害程度划定，具体规定标准由国务院兽医主管部门制定。

国家对重大动物疫情应急处理实行分级管理，按照应急预案确定的疫情等级，由有关人民政府采取相应的应急控制措施。

3) 疫区处置措施

对疫区应当采取下列措施：①在疫区周围设置警示标志，在出入疫区的交通路口设置临时动物检疫消毒站，对出入的人员和车辆进行消毒；②扑杀并销毁染疫和疑似染疫动物及其同群动物，销毁染疫和疑似染疫的动物产品，对其他易感染的动物实行圈养或者在指定地点放养，役用动物限制在疫区内使役；③对易感染的动物进行监测，并按照国务院兽医主管部门的规定实施紧急免疫接种，必要时对易感染的动物进行扑杀；④关闭动物及动物产品交易市场，禁止动物进出疫区和动物产品运出疫区；⑤对动物圈舍、动物排泄物、垫料、污水和其他可能受污染的物品、场地，进行消毒或者无害化处理。

4) 免疫接种政策

我国动物疫病的防控政策更多的是采取自上而下的行政形式，其中强制免疫接种是防控动物疫病的一项重要措施。根据《中华人民共和国动物防疫法》，一类动物疫病必须实行强制免疫：通过县级以上人民政府的兽医主管部门组织实施，养殖单位和个人需要依法履行动物疫病强制免疫义务。当动物所有人不履行法定的免疫接种义务时，由动物卫生监督机构责令改正，给予警告，拒不改正的，则由动物卫生监督机构代作处理，处理费用由违法行为人承担。为使此政策受到实施主体的认同和配合，我国对强制免疫的费用和保障措施也进行了规定。

我国动物疫病防控政策中的强制免疫通过法律强制和财政支持得到了较好的执行。2009 年我国的强制免疫病种包括牲畜口蹄疫、高致病性禽流感、高致病性猪蓝耳病和猪瘟。国家采用集中免疫和程序免疫相结合的方式，达到了强制免疫的总体要求，包括群体免疫密度、免疫抗体合格率等[16]。中央财政对强制免疫的支持经费也有不断增加的趋势，强制免疫制度得到了养殖户的普遍认可。然而，近几年动物疫病十分复杂，养殖风险越来越大，广大养殖户迫切希望对猪链球菌病、猪伪狂犬病、猪细小病毒病、猪乙型脑炎、鸡新城疫、鸭病毒性肝炎等常见多发动物疫病也实行强制免疫[17,18]。

5) 确认疫区病毒是否完全消除

自疫区内最后一头(只)发病动物及其同群动物处理完毕起，经过一个潜伏期以上的监测，未出现新的病例的，彻底消毒后，经上一级动物防疫监督机构验收合格，由原发布封锁令的人民政府宣布解除封锁，撤销疫区；由原批准机关撤销在该疫区设立的临时动物检疫消毒站。

2. 我国重大突发动物疫情应急响应级别划分

根据我国现行法律制度，政府和有关部门可以根据突发性重大动物疫情的性质、危害和范围，将突发性重大动物疫情分为四级：特殊(一级)、重大(二级)、大型(三级)和一般(四级)。

7.4　重大突发动物疫情应急修复体系

疫情暴发后，要采取遏制疫情蔓延的措施，而在疫情结束后，如何恢复涉疫地区的稳定性也同样重要，其中应急修复阶段主要包括灾害补偿、恢复生产等。

7.4.1　国外重大突发动物疫情应急修复体系

1. 美国

美国的恢复重建机制可分为生产援助机制和扑杀补偿机制两部分。其中生产援助机制是维护养殖业主的生产信心和养殖业发展的重要保障。扑杀补偿机制有利于及时报告、发现和处置疫情，也为恢复生产打下良好基础。美国对重大动物疫病的扑杀补偿和生产援助包括三方面：①支付因采取强制免疫措施而产生的费用；②扑杀动物损失的费用；③对生产的资助、对行业和从业者的补贴。美国还建立了“防治基金+政策性农业保险+市场支持”的重大动物疫病损失补偿方案。其中防治基金主要由养殖户缴纳，政策性农业保险则由联邦农业保险公司和私营保险公司执行。政府通过多种方式给予相关扶持，如保费补贴、再保险、业务费用补贴和免税政策。加入农险计划的私营保险公司可享受 1%～4%的营业税，政府还通过市场支持等方式提高畜禽产品的价格。这些政策都有助于控制和减轻养殖业损失，维护养殖业发展[12]。

2. 欧盟

欧洲在经历了疯牛病、禽流感、口蹄疫等众多重大动物疫情后，逐渐建立了以“防控基金+市场支持”模式为核心内容的扑杀补偿机制，以德国和丹麦为典型代表。欧盟各成员国均建立了动物疫病防治基金，扑杀补偿经费由各成员国国家财政和动物疫病防治基金共同承担，承担比例在各成员国有所差别。动物疫病防治基金一般由政府、兽医主管部门和养殖户代表组成的基金理事会负责管理。在此基础上，欧盟制定的“共同农业政策”(Common Agricultural Policy, CAP) 也在扑杀补偿机制中发挥了重要的作用：由欧盟及其成员国共同承担补偿金额，一般由欧盟支付 60%～70%的财政补贴[12]。而在具体的补偿金额上，欧盟各成员国均设置了最高补偿限额，但其在各成员国内部有所不同。

3. 日本

日本《防疫法》规定对扑杀的禽畜及防疫过程中产生的费用进行补偿，包括国家对屠宰的家畜的补贴、扑杀和处置的费用、差旅费、评估人员的补贴、购置相关无害化处理药品的费用等。2013 年日本发生高致病性禽流感疫情后，为了保障养殖业的健康持续发展，除了对扑杀的禽畜及处置和运输费用支付了 8.36 亿日元的直接经济补偿外，还在养殖业后续恢复过程中采取了利息补贴、干预收购、出口补贴、税收优惠等的财政援助政策，共计投入 63.78 亿日元，约占间接经济损失的 64%[11]。

4. 加拿大

为应对重大动物疫情，加拿大构建了以“国家行政补偿”模式为核心的扑杀补偿机制。在法律层面，加拿大联邦政府颁布了《动物卫生法》，其确定了疫情防控的基本方针和原则，但并未规定补偿主体、补偿标准、补偿范围等内容。因此，联邦政府制定了《动物扑杀补偿条例》及各省的地方性法规来确定具体的补偿实施细节。另外，加拿大还针对个别重大动物疫病进行单独立法，包括《炭疽补偿条例》《狂犬病补偿条例》等。其中《动物扑杀补偿条例》根据补偿对象将补偿标准分为以下两类：①被扑杀禽畜的补偿标准。加拿大联邦政府实行的补偿价格根据禽畜被扑杀时的市场价格进行柔性调节。②运输及处置费用的补偿标准。在运输及处置费用方面，该条例同样规定了运输、消毒等不同费用的最高补偿金额[19]。

7.4.2　国内重大突发动物疫情应急修复体系

根据《中华人民共和国动物防疫法》及《国家突发重大动物疫情应急预案》，恢复与重建是疫情控制扑灭后消除影响和恢复秩序的工作，包括损失评估补偿、生产恢复、心理干预、奖励问责和总结经验教训等工作。灾害补偿主要是指对因重大动物疫情扑灭工作而遭受损失的生产者，按照程序进行补偿；而生产恢复则主要是指对取消限制性措施及重新引进动物、恢复畜牧业生产的一系列具体规定[6,12]。

1. 我国扑杀补偿机制

动物疫情扑杀净化是防控公共卫生安全的关键手段，而补偿机制则能够减轻养殖企业和养殖户的经济损失，同时也能够促进养殖企业的配合和动物疫情防控。《中华人民共和国动物防疫法》中规定，在动物疫情防控工作中，被强制消杀和净化的畜牧及相关产品，各地区人民应当按照国家有关部门制定的补偿标准进行补偿。表 7-1 为我国动物疫病防控部分财政支持政策。相应地，补偿经费作为重大动物疫情应急防控经费纳入财政预算[14,19,20]。目前我国关于扑杀补偿方面的法律仅有《中华人民共和国动物防疫法》，其他多以行政法规及文件形式存在，如《重大动物疫情应急条例》《高致病性禽流感防治经费管理暂行办法》《全国高致病性禽流感应急预案》《病死及死因不明动物处置办法(试行)》等。因此，在应对重大动物疫情的公共危机防控中，加强和完善扑杀补偿机制是非常必要的。

表 7-1　我国动物疫病防控部分财政支持政策[14]

支持政策	补助范围	经费
强制免疫补助	小反刍兽疫、高致病性禽流感、口蹄疫等	中央财政经费各省包干使用，各省市自行安排省级财政经费。平均测算标准为：禽 15 元/羽、猪 800 元/头、羊 500 元/只、肉牛 3000 元/头等，各省市自行细化安排
强制扑杀补助	H7N9 流感、结核病、口蹄疫、高致病性禽流感、小反刍兽疫等	中央财政对东、中、西部地区的补助比例分别为 40%、60%、80%，对新疆和中央直属垦区的补助比例为 100%
养殖环节无害化处理补助	畜禽在无害化养殖环节发生的费用	中央财政经费各省包干使用

2. 我国动物疫情恢复机制

生产的恢复重建是疫后应急管理工作的核心内容，是生产得以持续、养殖农户生产信心得以维持的重要保障。重大动物疫情应急管理的灾后生产恢复工作直接影响农户生产积极性及疫病发生时是否报告疫情、是否防疫、病死动物的处理等行为[21]。因此，重大动物疫情疫后恢复工作非常重要[7]。以非洲猪瘟疫情下的生产恢复支持政策为例，由于养殖户是生猪生产的主体，在疫情冲击与疫情管控下遭受的经济损失较为严重，因此国家对养殖户进行疫情损失补偿、政策补贴、专家指导和技术培训等一系列支持。全国各省(自治区、直辖市)均已出台促进生猪养殖户生产恢复文件，各地政府根据本地特点也相继从基建、财政补贴、金融保险、养殖用地、环保、运输、技术服务等多方面出台了一系列扶持政策，加大对生猪养殖支持力度，设立生产恢复目标，以激励疫情冲击下养殖户生产恢复，提高本地区生产恢复程度[22]。

总体来说，针对养殖户(场)，动物疫情冲击下的政府支持政策主要分为四部分：一是弥补养殖户在疫情中遭受的经济损失的补偿型政策；二是为促进养殖户生产恢复而提出的一系列补贴型政策；三是疫情和疫后生产恢复相关的专家指导型政策；四是疫情防控和生产恢复等与畜牧养殖相关的技术培训服务，即技术培训型政策[23]。

3. 心理干预指导

动物疫情发生后，疫情的不确定性、风险和压力等因素易导致人们的心理健康出现问题。因此，动物疫情恢复机制应包括心理干预指导，以帮助人们应对心理压力。心理干预指导的目标是帮助受影响的人员了解动物疫情情况和控制措施，提供专业的心理服务和辅导，缓解心理压力和调整情绪，提高公众对动物疫情的认知和应对能力。这不仅可以减轻恐惧和不确定性，帮助人们恢复心理平衡，还能促进社会稳定和恢复。

4. 总结经验教训

总结经验教训即是针对已经得到控制的危机进行有效的重建与恢复工作，积累应急管理经验，为后续危机管理工作提供依据，防止重蹈覆辙。2018 年 8 月，在沈阳市沈北新区暴发的非洲猪瘟疫情事件中，沈阳市委、市政府高度重视，并且全市共设立 96 个以上县界临时消毒检查站，采取一系列措施控制疫情，取得了较好的防控效果。其中，防控方略得当、责任分工明确、监管力度得当、宣传工作到位是成功的关键。此次防控工作取得显著成效，但也应该清楚地认识到其中尚有不足之处：一是尚未建立疫情应急管理的常态机构；二是应急物资储备不足；三是应急恢复工作有待加强。这些都是此次工作留下的教训，在今后沈阳市重大动物疫情应急管理工作中需要规避[24]。

参 考 文 献

[1] 佚名. 联合国：每年约 200 万人死于人畜共患病 新冠疫情不会是最后一次大流行. 联合国新闻. (2020-07-06). https://news.un.org/zh/story/2020/07/1061381.
[2] 崔运武. 完善我国重大疫情预防和预警机制研究——基于国家治理现代化的要求对疫情初期应对的分析. 云南行政学院学报, 2021, 23(1): 135-143, 2.
[3] 杨莉. 西安市突发动物疫情应急管理的问题研究. 西安: 西北大学, 2015.
[4] 张振岚. 南京市动物疫病预防控制体系的建设. 南京: 南京农业大学, 2004.
[5] Yasukura K. 请别忘记出入日本时的“动物检疫”. 日本公共关系政府办公室. [2022-03-22]. https://www. gov-online.go.jp/eng/publicity/book/hlj/html/201812/201812_09_ch.html.
[6] 陈伟生, 张淼洁, 王志刚. 加强我国动物疫病预防控制体系建设的对策建议. 中国科学院院刊, 2020, 35(11): 1384-1389.
[7] 闫振宇. 基于风险沟通的重大动物疫情应急管理完善研究. 武汉: 华中农业大学, 2012.
[8] 王晨, 邹丹丹, 赵娟, 等. 突发公共卫生事件应急物资准备的研究——以新冠肺炎疫情为视角. 中国农村卫生事业管理, 2021, 41(3): 160-165.
[9] 刘涛. 绵阳市重大动物疫情应急管理体系存在问题及对策研究. 成都: 电子科技大学, 2019.
[10] 杨永苗. 我国重大动物疫病防控的应急机制研究. 上海: 上海交通大学, 2007.
[11] 陈焱. 内蒙古动物疫病防控问题研究. 呼和浩特: 内蒙古大学, 2016.
[12] 吴胜. 我国重大动物疫情应急管理研究. 北京: 中国人民解放军军事医学科学院, 2014.
[13] 施歌. 动物防疫法修订草案首次提请最高立法机关审议. 新华网. (2020-04-26). http://www.xinhuanet. com/politics/2020-04/26/c_1125908687.htm.
[14] 侯文博. 动物疫情公共危机防控问题和对策分析——以非洲猪瘟为例. 南京: 南京师范大

学, 2021.
[15] 徐丽荣. 完善动物检疫加强疫病防治探究. 广东蚕业, 2021, 55(8): 57-58.
[16] 林春斌, 徐轩郴. 重大动物疫病强制免疫政策及技术要点. 江西畜牧兽医杂志, 2013(5): 45-47.
[17] 龙新. 强化应急准备 提高疫病防控能力. 中国畜牧兽医报, 2009-09-13(001).
[18] 新华网. 国家突发重大动物疫情应急预案. (2006-02-27). http://www.gov.cn/yjgl/2006-02/27/content_ 21273.htm.
[19] 方明旺. 国内外重大动物疫情扑杀补偿机制研究. 郑州: 郑州大学, 2016.
[20] 姚晚春. 疫情补偿政策对养殖户防控行为影响研究——基于宁夏中卫市禽流感疫区的调研. 咸阳: 西北农林科技大学, 2017.
[21] 闫振宇, 陶建平, 徐家鹏. 养殖农户报告动物疫情行为意愿及影响因素分析——以湖北地区养殖农户为例. 中国农业大学学报, 2012, 17(3): 185-191.
[22] 中华人民共和国中央人民政府. 农业农村部关于印发《非洲猪瘟等重大动物疫病分区防控工作方案(试行)》的通知. (2021-04-16). http://www.gov.cn/zhengce/zhengceku/2021-04/22/content_5601271. htm.
[23] 徐戈. 养殖户生产恢复力测度及其对疫后生产恢复的影响研究——以非洲猪瘟为例. 咸阳: 西北农林科技大学, 2022.
[24] 王柏力. 沈阳市重大动物疫情应急管理研究——以非洲猪瘟疫情防控为例. 沈阳: 东北大学, 2020.

第 8 章　重大突发动物疫情应急管理模型与方法

重大突发动物疫情的扩散路径是制定动物疫情防控策略时考虑的重要因素，可以通过演化分析和监测预警更好地掌握和研判疫情发展。风险评估可以探究不同扩散路径对防控策略的影响，进而选择最优的策略来应对。社会信任修复策略可以提高社会对防控策略的认可度和合理性，提高大众对动物防控行动的支持度。大数据技术通过数据的采集、汇总、分析和展示等方式，使动物疫情防控的决策和应对更加科学和高效。这些防控措施和技术手段的配合实施，有助于我国各省动物疫病防控部门尽早掌握动物疫情的暴发趋势，在高风险地区及时采取有效的防控措施，从而最大限度地降低动物疫情带来的经济损失。

8.1　重大突发动物疫情扩散演化模型

动物疫情扩散研究中广泛使用传染病动力学模型，该类模型通过数学分析和模拟预测疾病发展变化趋势和原因，进而为预防和控制提供理论依据[1]。在我国，*Brucella melitensis* 和 *Brucella abortus* 是造成布鲁氏菌病的两种主要的病原体，并以牛、羊群体为布鲁氏菌病宿主[2]。基于此，中国医科大学彭理以 SEIR 模型为基础，构建了布鲁氏菌病扩散演化的微分动力学模型[3]。

该模型中的假设条件如下：

(1) 人或牛、羊都可以通过接触患病动物或暴露于被布鲁氏菌污染的环境而被感染。

(2) 在本模型中忽略人传人的传播途径。

(3) 成年羊、牛易受 *B. melitensis* 和 *B. abortus* 感染，6 个月以下幼龄动物相对不易感，但存在潜在感染以及向外界环境排出细菌的可能，而模型将对 6 月龄之后的羊、牛进行免疫接种[4]。

(4) 模型假设人一旦被感染会立即寻求治疗。

(5) 处于潜伏期的布鲁氏菌病一般难以检测，目前没有研究证明处于感染潜伏期的动物具有传染性。

(6) 假设牛群、羊群之间布鲁氏菌病不存在交叉感染，*B. abortus* 只在牛群内传播，*B. melitensis* 只在羊群内传播。因此，建立两种微分动力学模型。模型 A 假设暴露后潜伏感染的牛、羊不具有传染性，但是可以将细菌排到环境中；模型 B 假设暴露后潜伏感染的牛、羊具有传染性，同时可以将细菌排到环境中。

基于上述假设，模型将羊群分为易感染幼羊（S_{ys}）、暴露后潜伏感染的幼羊（E_{ys}）、易感染成年羊（S_{as}）、暴露后潜伏感染的成年羊（E_{as}）、具有传染性的羊（I_s）和接受疫苗免疫后具有免疫力的羊（V_s）；牛群分为易感染幼牛（S_{yc}）、暴露后潜伏感染的幼牛（E_{yc}）、易感染成年牛（S_{ac}）、暴露后潜伏感染的成年牛（E_{ac}）、具有传染性的牛（I_c）和接受疫苗免疫后具有免疫力的牛（V_c）；人群分为易感染者（S_h）、急性布鲁氏菌病患者（I_{ah}）和慢性布鲁氏菌病患者（I_{ch}）；W_s 和 W_c 分别代表感染的羊、牛群体向环境中排出 *B. melitensis* 和 *B. abortus* 的数量[3]。

模型中布鲁氏菌病的传播速率参数在幼龄/成年牛、羊及人类中不同，β 代表布鲁氏菌病的传播速率，参数 ε 和 ρ 为幼龄牛、羊和人类中传播速率 β 的比例因子。在模型 A 中，$\theta_s S_{ys}$ 的幼羊离开易感染幼羊群体（S_{ys}）进入易感染成年羊群体（S_{as}），如果易感染幼羊和易感染成年羊得到一定程度的保护（U_1），则 $\beta_s S_{as}(I_s+W_s)(1-U_1)$ 的易感染成年羊（S_{as}）、$\varepsilon_s\beta_s S_{ys}(I_s+W_s)(1-U_1)$ 的易感染幼龄羊（S_{ys}）会由于接触具有传染性的羊（I_c）或者暴露于环境中的布鲁氏菌病原体（W_s）而感染。$c_s v_s S_{as}$ 为易感染成年羊中接受疫苗免疫并且具有免疫力的羊群（V_s），由于疫苗提供的保护力具有时限性，有 $\gamma_s V_s$ 的免疫羊群失去免疫效力再次变成易感染羊群（S_{as}）。经过 $\dfrac{1}{\delta}$ 的潜伏期，$\delta_s E_{as}$ 的暴露后潜伏感染羊群开始具有传染性。暴露后处于潜伏期的幼羊（E_{ys}）、成年羊（E_{as}）和具有传染性的羊（I_s）向环境中排出 $\kappa_s(E_{ys}+E_{as}+I_s)$ 的 *B. melitensis*，$(\lambda_s+\eta\tau)W_s$ 的 *B. melitensis* 由于在环境中有限的存活时间或者人为对环境进行消毒的处理而消失。对于牛群而言，牛群中布鲁氏菌病的传播动力学与羊群中相同，暴露后潜伏感染的幼牛（E_{yc}）、成年牛（E_{ac}）和具有传染性的牛（I_c）可以向环境中排出 $\kappa_c(E_{yc}+E_{ac}+I_c)$ 的 *B. abortus*。对于人群而言，易感染人群（S_h）接触具有传染性的牛、羊或者暴露于环境中的 *B. melitensis* 或 *B. abortus* 而被感染。我国近 90%的布鲁氏菌病与羊种菌有关[5]，如果对易感染者加以一定程度的保护（U_2），人群中约有 $0.9\rho_s\beta_s S_h(I_s+W_s)(1-U_2)+0.1\rho_c\beta_c S_h(I_c+W_c)(1-U_2)$ 感染布鲁氏菌病，其中 σI_{ah} 的急性布鲁氏菌病患者发展为慢性布鲁氏菌病，ξI_{ah} 的急性布鲁氏菌病患者被治愈。模型 B 的传播原理与模型 A 相同，区别在于模型 B 假设暴露后潜伏感染的成年牛（E_{ac}）和暴露后潜伏感染的成年羊（E_{as}）能够传染易感染牛、羊及易感染人类，同时具有向外环境排出病原体的能力。图 8-1 为模型 A 与模型 B 的布鲁氏菌病的传播动力学模型，模型中所需参数列于表 8-1 中。

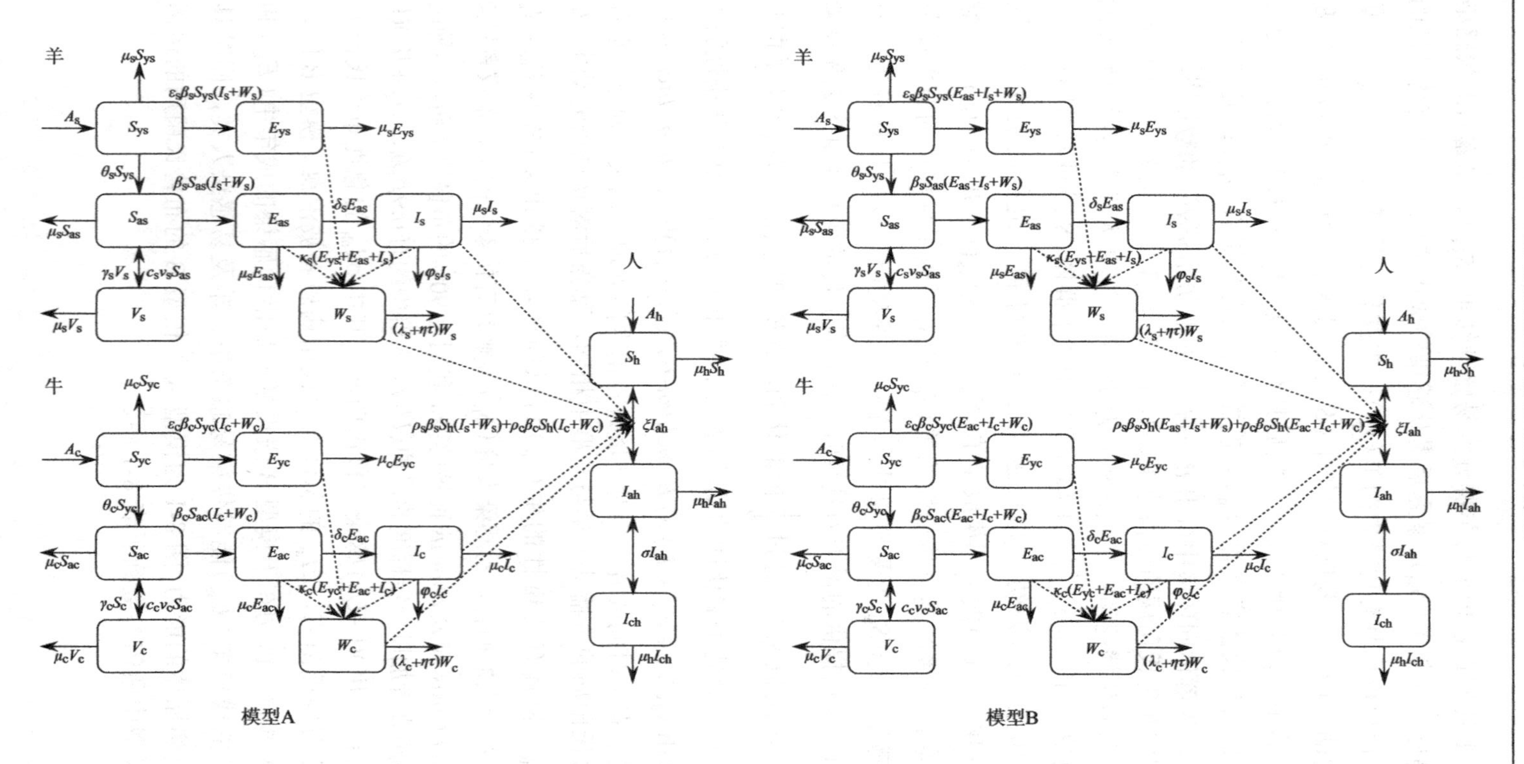

图 8-1 布鲁氏菌病在羊群、牛群及人群中的传播动力学模型[3]

表 8-1　微分动力学方程组参数及其解释

参数	解释
A_s	新引入的羊群
β_s	*B. melitensis* 传播速率
μ_s	羊群内死亡率
φ_s	羊群内康复率
θ_s	幼羊-成羊转化率
δ_s	羊群暴露后潜伏感染-表现传染性转化率
ε_s	羔羊 *B. melitensis* 传播速率比例因子
c_s	羊群疫苗免疫覆盖范围
ν_s	羊群疫苗有效性
κ_s	*B. melitensis* 排出率
λ_s	*B. melitensis* 自然消失速率
γ_s	羊群失去疫苗免疫保护
A_c	新引入的牛群
β_c	*B. abortus* 传播速率
μ_c	牛群内死亡率
φ_c	牛群内康复率
θ_c	幼牛-成牛转化率
δ_c	牛群暴露后潜伏感染-表现传染性转化率
ε_c	牛犊 *B. abortus* 传播速率比例因子
c_c	牛群疫苗免疫覆盖范围
ν_c	牛群疫苗有效性
κ_c	*B. abortus* 排出率
λ_c	*B. abortus* 自然消失速率
γ_c	牛群失去疫苗免疫保护
η	环境消毒次数
τ	有效消毒率
ρ_s	人群感染 *B. melitensis* 传播速率比例因子
ρ_c	人群感染 *B. abortus* 传播速率比例因子
A_h	人群出生率
μ_h	人群自然死亡率
ξ	患者治愈率
σ	急性期-慢性期转化率
U_1	易感染牛、羊保护措施
U_2	易感染人群保护措施

8.2 重大突发动物疫情监测预警模型

1982年，邓聚龙教授首次提出了灰色系统理论，这是一种综合的预测方法，仅需少量的样本即可进行预测。该理论起源于邓教授从事的控制理论和模糊系统的研究，由于尝试使用概率统计和时间序列模型对粮食进行预测之后发现这些模型并不完全适用。最终，邓教授选择使用微分方程模型对历史数据进行加工，并发现累加生成曲线近似为指数增长曲线。在此基础上，邓教授进一步研究了离散函数的光滑性、微分方程的背景值和内射性等基本问题，定义了指数集拓扑空间的灰倒数，解决了微分方程的建模问题。从其建模中可以看出，单序列差分模型具有良好的拟合和外推特性，所需的最小数据量仅为 4，非常适合预测。邓教授首先获得了基于单序列 GM(1,1) 微分方程的多种灰色预测方法，即将 GM(1,1) 模型渗透到态势决策和经典运筹学规划中，建立灰色决策，包括建立的关联度和关联空间，这样就形成了以控制为主要内容的系统分析、信息处理(生成)、建模、预测和决策的灰色系统理论，而后续该理论被进一步拓展，广泛应用到各个领域[6]。

8.2.1 灰色 GM(1,1) 模型原理

灰色预测模型用于识别系统要素之间的发展趋势，生成并处理原始数据，找出系统变化规律，生成规则的数据序列，最后建立相应的微分方程模型来预测未来的发展趋势。它是一种介于白色和黑色系统之间的模型，因为其中的一部分信息已知，而另一部分信息未知，产生了不确定性关系。通过对原始数据的整理，这个模型尝试寻找内在的规律，经过生成可以减弱序列的随机性，从而显示出规律性。常用的数据生成方法包括累加生成、累减生成和加权累加生成。这个模型适用于在一定程度上已知系统要素的情况，并可以为未来趋势预测提供支持。

例如，早期邓教授研究的累加生成曲线可表示为

$$
\begin{aligned}
x^1(1) &= x^0(1) \\
x^1(2) &= x^0(1) + x^0(2) \\
x^1(3) &= x^0(1) + x^0(2) + x^0(3) \\
&\cdots\cdots \\
x^1(n) &= x^0(1) + x^0(2) + \cdots + x^0(n)
\end{aligned}
\tag{8.1}
$$

灰色模型的一般表达式为 GM(n,x) 模型，即 x 变量由 n 阶微分方程建模。基于 GM(1,1) 模型的一阶微分特征，通过对随机原始时间序列进行逐步累加处理，验证了一阶线性微分方程的解近似揭示了原始时间序列的指数增长规律。因此，当原始时间序列隐含指数变化规律时，灰色 GM(1,1) 模型的预测是非常成功的。

GM(1,1)模型的建模步骤如下[7]。

1. 数据预处理

首先需要对原始数据 $x(0)=(x_0(1),x_0(2),\cdots,x_0(n))$ 进行处理，通过计算原始数列的级比来判断是否所有级比均落在 $X=(\mathrm{e}^{\frac{-2}{n+1}},\mathrm{e}^{\frac{2}{n+1}})$ 内，其中级比的计算公式为 $\lambda(k)=\dfrac{x^{(0)}(k-1)}{x^{(0)}(k)},k=2,3,\cdots,n$，若级比均落在 X 区间内，则可直接利用此数据进行灰色预测，否则需要对数据进行变换处理。

2. 构建一阶微分方程

在确认原始数据通过检验，可做灰色预测后，首先通过式(8.2)累加生成新的序列 $x^{(1)}(t)$。

$$X^{(1)}(t)=\sum_{i=1}^{t}x^{(0)}(t) \tag{8.2}$$

随后构建包含发展灰数 a 和内控制灰数 μ 的待估计参数向量 $\hat{\phi}=\begin{pmatrix}a\\\mu\end{pmatrix}$。

3. 参数估计

利用最小二乘法对待估计参数向量进行估计，得参数向量 $\hat{\phi}=(B^{\mathrm{T}}B)^{-1}B^{\mathrm{T}}Y$，式中 Y 和 B 如式(8.3)和式(8.4)所示，其中 N 为用于观测的观测值个数：

$$Y=\begin{pmatrix}x^{(0)}(2)\\\vdots\\x^{(0)}(N)\end{pmatrix} \tag{8.3}$$

$$B=\begin{pmatrix}-\dfrac{1}{2}[x^{(1)}(2)+x^{(1)}(1)] & 1\\\vdots & \vdots\\-\dfrac{1}{2}[x^{(1)}(N)+x^{(1)}(N-1)] & 1\end{pmatrix} \tag{8.4}$$

4. 还原预测值

由于 $x^{(1)}(t+1)$ 是生成序列的预测结果，需要进行累减还原才能得到 $x^{(0)}(t+1)$，如式(8.5)和式(8.6)所示。

$$x^{(1)}(t+1)=\left[x^{(0)}(1)-\frac{u}{a}\right]\mathrm{e}^{-at}+\frac{u}{a}\qquad t=1,2,\cdots,N \tag{8.5}$$

$$x^{(0)}(t+1)=x^{(0)}(t+1)-x^{(1)}(t) \tag{8.6}$$

5. 模型的检验

为提高所建立的灰色预测模型的准确性与可靠性，采用后验差检验进行精度检验。后验差检验法中 2 个重要的指标分别为后验差比值 C 和小误差概率 p。

$$C=\frac{S_2}{S_1} \tag{8.7}$$

$$p=\{p\,\|\,\varepsilon(i)-\bar{\varepsilon}\,|>0.674\,5S_1\},\quad i=2,3,\cdots,N \tag{8.8}$$

式(8.7)和式(8.8)中，S_1 为原始序列 $x^{(0)}$ 的标准差；S_2 为残差标准差；ε 为残差。灰色预测模型的精度检验等级参照表如表 8-2 所示。

表 8-2　灰色预测模型精度检验等级参照表[7]

模型精度等级	C	p
1 级(好)	$C\leqslant 0.35$	$0.95\leqslant p$
2 级(合格)	$0.35<C\leqslant 0.50$	$0.80\leqslant p<0.95$
3 级(勉强)	$0.50<C\leqslant 0.65$	$0.70\leqslant p<0.80$
4 级(不合格)	$C>0.65$	$p<0.70$

注：C 为后验差比值；p 为小误差概率。

8.2.2　灰色 GM(1,1)模型应用

栾培贤等[7]以贵州每月新发生猪瘟次数数据作为原始数据来对 2009 年猪瘟每月新发生次数进行预测，其中时间跨度为 48 个月(2005 年 1 月 1 日～2008 年 12 月)。以这 48 个月的数据作为原始数据进行预测，对照 2009 年真实数据来验证所建立模型的准确性。其中 2005 年 1 月～2008 年 12 月贵州新发生猪瘟次数如图 8-2 所示。

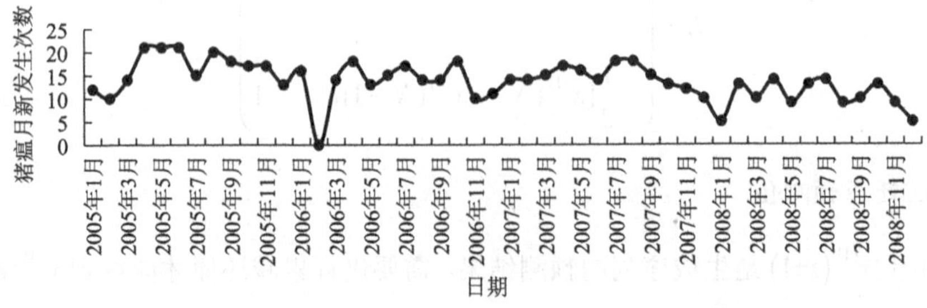

图 8-2　2005 年 1 月～2008 年 12 月贵州新发生猪瘟次数

资料来源：中华人民共和国农业农村部发布的《兽医公报》[8]

1) 参数估计

按照上述灰色预测模型的操作步骤，使用最小二乘法对模型参数进行估计，参数结果见表 8-3。猪瘟每月新增次数灰色预测表达式为

$$\hat{x}^{(1)}(t+1)=\left[x^{(0)}(1)-\frac{u}{a}\right]\mathrm{e}^{at}+\frac{u}{a} \tag{8.9}$$

表 8-3　猪瘟月新发生次数灰色参数估计结果和模型精度等级[7]

月份	a	μ	C	p	模型精度
1	0.028	17.170	0.21	1	一级
2	0.031	17.458	0.21	1	一级
3	0.035	17.665	0.21	1	一级
4	0.033	16.861	0.21	1	一级
5	0.031	16.175	0.22	1	一级
6	0.034	16.075	0.23	1	一级
7	0.030	14.849	0.23	1	一级
8	0.020	13.026	0.25	1	一级
9	0.016	12.009	0.24	1	一级
10	0.017	11.779	0.24	1	一级
11	0.019	11.674	0.26	1	一级
12	0.023	11.830	0.27	0.95	一级

注：C 为后验差比值；p 为小误差概率；a 为发展灰数；μ 为内控制灰数。

2) 预测结果和预测误差

通过上述给出的灰色预测模型来对 2009 年贵州猪瘟每月新发生次数进行预测，并计算灰色预测模型的预测误差，其中误差主要通过平均绝对误差(MAE)和平均绝对百分误差(MAPE)来表示，计算公式为

$$\mathrm{MAE}=\frac{1}{n}\sum|e_i| \tag{8.10}$$

$$\mathrm{MAPE}=\frac{1}{n}\sum\left|\frac{e_i}{x_i}\right| \tag{8.11}$$

式中，e_i 表示误差；n 表示样本数。预测结果如表 8-4 所示。

MAE 与 MAPE 如表 8-5 所示。

表 8-4　2009 年猪瘟月新发生次数预测结果[7]

月份	实测值	GM(1,1)	
		预测值	误差
1	8	8.80	0.80
2	6	8.22	2.22
3	10	7.55	–2.45
4	9	7.58	–1.42
5	7	7.50	0.50
6	8	7.07	–0.93
7	11	7.21	–3.79
8	9	7.88	–1.12
9	5	8.12	3.12
10	5	7.68	2.68
11	6	7.25	1.25
12	5	6.83	1.83

表 8-5　2009 年猪瘟月新发生次数预测 MAE 与 MAPE[7]

模型精度等级	MAE	MAPE
灰色预测模型	1.84	0.272

使用上述模型对贵州 2009 年猪瘟每月新发生次数进行预测，可以看出灰色预测模型的预测数值分布较为均匀，基本能体现出真实解的变化趋势，也就是说，该模型可以用于辅助决策。一方面，它可以评估措施的合理性，并采取适当措施保护更多潜在感染者；另一方面，它可以科学地调控资源。

8.3　重大突发动物疫情风险评估模型

模糊综合评价法是在美国加利福尼亚州大学伯克利分校教授 L. A. Zadeh 创立的模糊集合论的数学基础上发展起来的，主要包括模糊集合论、模糊逻辑、模糊推理和模糊控制。模糊综合评价法的基本思想是利用模糊线性变换原理和最大隶属度原则，综合考虑评价指标的各种因素，将定性评价转化为定量评价。该方法用于对受多种因素制约的事物或对象进行综合评价，具有结果清晰、系统性强的特点，能较好地解决模糊和难以量化的问题。

8.3.1　模糊综合评价法建立步骤

1. 建立综合评价的因素集

因素集是将影响评价对象的各种因素作为元素组成的一个普通集合，通常用 U 表示，$U=\{u_1,u_2,\cdots,u_m\}$，其中元素 u_i 代表影响评价对象的第 i 个因素。这些因素通常都具有不同程度的模糊性。

2. 建立综合评价的评价集

评价集是考虑到评价者对评价对象可能做出的所有结果组成的集合，通常用 V 表示，$V=\{v_i,v_2,\cdots,v_n\}$，其中元素 v_j 代表第 j 种评价结果，它可以根据实际情况的需要，用不同的等级、评语或数字来表示。

3. 进行单因素模糊评价，获得评价矩阵

若因素集 U 中第 i 个元素对评价集 V 中第 1 个元素的隶属度为 r_{i1}，则对第 i 个元素单因素评价的结果用模糊集合表示为：$R_1,R_2,\cdots,R_m$，以 m 个单因素评价集为行组成矩阵 $R_{m\times n}$，称为模糊综合评价矩阵。

4. 确定因素权向量

在评价工作中，各因素的重要程度有所不同，为此，给因素 u_i 一个权重 a_i，各因素的权重集合的模糊集用 A 表示，$A=\{a_1,a_2,\cdots,a_m\}$。

5. 建立综合评价模型

确定单因素评判矩阵 R 和因素权向量 A 之后，通过模糊变化将 U 上的模糊向量 A 变为 V 上的模糊向量 B，即 $B=A_{1\times m} o R_{m\times n}=(b_1,b_2,\cdots,b_n)$，其中 o 称为综合评价合成算子，这里取成一般的矩阵乘法即可。需要注意的是，根据最大隶属度原则，即被评价对象中隶属度最大的属于哪个等级，则这个评价对象就属于该等级。

6. 确定系统总得分

综合评价模型确定后，确定系统得分，即 $F=B_{1\times n}\times S_{1\times n}^{\mathrm{T}}$，其中 F 为系统总得分，而 Q 为 V 中相应因素的级分，根据最大隶属度法则，隶属度最大时对应的评级即为综合评价的结果。

8.3.2　模糊综合评价法应用

针对突发重大动物疫情，需要建立相应的评价体系，并根据结果提出更科学合理的应对策略。建立一个评价指标体系并使用模糊综合评价方法，可以对受多种因素制约的决策影响因素进行定量评价，并计算各指标的重要性，从而提出建议，以用于制定重大动物疫情应对策略。例如，张华颖等[9]提出了 H7N9 主体评价指标体系，如图 8-3 所示。

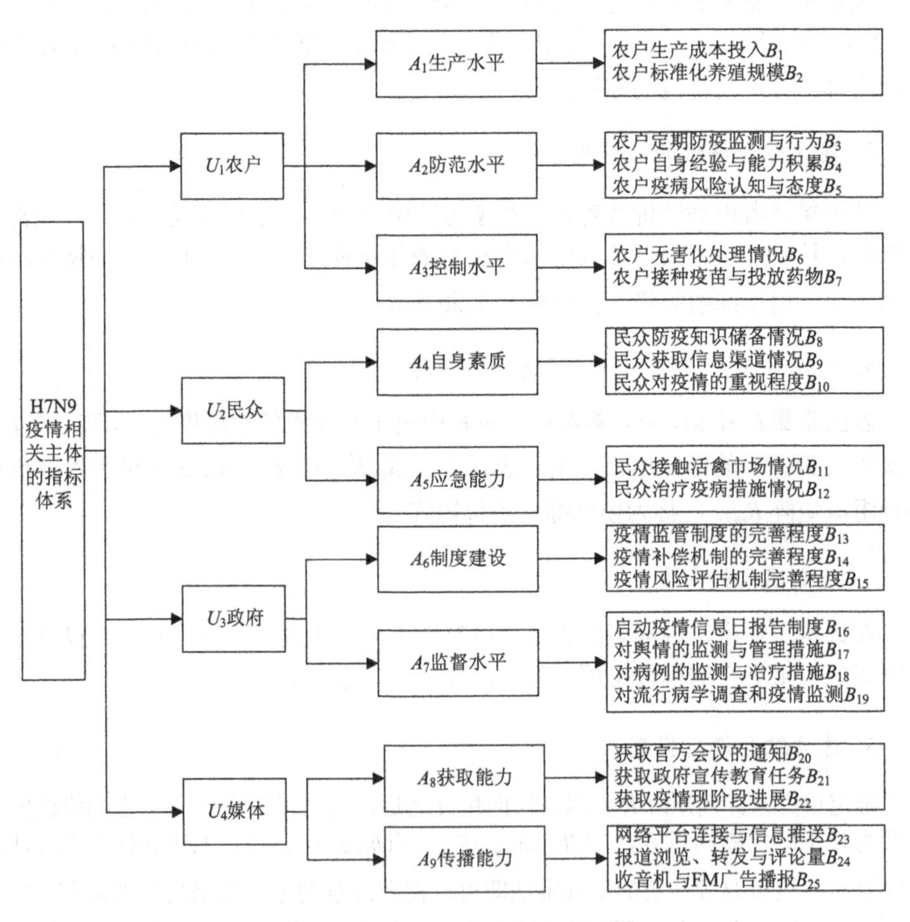

图 8-3　H7N9 主体评价指标体系[9]

H7N9 疫情主体的评价指标体系设为：目标层(一级指标)、准则层(二级指标)、子准则层(三级指标，共 9 项)、指标层(四级指标，共 25 项)。二级指标因素集合 $U=\{u_i,u_2,\cdots,u_n\}$，三级指标集合为 $A=\{a_1,a_2,\cdots,a_9\}$，四级指标集合为 $B=\{b_1,b_2,\cdots,b_{25}\}$，由此确立了评价体系的总体框架结构。结合专家意见将评价集分为“V_1很好”“V_2较好”“V_3一般”“V_4较差”“V_5很差”，因此该模型评价集为 $V=$(V_1很好，V_2较好，V_3一般，V_4较差，V_5很差)。

首先通过层次分析法(AHP)确定各要素权重，进而判断出各指标的隶属度，确定各指标的隶属关系并进一步构建出模糊评价矩阵：$R=\begin{bmatrix} r_{11} & r_{12} & \cdots & r_{1m} \\ r_{21} & r_{22} & \cdots & r_{2m} \\ \vdots & \vdots & & \vdots \\ r_{n1} & r_{n2} & \cdots & r_{nm} \end{bmatrix}$，

按照加权平均法 $M(\cdot\oplus): b_j=\sum_{i=1}^{n} a_i \cdot r_{ij} (j=1,2,\cdots,m)$ 计算，最终得到模糊评价结果 $Z=W^{\mathrm{T}} \cdot R \cdot E^{\mathrm{T}}$。

张华颖等[9]根据模糊评估模型结果得出，H7N9 主体评价得分为 82.72 分，总体结果“较好”，其中政府得分最高，为 85.62 分，其次是媒体 83.88 分、农户 78.64 分与民众 75.60 分。模糊综合评价中政府和媒体均在 80 分以上，评价结果“较好”，农户与民众在 60～80 分之间，评价结果“一般”。基于以上研究结果，说明 H7N9 疫情主体间作用效果较好，对疫情控制措施合理，并且政府对疫情作用效果最为明显，媒体传播作用也较为突出，但农户防范行为还需加强，民众自身能力仍需进一步提升。

8.4　重大突发动物疫情中社会信任修复策略

近年来，从国内 SARS 疫情、猪链球菌病、小反刍兽疫、亚洲口蹄疫的传播，到国际上疯牛病、猴痘、李斯特菌病、西尼罗热等突发性动物疫情频繁发生。这些动物疫情的发生若不能得到及时控制，将引发一系列社会问题，损害社会信任。因此，建立合理的社会信任修复机制来修复社会信任，是应对动物疫情公共危机最紧迫的问题[10]。

湖南农业大学李燕凌教授等提出了多方博弈视角下动物疫情公共危机的社会信任修复策略[10]。该模型包括以下假设：

(1)政府、生产者和消费者的有限理性行为；

(2)在政府、生产者和消费者的策略选择中，由于客观存在的信息不对称，政府处于主导地位，消费者处于从属地位；

(3)政府、生产者和消费者行为相互影响。

在动物疫情公共危机爆发后，基于有限理性假设，政府受到监管成本、社会舆论压力等条件限制，可能出现监管不到位的现象。政府监管不到位或不监管行为，将导致信息不对称和生产者违法行为的产生[11]。通过构建政府、生产者和消费者三方动态演化博弈模型，可以分析影响消费者行为选择及导致社会信任降低的原因，并根据演化博弈求得的均衡解找出稳定策略，修复社会信任。政府、生产者和消费者三方博弈的策略组合如图 8-4 所示。

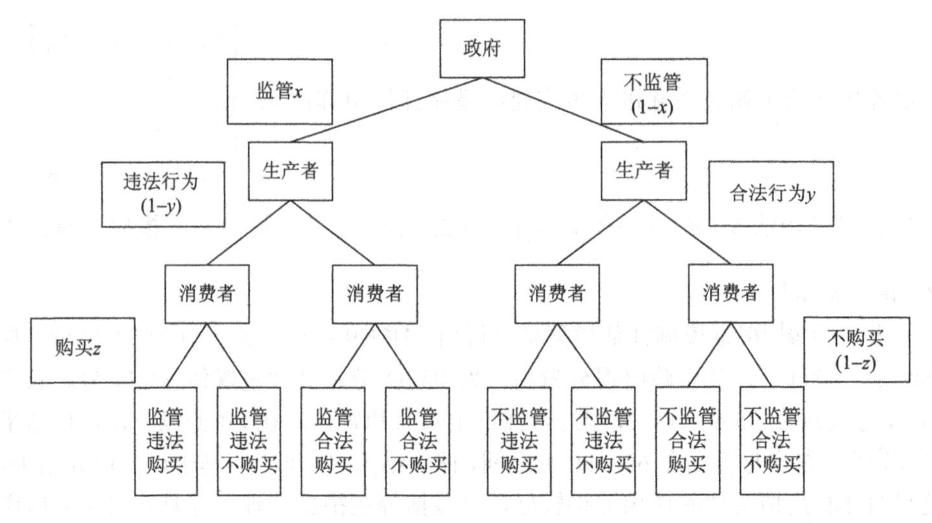

图 8-4　三方博弈的策略组合

通过对演化博弈的稳定性分析，学者得出以下结论[10]：

(1) 政府、生产者和消费者三方的行为相互影响，他们各自的稳定策略选择除了受到自身因素影响之外，还受到其他博弈方相关支付因素的影响。

(2) 由于信息不对称，在政府、生产者和消费者三方演化博弈模型中，生产者行为决策主要受政府行为影响，政府的监管起主导作用。如果政府选择不监管策略，那么生产者必然会选择违法生产销售行为，结果只会导致食品安全问题层出不穷，社会矛盾冲突愈演愈烈。因此应当加强而不是削弱政府监管力度。

(3) 由于信息不对称，在政府、生产者和消费者三方演化博弈模型中，消费者群体在三方博弈中处于从属地位，其策略选择具有盲目性、从众性，要降低这种盲目性带来的社会信任损失，将社会福利最大化，要靠生产者和政府以及消费者自身共同努力。

动物疫情公共危机的暴发往往会导致严重的社会信任损失，并影响政府、生产者和消费者等各群体的行为决策。修复社会信任损失不能简单依靠单一群体，而是需要政府和各社会群体的共同努力。为优化资源配置、稳定社会、修复公共危机带来的社会信任损失，李燕凌等[10]提出了动物疫情公共危机中社会信任损失的多方参与修复协调机制：

(1) 提高监督效率和处罚力度，增加监督行为透明度。

(2) 建立健全相关法律体系，提高消费者购买决策的科学性。

(3) 重视建立生产者危机公关，培养良好的生产者危机文化。

8.5　重大突发动物疫情下大数据防控信息系统应用与分析

大数据已成为推动经济社会转型发展的新动力，是世界各国政府、企业、产业及科技界等各行各业关注的热点方向[12]。畜牧兽医行业是大数据产生和应用的领域之一，在每天的生产、疫病防控、加工、运输、储存、销售等过程中会产生大量的数据，如何运用这些大数据，为推动畜牧兽医行业高质量发展服务，是当前面临的最大的挑战和机遇[13,14]。

8.5.1　畜牧兽医大数据平台情况介绍

畜牧兽医大数据平台的基础形式是在“无纸化防疫系统”和“动物检疫电子出证系统”基础上搭建的“移动互联网+大数据分析+手机 APP”的现代化动物疫情防控体系，有助于推进免疫进度、存栏统计、调运监管、屠宰检疫等工作，实现防疫和检疫工作信息化的全覆盖。

8.5.2　畜牧兽医大数据平台功能架构

畜牧兽医大数据平台功能架构(图 8-5)分三部分：第一部分是业务支撑系统，在用于处理日常业务工作的同时为大数据分析提供数据支撑。第二部分是数据分析系统，是将各业务支撑系统中的生产数据自动提取，并汇总分析；同时根据支撑业务，形成不同的业务数据分析。第三部分是动态可视系统，是将各业务数据分析结果直观展现，可以按不同条件进行定制化业务数据分析和展示。

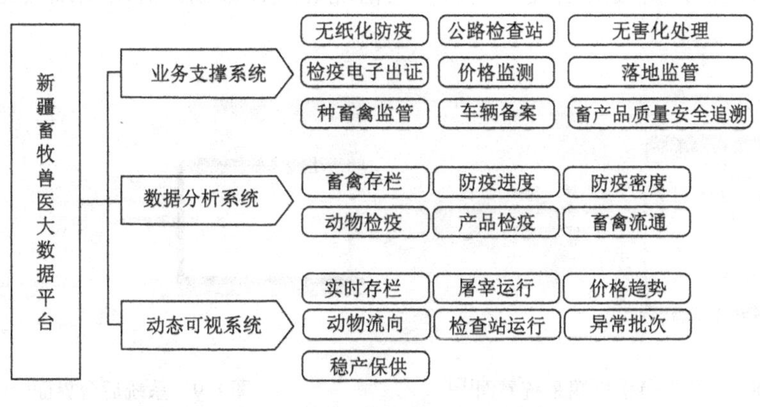

图 8-5　大数据平台功能架构[12]

1. 无纸化防疫系统

无纸化防疫系统是运用“移动互联网+大数据分析+手机 APP”等技术实现的现代化动物疫病防控手段。该系统由防疫员手机端、管理员手机端、系统后台组成（图 8-6）。

(1) 防疫员手机端（图 8-7）是普查畜禽存栏、防疫作业记录的主要工具，相当于以前的防疫本。基层防疫员开展防疫工作时会实时上传防疫工作照片，照片上的地理坐标和时间为系统自动添加，人为无法更改。

图 8-6　无纸化防疫系统构架[12]

图 8-7　防疫员手机端系统界面图[12]

(2) 管理员手机端（图 8-8）是管辖区域基层兽医站管理人员监管所在区域防疫工作的手机小程序。

(3) 系统后台（图 8-9）用于管辖区域基层（或地州级、自治区级）疫控中心对所在区域整体防疫工作进行监督，实时掌握所在区域养殖户和防疫员数据、畜禽存栏数据、防疫进度和密度、疫苗使用情况等统计数据，并对明细数据进行列表展示。

图 8-8　管理员手机端系统界面[12]

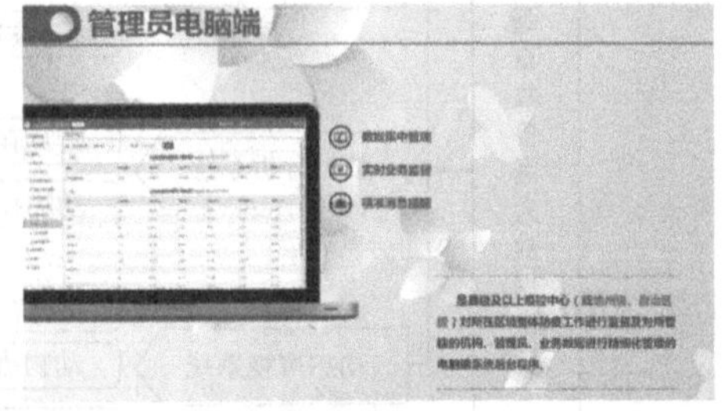

图 8-9　系统后台界面[12]

2. 动物检疫电子出证系统

动物检疫电子出证系统（图 8-10）由官方兽医电脑端、屠宰场兽医手机端、公路检查站手机端、落地监管手机端和系统后台功能模块组成。

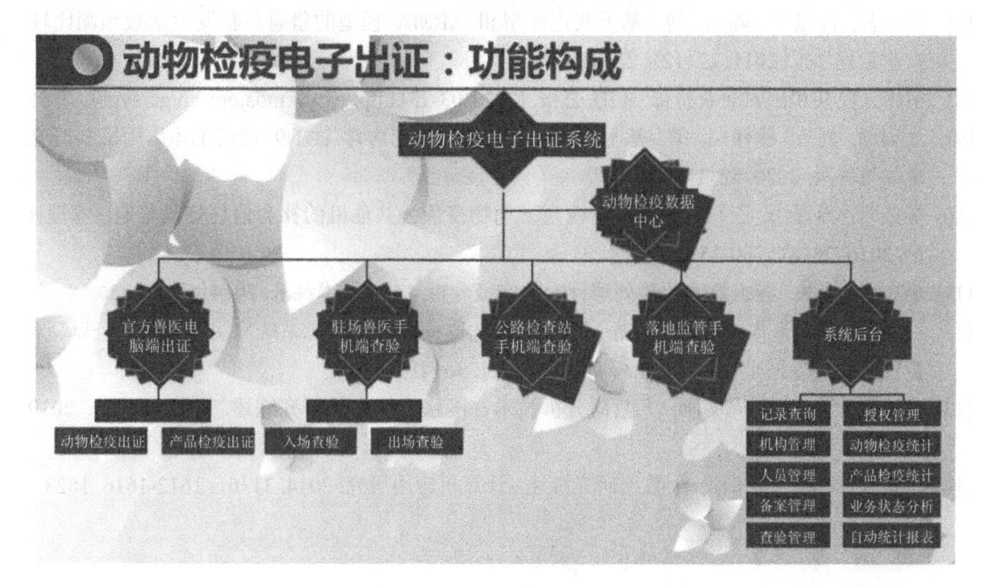

图 8-10　动物检疫电子出证系统功能架构[12]

3. 动态可视系统

动态可视系统是自动提取各业务支撑系统生产数据，实时进行业务分析，直观展现分析结果的功能页面，其可使主管部门准确掌握畜牧业生产资源底数，科学部署动物疫病防控措施，为畜牧业发展、产业布局提供数据依据，初步实现了畜牧兽医各业务信息化管理，形成了畜牧兽医大数据分析的工作机制。

参 考 文 献

[1] 刘博洋, 肖建华, 王洪斌. 传染病动力学模型在医学和兽医学领域的应用//中国畜牧兽医学会信息技术分会第十二届学术研讨会论文集. 昆明: 中国畜牧兽医学会信息技术分会第十二届学术研讨会, 2017: 391-398.

[2] Shang D Q, Xiao D L, Yin J M. Epidemiology and control of brucellosis in China. Veterinary Microbiology, 2002, 90(1-4): 165-182.

[3] 彭理. 基于微分动力学方程的人布鲁氏菌病同动物疫情及干预措施关系的探索性研究. 沈阳: 中国医科大学, 2020.

[4] Goodwin Z I, Pascual D W. Brucellosis vaccines for livestock. Veterinary Immunology and Immunopathology, 2016, 181: 51-58.

[5] Hou Q, Sun X D, Zhang J, et al. Modeling the transmission dynamics of sheep brucellosis in Inner Mongolia Autonomous Region, China. Mathematical Biosciences, 2013, 242(1): 51-58.

[6] 刘思峰, 杨英杰, 吴利丰, 等. 灰色系统理论及其应用. 7 版. 北京: 科学出版社, 2014.
[7] 栾培贤, 肖建华, 陈欣, 等. 基于灰色模型和 ARMA 模型的猪瘟月新发生次数预测比较. 农业工程学报, 2011, 27(12): 223-226.
[8] 中华人民共和国农业农村部. 兽医公报. [2022-03-13].http://www.moa.gov.cn/gk/sygb/.
[9] 张华颖, 刘芳, 徐伟楠, 等. 基于模糊评价法的禽流感病毒 H7N9 疫情主体作用机制研究. 畜牧与兽医, 2020, 52(1): 141-147.
[10] 李燕凌, 苏青松, 王珺. 多方博弈视角下动物疫情公共危机的社会信任修复策略. 管理评论, 2016, 28(8): 250-259.
[11] 李立清, 许荣. 养殖户病死猪处理行为的实证分析. 农业技术经济, 2014(3): 26-32.
[12] 阿赛提, 阿布来提 · 达吾提. 基于大数据的动物疫情防控信息系统应用与分析——以新疆畜牧兽医大数据平台为例. 新疆畜牧业, 2021, 36(4): 35-40.
[13] 冯贵兰, 李正楠, 周文刚. 大数据分析技术在网络领域中的研究综述. 计算机科学, 2019, 46(6): 1-20.
[14] 涂新莉, 刘波, 林伟伟. 大数据研究综述. 计算机应用研究, 2014, 31(6): 1612-1616, 1623.

第四篇　外来物种入侵应急管理理论与方法

随着全球化进程的加速，生物入侵现象日益普遍，外来物种入侵已经成为生物多样性和生态安全的重要威胁之一。外来物种入侵不仅对当地生态系统造成严重破坏，还会对经济、社会和人类健康产生深远影响。因此，外来物种入侵的应急管理研究具有重大的现实意义。

本篇重点介绍外来物种入侵的典型案例、应急管理体系及应急管理理论与方法。首先，通过介绍泛滥成灾的太湖蓝藻、截叶铁扫帚和加拿大一枝黄花等外来物种入侵典型案例，探讨外来物种入侵的危害和影响。其次，系统阐述外来物种入侵应急管理体系，包括外来物种入侵应急预防体系、外来物种入侵应急准备体系、外来物种入侵应急响应体系和外来物种入侵应急修复体系，为应急管理提供一个全面的框架。最后，介绍外来物种入侵的应急管理理论和方法，包括外来入侵物种的传播扩散模型、外来入侵物种的风险评估模型、外来物种入侵机理及其空间分布模拟和外来物种入侵的应急资源配置优化等方面，以期为实践提供有力的支持和指导。

本篇旨在深入研究外来物种入侵的应急管理理论和方法，强化外来物种入侵的应急管理能力，提高生态安全水平。同时，也为后续章节的内容打下良好的基础，为读者进一步了解和探索生物安全应急管理提供有益的参考。

第 9 章　外来物种入侵典型案例分析

本章主要从外来物种的介绍、泛滥成灾的原因、物种入侵的影响和入侵物种的治理四个维度分析太湖蓝藻、截叶铁扫帚和加拿大一枝黄花等外来入侵物种的典型案例。特别的，尽管蓝藻本身不是外来物种，但在本章我们对蓝藻进行介绍，主要是因为蓝藻暴发会显著改变水体生态系统的平衡，产生类似于外来物种入侵所带来的影响。

9.1　太湖蓝藻

蓝藻，又称蓝绿藻(blue-green algae)，是能进行产氧性光合作用的大型单细胞原核生物。太湖的生长环境促进了蓝藻的暴发。本节首先介绍太湖蓝藻的生长环境、繁殖方式、大规模蓝藻暴发的案例；其次分析太湖蓝藻暴发的原因；最后阐述蓝藻暴发对水生生物、动物及人类生活的影响。

9.1.1　太湖蓝藻介绍

1. 蓝藻

蓝藻又称蓝细菌，是一种存在时间长、进化历史悠久的大型原核微生物，能进行自养呼吸和光合作用。蓝藻的出现为大气中增添了氧气，为生命的进化和演变提供了最基本的支持。蓝藻细胞结构简单，没有核膜和核仁，可以产生叶绿素，但是没有叶绿体，属于原核生物界的蓝光合菌门[1]。

2. 太湖蓝藻

太湖流域地跨两省一市，包括江苏省、浙江省和上海市，总面积为 36895km^2，主要包括丘陵和平原，是我国工农业生产发达、人口密度最大、地区生产总值增长最快的地区之一。2010 年该地区的生产总值占国内生产总值(GDP)的 10.8%，而人口仅占全国的 4.3%。人均生产总值超过全国平均水平的 1.5 倍。太湖流域内河网密布，出入湖的河流数量多达 28 条，所有河道的总长度为 12 万 km，太湖的湖体水面面积为 2338km^2，总蓄水量为 44.3 亿 m^3，是苏州市和无锡市等沿湖城市的主要饮用水源。20 世纪 60 年代，太湖呈现营养状态；20 世纪 80 年代，生活污水不再作为肥料用于农作物生长而是作为污水排入太湖河道。同一时期，乡镇企业也逐步发展起来，工厂的污水排入河道内，水体所含氮和磷的浓度开始升高，导致太湖水域的富营养化程度不断增加。此时太湖梅梁湾蓝藻快速生长达到一定的密度，小规模的蓝藻由此暴发。

到 1990 年 7 月太湖梅梁湾 100km^2 蓝藻大规模暴发，导致多家自来水厂停产，100 多家工厂被迫停工。20 世纪 90 年代中期以后，社会经济快速发展导致排入太湖中的污染物量急剧增加。湖中的氮和磷含量甚至达到了 5.3 万 t 和 0.31 万 t，分别是三类水环境容量的 2.52 倍和 2.95 倍。太湖水面水产养殖面积达到 130km^2。2005 年底环太湖大堤已经全部建成，下游的太浦闸基本建成，这导致太湖成为完全由人工控制的湖泊，太湖的最低水位也因此提高了 1m 左右，整个湖泊的换水次数也在减少，湖中 120km^2 的芦苇湿地消失变成陆地。因水污染等多方面原因太湖的梅梁湖、贡湖及其他水域沉水植物的面积减少将近 135km^2。从此，太湖环境治理工作逐步开始实施[2]。

20 世纪 90 年代中后期，太湖加大了治理的力度，太湖水环境总体上有了好转的趋势[3]。“零点行动”使得太湖的污染有所缓解，但是好景不长，湖水富营养化又快速反弹。2002 年在太湖的望虞河实施了“引江济太”调水工程，太湖东半部水质得到了有效的改善。

随着时间的推移，湖中蓝藻种源在合适的生长环境之下快速地生长并且达到了一定的密度，从而年年暴发蓝藻，其中面积最大的一次发生在 2007 年，蓝藻暴发面积为 970km^2，约占整个湖面面积的 40%。

从 2007 年之后，政府加大了太湖蓝藻治理力度，截至 2015 年 12 月蓝藻暴发得到了初步的控制，从此太湖自来水水源地再也没有发生大规模暴发型的严重“湖泛”，供水的安全得到了保障，也改善了水生生态系统，在一定程度上增加了水生植被覆盖率和生物多样性。

9.1.2　太湖蓝藻成因

1. 湖体营养物质

太湖流域的“零点行动”要求工业类的企业达标排放，2007 年太湖流域对 6 大行业实施了严格的排放标准，企业纷纷进行升级改造，污水治理能力得到了加强。企业污水处理设施的运行缺乏有效的保障和监督，运行效率不高，超标排放等违法行为也会偶尔发生。与此同时，对于湖泊中的氮和磷还没有全面进行自动监测和总量控制。

太湖水域的城镇污水处理能力虽然每一年都在提高，但是总体来看，污水收集管道网络建设较为落后，厂区和管网不配套的现象较为常见，有一些污水处理厂并不能充分发挥应有的减排能力。例如，2006 年年底尽管太湖形成了 324 万 t/d

的污水处理能力，但它的实际处理量仅仅为 198 万 t/d，包括生活污水的处理量 115 万 t/d。流域污水处理厂处理深度不足，脱氮除磷处理标准普遍偏低。村镇生活垃圾收集和运输体系建设相对滞后，一部分区域的垃圾无害化处理不足，污泥规范处理环节相对薄弱。

太湖流域的农业具有较高的集约化程度，种植和养殖业也比较发达。报道显示，太湖流域农田肥料的年用量平均为氮肥 570～600kg/hm^2、磷肥 80～99kg/hm^2，高于全国的平均水平。而化肥的平均利用率只有 30%～35%，过量的化肥投入提高了土壤的氮磷含量。与此同时，太湖流域内蔬菜、水果与鲜花的种植量不断增加，因而农田上单季作物氮肥用量是普通农作物氮肥用量的 10 倍，且利用率低下，造成了大量的氮磷被排入太湖河道中。太湖流域奶牛、家禽和生猪等养殖规模庞大，畜禽数量多，但是畜禽粪便的有机肥处理率低，仅为 60%，因而污染较为严重。除了蔬菜、畜禽，水产养殖向周围水体排放的氮磷含量也非常高，增加了水体富营养化的风险。

太湖中的氮磷含量大幅度上升导致蓝藻的产生，而湖泊中的氮磷物质主要来自入湖的河流与内源释放等方面。利比希最小因子定律表明，植物生长取决于处在最小的植物状态的食物量。由藻类分子结构可知，通常情况下，微囊藻对磷和氮的需求比例为 1∶9。太湖磷和氮的比例远远超过了这个比例，氮相对于磷而言明显要多很多，而磷对蓝藻疯狂繁衍具有一定的抑制作用，比例失衡也是蓝藻暴发的原因之一。根据国际上同类湖泊的治理经验，湖泊发生富营养化之后，一般需要数十年的源头控制才能够使其恢复到原来的正常水平。

2. 气象条件

太湖流域地处亚热带地区，平均每年具有 2100h 的日照时长，平均每年的水温在 17.1℃，温度在 0～34℃。水中浮游生物在春夏季生长旺盛，因为外界环境条件满足了浮游植物生长与繁殖的需要。研究表明，对太湖蓝藻暴发具有重大影响的因素有风向、气温和风浪。研究显示，30℃左右是太湖微囊藻的最佳生长温度，当温度大于 35℃时，这种藻类的光合作用效率反而会下降，抑制了微囊藻的进一步生长。

太湖内各个区域水体的交流受到的风生流影响比较显著。太湖的风生流具有如下特征：流速分布不均匀，环流形式与风向紧密相关，太湖总的水体与梅梁湾交换量较少，风生流对太湖氮磷分布的影响较为显著。蓝藻门的微囊藻属是梅梁湾浮游植物的主要种类，很容易漂浮在水面上形成带状或者片状的绿色团块，这些团块随着风的吹动而移动。通过研究太湖梅梁湾的藻类迁移模型可以得知，在夏季，当盛行的东南风小于临界风速的时候，藻类迁移与风向一致，集中聚集在湖湾的西北部，容易过度聚集形成水华；相反，当风速超过临界风速的时候，风吹动水面会形成搅动的风浪，使得藻类在湖中的垂直和水平分布趋于均等，不再出现藻类聚积现象，从而阻止水华的暴发。因此风浪在蓝藻水华的形成中起着重要的作用。当太湖蓝藻中积累了许多营养盐时，强烈的风浪扰动使得太湖中的沉积物和营养盐相互交换，加速了蓝藻的分解和沉积物中的营养盐释放，可以快速补充蓝藻暴发时太湖生态系统的营养需求。

9.1.3 太湖蓝藻影响

1. 蓝藻对水生生物的影响

蓝藻可以释放生物毒素类次级代谢物，当水体中含有了一定浓度的毒素之后，可能导致鱼卵变异，造成鱼类行为及生长异常。水生脊椎动物和无脊椎动物包括鱼、贝和浮游动物等体内会积累大量藻毒素。

2. 蓝藻对家畜及野生动物的影响

家畜和野生动物一旦饮用了含有藻毒素的水，会出现呕吐、嗜睡、厌食、乏力、腹泻、眼口分泌物增多等症状，严重者甚至会死亡。

3. 蓝藻对人类生活的影响

当人们进行水上休闲和运动(如洗澡、游泳)时，人体皮肤接触含藻毒素的水体可能会引起眼睛等敏感部位和皮肤的过敏；如果少量喝入可能会引起急性肠胃炎。蓝藻释放的毒素会对人体造成严重危害，如肝损伤、肝癌、神经损伤、皮肤刺激等。死去的藻类和其他生物又会被氧化，使水体变臭，污染水资源，形成恶性循环，最后导致水资源不可再利用。除此之外，富营养化水中还会产生硝酸盐和亚硝酸盐，人和动物长期饮用该有害物质超标的水之后也会中毒生病。

9.2 截叶铁扫帚

截叶铁扫帚原产于中国华北、西北、华中、华南、西南等地区，也分布于朝鲜、日本、印度、巴基斯坦、阿富汗及澳大利亚。本节首先介绍截叶铁扫帚不同时期的生长特点及环境；其次分析截叶铁扫帚泛滥成灾的原因；最后阐述大量繁殖的截叶铁扫帚对天然草场生态系统的影响。

9.2.1 截叶铁扫帚介绍

截叶铁扫帚，学名为*Lespedeza cuneata*，是豆科胡枝子属植物，是一类小灌木，约 1m 高。有的茎是直立的，有的茎是斜生的。它的叶子密集，柄短。总状花序腋生，具2～4朵花，总花梗最短；它的小苞片呈现卵形或者狭卵形，长度为1～1.5mm，先端逐渐变尖。荚果宽卵形或近球形，被伏毛，长2.5～3.5mm，宽约2.5mm，有种子1粒。其花期为7～8月，果期为9～10月[4]。

截叶铁扫帚是一种生命周期长的植物，通常生长在草原、牧场、山坡、丘陵、路旁及荒地等地区，它适应广泛的气候条件，耐干旱，也耐瘠薄，它能在冬季冰冻的天气下存活。对土壤要求不严，在含铝量高、黄棕壤黏土、红壤或者酸性土壤上都能生长，但是最适合生长在肥沃的土地上[5]。截叶铁扫帚在中国分布于陕西、甘肃、山东、台湾、河南、湖北、湖南、广东、四川、云南、西藏等省(自治区)。生长于海拔2500m以下的山坡路旁。1896年首次引入美国北卡罗来纳州试种，自得克萨斯州、俄克拉何马州和堪萨斯州的东部起，向东经密苏里州、伊利诺伊州和印第安纳州南部，直到大西洋沿岸的广大地带，都可成功地种植。南非德兰士瓦省的高草原和巴西南部也有引种栽培。

一般截叶铁扫帚选择条播比较好，每行之间的距离选择在50～60cm为宜，每亩[①]播种的数量在1～1.5kg为准。可以选择春播也可以选择秋播。除了单独播种之外，还可以与苇状羊茅、鸭茅、冬黑麦等植物种子混合播种，这样不仅可以增加饲料干草的产量，还可以延长放牧的时间。当种子长成之后，即当植株高度为20～40cm时，可以刈割8～10cm晒制干草，每年可以刈割2～3次，这样每一亩可以生产400～750kg干草。

在截叶铁扫帚冬季的休眠期可以补充播种冬季一年生牧草，然而对其自身并无不利影响。在美国亚拉巴马州，从冬季到3月下旬，种植的冬黑麦每公顷可以收割1400kg干草，生长的季节延长了两个月。除了冬黑麦和牧草，毛叶苕子和绛三叶也可以补充播种到截叶铁扫帚草地上，进而当截叶铁扫帚休眠时，这些草可以用于放牧。当截叶铁扫帚和禾本科牧草混播时，用于禾本科牧草生长的氮非常稀少，因此在秋季需要给禾本科牧草施加氮肥，氮肥的量应该和单独种植禾本科牧草时等同。当只将截叶铁扫帚用于水土保持而且不进行放牧时，截叶铁扫帚将与禾本科植物竞争并排挤掉对手。无独有偶，在美国肯塔基州露天的采矿场土地上，将截叶铁扫帚与柳枝稷一起混合播种，三年之内截叶铁扫帚占据了绝对优势，说明截叶铁扫帚具有很强的入侵占领性。

9.2.2　截叶铁扫帚成因

截叶铁扫帚泛滥成灾的原因如下。

(1)快速繁殖：截叶铁扫帚植物生长迅速，其种子萌发率高，每年能够产生大量的种子。而且种子可以通过风、水、动物等多种途径传播，使其很容易扩散到

---

① 1亩≈666.67m^2。

新的地区并形成新的种群。

(2)适应性强：截叶铁扫帚植物的适应性很强，可以在各种气候和土壤条件下生长，即使在恶劣的环境下也能生存。同时，它的根系能够侵占其他植物的空间和养分，从而导致其他植物的死亡。

(3)缺乏天敌：在其原产地，截叶铁扫帚植物存在天敌可控制其数量，而引进到新的环境中，却缺乏或很少有天敌，使其数量得以快速增长，从而泛滥成灾。

(4)人类活动：人类活动也是截叶铁扫帚植物泛滥成灾的原因之一。例如，当人们砍伐或清理森林时，截叶铁扫帚植物的种子就有机会生长并占领原有的空间，而且其生长迅速，占领的空间也会很快扩大。此外，人类也将其作为观赏植物引入各地，使其更容易传播和泛滥。

9.2.3　截叶铁扫帚影响

通常在混合的杂草中，截叶铁扫帚竞争 3～4 年之后就会成为优势种。在长期干旱时，截叶铁扫帚的主根通过排挤其他原生植物而取得水和养分。每一棵植株产生的种子数量逐年增加，形成种子库，随着时间的推移，种子发芽长成植株，新的植株再一次产生种子，如此循环往复，直至将整块区域全部侵占。受到排挤的原生植物逐渐削减。除此之外，截叶铁扫帚会产生单宁酸等化学物质，从而抑制异己的生长，加快侵占整个区域的步伐。截叶铁扫帚的种子很容易通过风、动物等媒介从种植区和农场传播到天然草场，进而发芽生长破坏天然草场的生态平衡。

9.3　加拿大一枝黄花

加拿大一枝黄花的扩散蔓延严重抑制了土著植物的生长，破坏了生物多样性，为典型的外来有害入侵物种。本节首先介绍加拿大一枝黄花的生理特点及生长环境；其次分析加拿大一枝黄花泛滥成灾的原因；最后阐述加拿大一枝黄花的引入对经济、生态的影响。

9.3.1　加拿大一枝黄花介绍

加拿大一枝黄花(Canada goldenrod)，学名为 *Solidago canadensis* L.，是桔梗目菊科的多年生植物，又名黄莺、麒麟草，株型高大，枝繁叶茂，略带臭味。长根状茎直立高达 2.5m，叶片长 5～12cm，呈披针形或线状披针形，头状花序很小，长 4～6mm，在花序分枝上单面着生，弯曲的花序分枝与单面着生的头状花序形成开展的圆锥状花序。总苞片呈线状披针形，长 3～4mm，边缘舌状花很短。

加拿大一枝黄花色泽亮丽，常用于插花中的配花。1935 年作为庭院观赏植物引入中国，引种后生成恶性杂草，分布环境多种多样，主要生长在河滩、荒地、沟渠、公路两旁、农田边、废弃地、农村住宅四周、过度放牧的牧场等，凭借其发达的根状茎、极强的繁殖力、极快的传播速度、广阔的生态适应性等特点，与周围植物争阳光、争肥料，直至其他植物死亡，从而对生物多样性构成严重威胁。可谓“黄花过处寸草不生”，故将其称为“生态杀手”“霸王花”，被列入《中国第二批外来入侵物种名单》。

在加拿大一枝黄花主要发育期，还会伴有杂草生长，常见的杂草有狗尾草、马唐、甘野菊、鬼针草。在加拿大一枝黄花密度较稀疏、盖度较小的地方，能与之伴生的还有狗牙根、一年蓬、喜旱莲子草。加拿大一枝黄花根状茎大多形成于秋季，根芽越冬后在早春恢复生长(在暖冬年份，冬季即可长出次生苗)。此时与之伴生的杂草主要有一年蓬、救荒野豌豆、猪殃殃、阿拉伯婆婆纳等早春杂草。加拿大一枝黄花可在较短的时间内，于定居点迅速横向扩展，使早春杂草很快退出竞争，而秋季杂草的生长又由于加拿大一枝黄花迅速生长形成郁闭环境而受到强烈抑制，因此在加拿大一枝黄花定居点通常形成单一优势种群[6]。

9.3.2　加拿大一枝黄花成因

1935 年，我国首次引入加拿大一枝黄花作为庭院观赏植物，将其栽培于江苏南部各市及上海一带，之后在我国南方普遍种植，如浙江、安徽、江西、福建、湖北、湖南等。曾经一度被当作观赏植物的加拿大一枝黄花现已成为多数省市农业植检系统“通缉”的对象。以下从加拿大一枝黄花的生理特点来分析其入侵态势猛烈的原因。

(1) 传播能力强，远近结合。加拿大一枝黄花以两种方式传播蔓延：种子随风传播和根状茎横走传播。每年 3 月开始萌发，4～9 月为营养生长，7 月初，植株通常高达 1m 以上，10 月中下旬开花，平均每株有近 1500 个头状花序，平均每个头状花序中又能长出 14 粒种子(瘦果)，11 月底到 12 月中旬果实成熟，每株可以形成 2 万多粒小而轻的种子，种子具有较高的发芽率[7]。种子上有冠毛，这支持它既可凭借风力、水流、动物及人类的活动进行远距离传播，又可随带有种子、根茎、地上茎的载体和交通工具传播。它顺着铁路、高速公路沿线发展，常侵入城镇庭院、郊野、荒地、河岸、高速公路和铁路沿线等处，还入侵低山疏林湿地生态系统。

(2) 繁殖能力强。加拿大一枝黄花主要以根状茎和种子两种方式进行繁殖，地上茎也有一定的繁殖能力。根状茎以植株为中心向四周辐射状伸展生长，其顶芽可以发育成新的独立植株。加拿大一枝黄花一般呈连片生长方式，也有零星生长。它是一种多年生植物，若不及时清除，在盛花期随风飘扬，然后花絮落地即可入土生根，次年带动周围更多的加拿大一枝黄花呈扩展式生长。另外，它还能通过各种鸟类及昆虫随身携带传播，其传播速度非常惊人，凡能生长植物的地方，都有它的踪影，可谓是植物中的“佼佼者”[8]。据观察，一株春季移栽的幼苗可在一年内形成33.3株独立的植株，并萌发出200余株越冬幼苗。实验表明，加拿大一枝黄花的茎秆插入土中，在适合条件下仍能生长形成完整植株，显示了其强大的生长力。加拿大一枝黄花从山坡林地到沼泽地均可生长，繁殖能力极强。

(3) 对环境的适应能力强。加拿大一枝黄花对水分的适应能力很强，除了不能在极干旱(土壤相对含水量为10%)的条件下萌发外，无论是在较旱(含水量为15%)、湿润(含水量为40%)还是淹水(含水量为50%)条件下，加拿大一枝黄花的种子均能发芽成苗，其中最适合它生长的土壤相对含水量为25%，其喜欢偏酸性、低盐碱的砂壤土和壤土。加拿大一枝黄花的成功入侵也离不开它强大的光合能力和化感作用(即释放出特定的化学物质，影响邻近植物的萌发和生长发育，改变该区域土壤的性质和伴生植物对生长发育必需资源的吸收)。

(4) 对环境的抗逆能力强。加拿大一枝黄花的成功入侵离不开对人为干扰较强的抗逆能力。自然环境中它的植株被外力折断后，愈伤组织处会长出许多新的分枝，尤其能在近地表的根基部长出新的植株。在其他秋季杂草枯萎或停止生长时，加拿大一枝黄花依然茂盛，花黄叶绿，而且地下根茎继续横走，对阳光、肥料、水分等生存发展必备资源有较强的抢夺能力，并在短时间内独占优势，不断蚕食其他杂草的领地，而此时其他杂草已无力与之竞争。

9.3.3 加拿大一枝黄花影响

加拿大一枝黄花是一种入侵性强、危害严重的外来物种，其危害主要表现在对本地生态平衡的破坏和对本地生物多样性的威胁。据观察发现，加拿大一枝黄花主要危害的是荒地和免耕地，其次是无人管理的河边、路边，再次是管理粗放的绿地、林地和果园，在有人工栽培措施的地方很少发现。加拿大一枝黄花的入侵对我国造成了不可忽视的影响，本小节主要从经济影响、生态影响、利用价值三方面进行介绍。

(1) 经济影响。加拿大一枝黄花的根部会分泌一种可以抑制糖槭幼苗生长的物质，该物质也会抑制自身幼苗的发芽。它会侵入农田生态系统，对一些经济作物造成危害。据2004年12月13日中国中央电视台(CCTV)新闻频道专题报道，由于加拿大一枝黄花的危害，浙江省宁波市莼湖飞跃塘的橘树大面积减产甚至绝收，还对旱作作物如棉花、麦子、玉米、大豆等造成危害，给农民造成了极大的经济损失。鉴于其危害性，相关工作者着手开展防治工作，前期多依赖于人工防治和化学防治，成本较高且效果有限[9]。

(2) 生态影响。加拿大一枝黄花具有极强的繁殖力和快速占据资源的能力，在那些刚被闲置的空地上，第一年长出几株或几簇，第二、第三年就能迅速成片，且很少单株独自生长，基本上以丛生为主，连接成片，形成单一优势，抑制其他植物种类的生长，严重破坏入侵地的生物多样性和生态平衡。

(3)利用价值。尽管恶性杂草加拿大一枝黄花对我国生态环境和生态平衡造成了严重破坏，但其也有独特的利用价值。①观赏价值，加拿大一枝黄花凭借夺目的金黄色花朵而被引入我国，作为花卉植物。②农业、畜牧业价值，鲜为人知的是加拿大一枝黄花是北美重要的蜜源之一，在美国科罗拉多州、犹他州等地，它又是当地牛、羊、马的优良草料，而它的种子是金翅雀、麻雀可口的食物。③化工价值，加拿大一枝黄花还可用于部分颜料的生产和提炼精油。④药用价值，加拿大一枝黄花的萃取物中含有倍半萜(sesquiterpene)，该物质具有类似于抗生素、性诱剂、外激素等化学制剂的作用，另外全草可入药，有散热去湿、消积解毒功效，可治肾炎、膀胱炎。⑤生态价值，张国良教授研究表明，加拿大一枝黄花在黄河以北地区不能成熟结实，并且具有植株高大、抗逆性强、防风固沙能力强的优点，成为我国黄河以北地区深秋季节开花的优良绿化品种，也是华北和西北等地区防风固沙的一种优良绿化植物材料[10]。

参考文献

[1] 张淮峻. 蓝藻的治理方法及其应用. 黑龙江环境通报, 2024, 37(1): 112-114.

[2] Chen Y W, Fan C X, Teubner K, et al. Changes of nutrients and phytoplankton chlorophyll-*a* in a large shallow lake, Taihu, China: An 8-year investigation. Hydrobiologia, 2003, 506(1): 273-279.

[3] 尹荣尧, 周燕, 朱晓东. 江苏省太湖水污染防治对策措施. 环境保护科学, 2010, 36(3): 93-95.

[4] 苏加楷, 等. 优良牧草及栽培技术. 北京: 金盾出版社, 2001.

[5] Global Invasive Species Database. ISSG. (2005-01-24)[2021-11-07]. http://www.iucngisd.org/gisd/species.php?sc=270 .

[6] 吴竞仑, 王一专, 李永丰, 等. 加拿大一枝黄花的治理. 江苏农业科学, 2005, 33(2): 51-53.

[7] 肖智勇. 加拿大一枝黄花. 湖南农业, 2012(2): 20.

[8] 夏庆杰. 浅谈加拿大一枝黄花的危害及防治技术. 安徽农学通报, 2021, 27(17): 133-134.

[9] 张国良, 付卫东, 孙玉芳, 等. 外来入侵物种监测与控制. 北京: 中国农业出版社, 2018.

[10] 张国良, 曹坳程, 付卫东. 农业重大外来入侵生物应急防控技术指南. 北京: 科学出版社, 2010.

第 10 章　外来物种入侵应急管理体系

加强外来入侵物种管理，要坚持风险预防、源头管控、综合治理、协同配合、公众参与，突出重点领域和关键环节，建立健全管理制度，强化联防联控、群防群治，从而全面提升外来入侵物种管理水平。与此同时，需要学习和借鉴国外外来物种入侵应急管理的经验教训，不断完善我国外来物种入侵应急管理体系。鉴于此，本章从国外和国内对比角度阐述外来物种入侵应急管理体系，主要从如下四部分展开：外来物种入侵应急预防体系、外来物种入侵应急准备体系、外来物种入侵应急响应体系、外来物种入侵应急修复体系。

10.1　外来物种入侵应急预防体系

外来物种入侵将对本土物种造成挤对，破坏本土物种的生存环境，影响本土物种的正常生存，甚至还有可能会造成本土物种的灭绝。因此，提前对外来入侵物种进行预防，构建完善的外来物种入侵应急预防体系至关重要。

10.1.1　国外外来物种入侵应急预防体系

1. 美国

美国的预防制度主要包括：一是对外来物种进行风险评估；二是对外来物种进行跟踪监测；三是对外来物种的有害性和有益性进行分析，制定名录。许可制度是美国政府及州政府制定的针对外来物种的引入、释放设立许可证的制度，从而控制外来物种入侵带来的危害。在 1996 年颁布的《美国国家入侵物种法》中，明确提出要为社会公众提供外来物种入侵的相关知识及教育，教会人们预防的方法，对于防止外来物种入侵的相关活动给予资金支持[1]。

2. 英国

英国外来物种入侵应急预防体系指英国政府建立的一系列措施和机制，旨在预防外来物种入侵并尽可能减少其对英国环境和经济的影响。英国制定了《英国防范外来入侵物种战略》，旨在协调整个内政部层面的项目和政策，并利用更多的资源来解决物种入侵问题[2]。

英国政府建立了一系列监测和预警系统，以及相关的数据收集和分析机制。

这些系统可以追踪外来物种的传播路径和风险程度，并及时发出警报，以便政府和社会各界采取预防措施。为了防止不当灌溉和外来物种的引种，英国政府制定了相关管制措施。这些措施包括对外来物种的进口和流通进行管理，对灌溉和引种实施审批和许可制度等。英国政府通过多种形式的宣传和教育，提高公众对外来物种入侵问题的认识和重视程度，并鼓励公众积极参与预防和管理工作。政府还鼓励社区组织和志愿者组织参与外来物种管理工作。

3. 澳大利亚

澳大利亚建立了国家杂草管理委员会，协调中央政府和州政府的工作，并在2000 年扩大其职能范围。1997 年出台了《国家杂草战略》，其后又设立了杂草合作研究中心对杂草进行研究，设立热带植物保护合作研究中心对热带植物进行研究保护，此外还设立了澳大利亚植物卫生处。澳大利亚在外来入侵水生物种监测方面，建立了以社区为基础的全国性监控网络，有 2000 个监控组监控着澳大利亚 200 个流域的 6000 多个站点[3]。

10.1.2　国内外来物种入侵应急预防体系

我国外来物种入侵应急预防体系主要分为预防级别划分和事前预防策略。本小节以《上海市处置重大植物疫情应急预案(2016 版)》为例，对外来物种入侵应急预防体系进行阐述。

1. 预防级别划分

上海市依据《中华人民共和国突发事件应对法》、《中华人民共和国进出境动植物检疫法》、《植物检疫条例》、中华人民共和国农业农村部印发的《农业重大有害生物及外来生物入侵突发事件应急预案》，以及《上海市实施〈中华人民共和国突发事件应对法〉办法》《上海市突发公共事件总体应急预案》等，编制《上海市处置重大植物疫情应急预案(2016 版)》[4]。

本小节以《上海市处置重大植物疫情应急预案(2016 版)》为参考依据，按照重大植物疫情的发生性质、危害程度和影响范围，可以将重大突发植物疫情由高到低分为四级：A 级、B 级、C 级和 D 级。

1)A 级重大植物疫情

发现从国外、市外传入本市局部已发生的检疫性或外来有害生物，经风险性分析综合评价风险极大、特别危险且有下列情况之一的，为 A 级重大植物疫情：①在本市 5 个以上区新发现 1 例以上有特大危险性的植物检疫性有害生物或外来有害生物，已对农业生产、社会经济和人民生活造成特别重大影响，且有进一步扩大趋势；②在本市 5 个以上区发生的植物检疫性有害生物或外来有害生物疫情，造成 1 万亩以上连片或跨区农作物严重减产、绝收，或造成直接经济损失 1000 万元以上，且有进一步扩大趋势；③中华人民共和国农业农村部或市政府认定的其他特别重大植物疫情。

2）B 级重大植物疫情

市内虽有零星发生或偶然传入，但发生范围不广的检疫性或外来有害生物，经风险性分析综合评价风险较大、高度危险且有下列情况之一的，为 B 级重大植物疫情：①在本市 3 个以上、5 个以下区新发现 1 例以上有重大危险性植物检疫性有害生物或外来有害生物，已对农业生产、社会经济和人民生活造成重大影响，且有进一步扩大趋势；②在本市 3 个以上、5 个以下区发生的植物检疫性有害生物或外来有害生物疫情，造成 5000 亩以上、1 万亩以下农作物严重减产、绝收，或造成直接经济损失 500 万元以上、1000 万元以下，且有迅速扩大趋势；③市政府认定的其他重大植物疫情。

3）C 级重大植物疫情

市内有一定发生范围的检疫性或外来有害生物，经风险性分析综合评价风险较小、中等危险且有下列情况之一的，为 C 级重大植物疫情：①在本市 2 个区新发现 1 例以上有较大危险性植物检疫性有害生物或外来有害生物，已对农业生产、社会经济和人民生活造成较大影响，且有进一步扩大趋势；②在本市 2 个区发生的植物检疫性有害生物或外来有害生物疫情，造成 1000 亩以上、5000 亩以下农作物严重减产、绝收，或造成直接经济损失 100 万元以上、500 万元以下；③市农业农村委员会认定的其他较大植物疫情。

4）D 级重大植物疫情

有下列情况之一的，为 D 级重大植物疫情：①在本市 1 个区新发现 1 例以上植物检疫性有害生物或外来有害生物；②在本市 1 个区发生的植物检疫性有害生物疫情，造成 500 亩以上、1000 亩以下农作物严重减产、绝收，且有进一步扩大趋势；③市或区农业农村委员会认定的其他一般植物疫情。

2. 事前预防策略

策略指根据具体情况而制定的指导全局的工作方针，重大突发植物疫情预防策略是预防和控制植物疫情的总纲领，只有在正确且合理的预防策略指导下，对植物疫情采取切实可行的预防措施，才能有效控制疫情的蔓延。

首先，突发重大植物疫情应对工作坚持“统一领导、科学处置，以人为本、快速应对，密切协同、分级负责，预防为主、综合治理，依法规范、加强管理，依靠科技、提高素质”的原则，主要表现为以下几点。

（1）统一领导、科学处置。在市委、市政府的统一领导下，建立健全分类管理、分级负责，条块结合、属地管理为主的应急管理体制，在各级党委领导下，实行行政领导责任制，充分发挥专业应急指挥机构的作用。

(2) 以人为本、快速应对。切实履行政府的社会管理和公共服务职能，把保障公众健康和生命财产安全作为首要任务，最大限度地减少突发公共事件及其造成的人员伤亡和危害。

(3) 密切协同、分级负责。加强以属地管理为主的应急处置队伍建设，建立联动协调制度，充分动员和发挥乡镇、社区、企事业单位、社会团体和志愿者队伍的作用，依靠公众力量，形成统一指挥、反应灵敏、功能齐全、协调有序、运转高效的应急管理机制。

(4) 预防为主、综合治理。高度重视公共安全工作，常抓不懈，防患于未然。增强忧患意识，坚持预防与应急相结合，常态与非常态相结合，做好应对突发公共事件的各项准备工作。

(5) 依法规范、加强管理。依据有关法律和行政法规，加强应急管理，维护公众的合法权益，使应对突发公共事件的工作规范化、制度化、法制化。

(6) 依靠科技、提高素质。加强公共安全科学研究和技术开发，采用先进的监测、预测、预警、预防和应急处置技术及设施，充分发挥专家队伍和专业人员的作用，提高应对突发公共事件的科技水平和指挥能力，避免发生次生、衍生事件；加强宣传和培训教育工作，提高公众自救、互救和应对各类突发公共事件的综合素质。

其次，根据应急预案，重大突发植物疫情事前预防策略包括组织体系、预警预防、预案管理等内容。各级农业部门应根据植物疫情预防控制机构提供的监测信息，按照植物疫情发生、发展的规律和特点，对其危害程度、发展趋势进行分析，并及时做出预警。

1) 组织体系

组织体系包括领导机构、应急联动机构、应急处置指挥机构、职能部门、专家咨询机构等内容，应急预案明确了各成员单位及其职责。

(1) 领导机构。

突发事件应急管理工作由市委、市政府统一领导；市政府是本市突发事件应急管理工作的行政领导机构；市应急委决定和部署本市突发事件应急管理工作，其日常事务由市应急办负责。

(2) 应急联动机构。

市应急联动中心设在市公安局，作为本市突发事件应急联动先期处置的职能机构和指挥平台，履行应急联动处置较大和一般突发事件、组织联动单位对特大或重大突发事件进行先期处置等职责。各联动单位在各自职责范围内，负责突发事件应急联动先期处置工作。必要时，充分发挥本市与农业农村部、国家林业和草原局、国家市场监督管理总局、驻沪部队、武警总队及毗邻省市的应急联动机制作用。

(3) 应急处置指挥机构。

A 级、B 级、C 级重大植物疫情发生后，视情成立市重大植物疫情应急处置指挥部(以下简称“市应急处置指挥部”)，实施对重大植物疫情突发事件应急处置工作的统一指挥。总指挥由市领导确定，成员由相关部门、单位和事发地所在区政府领导担任，市应急处置指挥部开设位置根据应急处置需要确定。市应急处置指挥部办公室设在市农业农村委员会。根据处置需要，可设置现场工作、疫情防控、后勤保障、信息发布等若干行动小组，在市应急处置指挥部的统一指挥下开展工作。

(4) 职能部门。

市农业农村委员会是市政府主管重大植物疫情的职能部门，也是处置重大植物疫情的责任部门，综合协调本市重大植物疫情的应急处置工作。具体工作内容如下：①组织开展植物检疫性有害生物和外来有害生物的监测、预警和防疫工作，收集、分析国内外疫情信息，及时发布预警信息。②负责制定重大植物疫情预防、预警、控制和处置的技术方案。必要时，提出划定疫区和保护区方案。③组织、协调市有关部门和区政府搞好紧急调拨农药、药械等应急防控物资等应急准备工作，保证应急处置有关响应快速、有效进行。④根据疫情发展态势，及时提出成立相关应急处置指挥机构的建议，组织并检查、督导重大植物疫情封锁、扑灭和控制的实施。

(5) 专家咨询机构。

市农业农村委员会负责组建处置重大植物疫情专家咨询组，为处置重大植物疫情提供决策咨询建议和技术支持。

2) 预警预防

预警预防工作是重大突发植物疫情事前预防策略至关重要的一环，包括信息监测、预警级别划分和发布、预警响应、风险防控等内容。

(1) 信息监测。

在信息监测过程中，应按照“早发现、早报告、早隔离、早扑灭”的原则，利用市、区两级重大植物疫情监测系统，对有害生物进行动态监测，并定期开展“拉网式”普查；由市、区农业农村委员会会同出入境检验检疫、林业等部门组织开展重大植物疫情监测，加强重大植物疫情监测工作的管理和监督，保证监测顺利开展和监测质量；市、区植物检疫机构负责对辖区内植物及其产品开展日常检疫执法检查，加强产地检疫、调运检疫和市场检疫；由市农业、林业和出入境检验检疫等部门加强国内外重大植物疫情相关信息的收集、分析和评估。重大植物疫情监测主要包括以下三点：①发生或正在发生的植物检疫性有害生物分布、扩散和危害情况。②可能携带检疫性和外来有害生物的植物及其产品在本市种植、调运情况。③新传入或新发现外来有害生物的发生、分布，以及对农业生产、生态、社会经济和公众健康造成的影响。

(2)预警级别划分和发布。

根据重大植物疫情可能造成的危害程度、紧急程度和发展态势，本市重大植物疫情预警级别分为四级：Ⅰ级(特别重大)、Ⅱ级(重大)、Ⅲ级(较大)和Ⅳ级(一般)，依次用红色、橙色、黄色和蓝色表示。

市(区)绿化局根据植物检疫部门提供的监测信息，组织专家组根据疫情发生、发展规律和特点，及时分析其危害程度与可能的发展趋势，提出疫情预警报告。

市(区)绿化局根据本预案，明确预警的工作要求、程序和部门，落实预警的监督管理措施，并按照权限适时发布预警信息。其中，特别严重预警信息的发布需报市(区)政府批准。信息的发布、调整和解除，可通过广播、电视、报刊、通信、信息网络、宣传车或其他方式进行[4]。

市农业农村委员会根据市政府决定或授权，在一定范围内适时发布重大植物疫情预警信息。预警信息发布部门可根据重大植物疫情的发展态势和处置情况，对预警级别做出调整。其中，Ⅰ级预警信息发布同时报市政府总值班室。

(3)预警响应。

进入预警期后，区绿化局、疫情发生地街道和镇、区应急联动中心等部门可根据重大植物疫情的特性、预警级别和相应职责，迅速做好相关应急处置工作的准备。具体包括：①准备或直接启动相应的应急处置规程。②组织有关防疫单位、扑疫队伍和专业人员进入待命状态。③根据可能发生的疫情等级、处置需要和权限，向公众发布可能受到重大植物疫情威胁的警告，宣传疫情应急防护知识。

特别重大植物疫情(Ⅰ级)确认后，市政府按照《农业重大有害生物及外来生物入侵突发事件应急预案》规定做好应急处理工作。超出市政府处理能力的，向国家请求支援。重大植物疫情(Ⅱ级)确认后，市农业农村委员会应及时向市政府提出启动本预案的建议。较大植物疫情(Ⅲ级)确认后，市政府根据本级农业部门的建议，启动市相关专项应急预案，统一领导本行政区域较大植物疫情的应急处理工作。必要时，可向省政府申请资金、物资和技术援助。一般植物疫情(Ⅳ级)确认后，区农业农村部门应及时向本级政府提出启动区有关应急预案的建议，由区政府做出是否启动的决定。

(4)风险防控(先期处置)。

受疫情威胁区要保持并加强与疫情发生区的联系，及时获取疫情相关信息；开展疫情监测、调查和预防控制及防疫知识宣传，组织搞好本区域应急处置所需力量和资源的准备，防止疫情传入、发生和扩散。

当外省市发生重大植物疫情且有传入本市风险时，由市农业农村委员会视情况组织有关部门采取相关措施实施预防和处置。组织专家加强疫情传入风险评估，及时发布警示或通告；加强对从疫区输入的高风险植物、植物产品及其包装物、运输工具等的检疫监管，禁止未经检疫货物进入本市，发现疫情及时处置；组织对疫区输入货物在本市的主要集散地区开展疫情监测；视情况禁止从疫区输入相关植物及其产品。

当境外发生重大植物疫情且有传入本市风险时，出入境检验检疫部门要采取相关紧急预防措施，并向市农业农村委员会通报有关情况。一旦发生重大植物疫情，由区绿化局及时组织协调有关部门和单位，通过组织、调度、协调有关力量和资源，采取必要措施，实施先期处置，并迅速确定疫情等级，上报现场动态情况。疫情影响的街道、镇要根据职责和规定权限启动相应应急预案处置规程，控制事态并向上级报告。疫情发生单位、社区负有先期处置的第一责任，相关单位必须在第一时间进行即时处置，要组织群众开展自救互救，防止疫情人为扩散，防止和减少自然扩散。

重大植物疫情应急处置要采取边调查、边处理、边核实的方式控制疫情发展。在先期处置过程中，因疫情发展和危害程度的变化而需变更响应级别的，由区绿化局及时报请区政府决定或视情况变更[4]。

3) 预案管理

(1) 预案解释与修订。

本预案由市农业农村委员会负责解释。市农业农村委员会根据实际情况，适时评估修订本预案。

(2) 预案报备。

市农业农村委员会将本预案报农业农村部备案。本预案定位为市级专项预案，是本市处置重大植物疫情的行动依据，各区政府和本市相关部门、单位可根据本预案，制订重大植物疫情处置的配套实施方案，定位为本预案的子预案，抄送市农业农村委员会备案。

(3) 预案实施。

本预案由市农业农村委员会组织实施。本预案自印发之日起实施，有效期为5年。

10.2　外来物种入侵应急准备体系

随着社会经济的发展及国际沟通交流的增多，外来物种入侵的渠道也逐渐增多。我国必须时刻防范外来物种入侵的不利影响，提前构建完善的外来物种入侵应急准备体系。

10.2.1 国外外来物种入侵应急准备体系

1. 美国

几十年来，美国通过了很多控制外来入侵物种的法案，如《植物检疫法》《动物损害控制法》《联邦植物害虫法》《国家环境政策法》《濒危物种保护法》《联邦杂草防治法》等。近几年来，随着对外贸易活动的日趋频繁，立法数量开始增多。涉及外来入侵物种的法律在 2002～2003 年通过了 16 部，在 2003～2004 年则通过了 26 部。在诸多的法律中，1990 年的《外来有害水生生物预防与控制法》将立法的焦点转移到外来物种入侵，在美国立法史上有重要地位，在此部法律中，设计了相关问题的立法框架。而州立法是由各州根据自身实际情况制定的法律，对相关问题进行了细化。在加利福尼亚州的州立法条文中明确了涉及植物检疫、病虫害治理、啮齿动物和外来杂草控制等相关条文[1]。

2. 英国

英国的外来物种入侵应急准备体系由多个部门和机构组成，如英国环境、食品和农村事务部、英国环境署、英国渔业和自然保护局等[5]。英国外来物种入侵应急准备体系指英国政府建立的一系列措施和机制，旨在应对外来物种入侵事件的发生，减轻其对英国环境和经济的影响。另外，英国政府储备了一定量的应急物资，包括防护装备、灭虫剂、捕捉器具等，以便在外来物种入侵事件发生时迅速投入使用。

3. 澳大利亚

澳大利亚外来入侵物种防控准备资金主要来源于联邦政府、州级和地方政府的财政预算，以及各级协会、企业、私人财团等的捐赠。国家开展相关项目的专项资金由联邦政府和州政府共同承担，其中联邦政府承担总预算的 50%，剩余 50% 的资金由各州政府按照人口比例进行分摊。例如，由澳大利亚农业、渔业和林业部与昆士兰州政府共同开展的红火蚁铲除计划(2001～2006 年)，虽然昆士兰州是受红火蚁危害最主要的地区，但其他州也按照比例承担了相应的防治资金，昆士兰州政府只承担了总资金预算的 8%。这种联邦政府和各州政府之间的重点项目资金均摊方式是澳大利亚外来入侵生物防治的一贯做法。强有力的资金筹措机制为澳大利亚红火蚁等外来入侵物种防治顺利、高效开展提供了坚实保障[6]。

10.2.2 国内外来物种入侵应急准备体系

我国外来物种入侵应急准备体系主要分为应急预案准备、法规建设准备和物资技术准备。其中物资技术准备可以细分为七大保障，分别为应急队伍保障、经费保障、治安保障、科技支撑、通信保障、物资保障和交通运输保障。本小节参考《上海市处置重大植物疫情应急预案(2016 版)》，对外来物种入侵应急准备体系进行阐述。

1. 应急预案准备

预案定位若为市级，该预案即为上海市处置重大植物疫情的行动依据，各区政府和本市相关部门、单位可根据本预案，制定重大植物疫情处置的配套实施方案，定位为本预案的子预案，抄送市农业农村委员会备案。

对于植物疫情应急预案的修订与完善，由相关部门根据实际情况需要进行评估和修订，植物疫情突发事件应急预案根据国家有关部门对有害生物防治策略、防治技术方案、疫情处置有关规定及当地疫情现状适时修改完善，向农业农村部备案，经当地政府批准后实施，并落实好预案中的相关工作，确保在发生植物疫情事件时，能按预案处置[4]。

2. 法规建设准备

1) 强化行政推动，促进责任落实

根据《农业部关于印发重大植物疫情阻截带建设方案的通知》要求，各省市及时制定工作方案，结合自身实际，以国家疫情监测点为依托，增设了市、区级疫情监测点，开展科学规范监测、强化检疫监管、加强检疫队伍建设。将阻截带建设列入重大农业植物疫情防控责任书，由政府推动全面建设。建立了“政府主导、属地管理、分级负责、联防联控、监督检查、年度考核”的防控工作机制[7]。

2) 合理设点布局，规范监测技术

遵循“统一规划、综合考虑、科学设置、合理有效”原则，结合国内外和周边地区疫情发生趋势，以及各地植物疫情发生特点和优势作物布局实际，在高风险区域、重点产区、物流集散地等处，科学合理设立各级植物疫情监测点，形成重大植物疫情监测与阻截网络。市与区、区与镇层层签订重大植物疫情监测工作责任书，严格执行疫情发布制度，发现疫情及时报告，坚决处置，将疫情封锁控制在局部区域。在监测过程中，发现可疑疫情，不能确诊的及时采集样品送有关科研院校鉴定。

3) 落实责任考核机制，加强疫情防控法治建设

一是不断完善重大植物疫情监测与防控工作责任制，各级要遵循《重大植物疫情阻截带建设责任书》规定，严格履行防控指挥部职责，加强领导、指挥、协调、监督。在生产和流通“两个领域”建立疫情监测、封锁控制和市场监管“三

个网络”。二是发布一个处置突发植物疫情的应急预案。有了应急预案，对疫情的封锁、扑灭、控制等各项工作就可以有条不紊地开展起来。三是明确各部门在处置疫情中的职责。植物疫情的处置工作是一项综合性工作，需要政府各部门的共同努力才能圆满完成。

3. 物资技术准备

预防突发植物疫情的发生，区政府有关部门按规定及时调拨救助资金和物资，迅速做好环境污染消除预防工作；对应急处置中可能出现受伤和死亡人员，以及紧急调集、征用有关单位和个人的物资，按照有关规定进行抚恤、补助或补偿。

1) 应急队伍保障

加强重大植物疫情应急防治与处置队伍建设，强化应急联动机制。由市农业农村委员会、区绿化局负责组建重大植物疫情应急处置专业队伍，各街道、镇负责组建应急处置预备队伍，并有针对性地开展应急防治培训与演练，一旦发生重大植物疫情，协助实施应急处置。

2) 科技支撑

由市农业农村委员会组织有关科研机构加强疫情调查、评估、趋势预测等技术研究。提高重大植物疫情检疫与控制、初始种群的野外监测与种群大面积暴发危害的监测技术。建立植物检疫性有害生物及危险性外来有害生物风险评估系统，确定重大植物疫情高、中、低风险管理名单。

3) 物资保障

区经济贸易委员会、区发展和改革委员会、街道、镇和有关单位根据“分级管理”的原则和预案明确的职责，组织应急物资的储备、生产、调拨和供应，以保障实施防控作业时的物资使用。在实施防控作业时，大型设备(包括运输车辆)一律停止日常养护作业，专用小型设备和特殊设备在启动应急预案时使用。

4) 交通运输保障

重大植物疫情发生后，由区公安分局及时对有关道路实行交通管制，必要时，开设应急救援通道；疫情发生地街道、镇协助搞好交通运输保障。

10.3　外来物种入侵应急响应体系

外来物种入侵后，对当地生态造成严重破坏，这就需要不同部门联合行动，及时响应，采取合理的响应措施，从而最大限度地降低外来物种入侵的影响，保障本土物种的正常生长及各项活动的顺利开展。

10.3.1　国外外来物种入侵应急响应体系

1. 美国

美国设立了专门的国家入侵物种管理委员会和外来物种咨询委员会管理外来入侵事务，主席由内政部部长、农业部部长和商务部部长担任。该委员会负责制定国家入侵物种管理计划，并组织协调各部门间的外来入侵物种防控，以及检查联邦机构外来入侵物种防控成效。美国还在州政府间建立了协作网络，监测和评估外来入侵物种对经济、环境和人类健康的影响[8]。美国 1990 年颁布了《外来有害水生生物预防与控制法》，1996 年颁布了《美国国家入侵物种法》，2001 年发布《入侵物种管理国家战略》。美国还针对威胁性大、难以去除的特定物种发布了专门的防控法令，如《海狸鼠控制和清除法》《褐树蛇控制和清除法》等[8]。

2. 英国

英国颁布的《环境保护法》规定了对非本地物种的控制和管理，以及对非本地物种的引入和放生的限制。英国外来物种入侵应急响应包括以下内容[5]：一旦发现外来物种入侵的迹象，英国政府会立即启动应急响应计划，派遣应急人员前往现场进行初步评估，确保能够及时处理和控制事件。政府还会通过媒体和社交网络等渠道向公众发布相关信息，提醒居民注意防范和配合应急工作。

为防止外来物种继续传播和对本地生态系统造成进一步破坏，英国政府会采取紧急控制措施，如设置隔离区、禁止运输、销毁物种、设立封锁线等，以便快速控制和消灭外来物种。英国政府会对外来物种入侵事件进行全面的监测和评估，以便了解事件的范围、影响和危害程度，并制定相应的应对措施。政府会定期更新监测和评估结果，以便及时调整应对策略。

3. 澳大利亚

针对入侵物种管理，澳大利亚专门成立了国家杂草管理委员会和国家有害脊椎动物委员会，负责协调澳大利亚政府和各个州之间的相关工作和职能；针对入侵植物，澳大利亚还成立了杂草合作研究中心、热带植物保护合作研究中心、植物健康组织与物种入侵控制中心、首席植物保护事务所等机构，负责处理植物相关事项。

根据外来入侵物种防控的关键环节，针对重点防治目标物种名录，澳大利亚科研机构和专家从进出口检疫、预警监控、综合防治、风险评估、快速反应应急技术等方面，开展了相关技术研究与示范，取得了良好效果，建立了相关技术标准体系，形成了联邦、州、地方政府与科研机构紧密合作关系，为外来入侵物种防控奠定了有力的技术支撑体系。澳大利亚外来入侵物种防控技术最鲜明的特色就是充分运用大自然“一物降一物”法则，利用生物天敌防治外来入侵物种。昆士兰州农业科技研究中心内有一个专门实验室，负责筛选澳大利亚本地天敌，用于对付澳大利亚引种至美国后泛滥成入侵物种的一种乔木[6]。

10.3.2　国内外来物种入侵应急响应体系

我国外来物种入侵应急响应体系主要分为以下四部分：分级分类响应、基本应急响应、扩大应急响应、应急响应结束。本小节参考《北京市突发事件总体应急预案(2021 年修订)》，对外来物种入侵应急响应体系进行阐述。

1. 分级分类响应

根据外来物种入侵的严重程度，可将外来物种入侵事件分为四个等级，即特别重大外来物种入侵事件、重大外来物种入侵事件、较大外来物种入侵事件、一般外来物种入侵事件，分别对应Ⅰ级响应、Ⅱ级响应、Ⅲ级响应、Ⅳ级响应，依次用红色、橙色、黄色、蓝色表示。

对于特别重大外来物种入侵事件采取Ⅰ级响应：由市应急委员会办公室报请市主要领导批准后启动应急预案，市委书记、市长或分管市领导应赶赴现场，并成立由各突发外来物种入侵事件专项应急指挥部、相关委办局和属地区县政府组成的现场指挥部。其中，市委书记、市长或分管市领导任总指挥，负责参与制定方案，指导、协调、督促有关部门开展工作；各突发外来物种入侵事件专项应急指挥部、相关委办局和事件属地区相关领导任执行总指挥，负责事件的具体指挥和处置工作。

对于重大外来物种入侵事件采取Ⅱ级响应：由市应急委员会办公室负责启动应急预案。分管市领导或副秘书长应赶赴现场，并成立由各突发外来物种入侵事件专项应急指挥部、相关委办局和区政府组成的现场指挥部。其中，分管市领导或副秘书长任总指挥，负责参与制定方案，协调有关部门开展工作；各突发外来物种入侵事件专项应急指挥部、相关委办局和区的相关负责同志任执行总指挥，负责事件的具体指挥和处置工作。

对于较大外来物种入侵事件采取Ⅲ级响应：由各突发外来物种入侵事件专项应急指挥部、相关委办局或区政府负责启动应急预案。由各突发外来物种入侵事件专项应急指挥部、相关委办局和区政府负责全权指挥。必要时分管市副秘书长或市应急委员会办公室派人到场，参与制定方案，并协调有关部门配合开展工作。

对于一般外来物种入侵事件采取Ⅳ级响应：由相关委办局或区政府负责启动应急预案。整个事件由相关委办局或区政府全权负责处置[9]。

2. 基本应急响应

(1) 当确认外来物种入侵事件即将或已经发生时，应在 2 小时内向事发地区、市级应急指挥机构(农业主管部门)报告。接到外来物种入侵事件报告的应急指挥机构(农业主管部门)应在 2 小时内向本级人民政府报告，同时报告上一级应急指挥机构(农业主管部门)，成立由各部门领导同志参加的现场指挥部，并立即组织进行现场调查和确认。各级人民政府应在接到报告 2 小时内向上一级人民政府报告。根据现场调查和确认结果，Ⅳ级外来物种入侵事件 72 小时内报告上一级农业主管部门，Ⅲ级外来物种入侵事件 48 小时内报告上一级农业主管部门，Ⅱ级外来物种入侵事件 12 小时内报告市应急指挥部(市农业农村局)，Ⅰ级外来物种入侵事件 6 小时内报告农业农村部。外来物种入侵事件发展情况随时报告。

(2) 现场指挥部确定联系人和通信方式，指挥协调公安、交通、消防和医疗急救等部门应急队伍先期开展救援行动，组织、动员和帮助群众开展防灾、减灾和救灾工作。全力维护好事发地区治安秩序，做好交通保障、人员疏散、群众安置等各项工作，尽全力防止紧急事态的进一步扩大。及时掌握事件进展情况，随时向市应急委员会办公室报告。同时结合现场实际情况，尽快研究确定现场应急事件处置方案。

(3) 参与外来物种入侵事件处置的各相关委办局，应立即调动有关人员和处置队伍赶赴现场，在现场指挥部的统一指挥下，按照专项预案分工和事件处置规程要求，相互配合、密切协作，共同开展应急处置和救援工作。

(4) 市应急委员会办公室应依据外来物种入侵事件的级别和种类，适时建议派出由该领域具有丰富应急处置经验的人员和相关科研人员组成的专家顾问组，共同参与事件的处置工作。专家顾问组应根据上报和收集掌握的情况，对整个事件进行分析判断和事态评估，研究并提出减灾、救灾等处置措施，为现场指挥部提供决策咨询。

(5) 现场指挥部应随时跟踪事态的进展情况，一旦发现事态有进一步扩大的趋势，有可能超出自身的控制能力，这时应立即向市应急委员会办公室发出请求，由市委员会、市政府协助调配其他应急资源参与处置工作。同时应及时向事件可能波及的地区通报有关情况，必要时可通过媒体向社会发出预警。

3. 扩大应急响应

(1) 预计将要发生或已经发生特别重大、重大外来物种入侵事件时，由市应急委员会办公室报请委员会主要领导批准，决定启动相应的应急预案。依据事件等级，市委书记、市长或分管市领导坐镇市应急指挥中心，统一领导外来物种入侵事件的处置工作。

(2) 如果外来物种入侵事件的事态进一步扩大，预计凭北京市现有应急资源和人力难以实施有效处置，这时应以市外来物种入侵事件应急委员会的名义，协同中央国家在京单位、北京卫戍区、武警北京总队参与处置工作。

(3) 当外来物种入侵事件波及本市大部分地区，造成的危害程度已十分严重，超出北京市自身控制能力，需要国家或其他省市提供援助和支持时，市外来物种入侵事件应急委员会应将情况立即上报党中央、国务院，请求成立首都外来物种入侵事件应急委员会，由党中央、国务院直接指挥或授权北京市指挥，统一协调、调动北京地区各方面应急资源共同参与事件的处置工作。

4. 应急响应结束

(1) 外来物种入侵事件处置工作已基本完成，次生、衍生事件危害被基本消除，应急处置工作即告结束。

(2) 外来物种入侵事件应急处置工作结束后，承担事件处置工作的市外来物种入侵事件专项指挥部、区相关委办局和现场指挥部，须将应急处置工作的总结报告上报市应急委员会办公室，报请委员会主要领导批准后，做出同意应急结束的决定。

(3) 一般和较大外来物种入侵事件由发布启动预案的外来物种入侵事件专项指挥部、区相关委办局宣布应急结束。重大、特别重大外来物种入侵事件由发布启动预案的各外来物种入侵事件专项指挥部或市应急委员会办公室宣布应急结束。

(4) 外来物种入侵事件应急处置工作结束后，应将情况及时通知参与事件处置的各相关部门，必要时还应通过新闻媒体同时向社会发布应急结束消息[10]。

10.4　外来物种入侵应急修复体系

当外来物种入侵后，即使采取严格的响应策略，也会对当地原始的生态环境造成一定的影响。因此，外来物种入侵后的应急修复至关重要。这就要求各部门协同配合，关注物种入侵后的生态修复，保障尽快恢复到入侵前状态。

10.4.1　国外外来物种入侵应急修复体系

1. 美国

美国通过制定《入侵物种管理国家战略》来确定预防和控制外来入侵植物的目标，提出了对已出现的外来入侵植物进行控制和消除的措施，以及对受入侵生态系统进行功能恢复的方法[11]。

2. 英国

英国政府通过植树造林、湿地重建等措施，对受到入侵物种影响的生态系统进行修复和重建，恢复受损生态系统的结构和功能。通过推广抗性品种、控制病虫害等措施，恢复受损农业生产的能力和效益[6]。

10.4.2 国内外来物种入侵应急修复体系

我国外来物种入侵应急修复体系主要分为调查与总结和善后处置。其中善后处置细分为四个方面，分别为生态恢复、社会救助、宣传培训、奖励与责任。本小节参考《北京市突发事件总体应急预案(2021 年修订)》，对外来物种入侵应急修复体系进行阐述。

1. 调查与总结

(1)现场指挥部适时成立事件原因调查小组,组织专家调查和分析事件发生的原因和发展趋势，预测事故后果，报市应急委员会办公室。处置结束一周内，现场指挥部应将总结报告报送市外来物种入侵事件应急委员会，由市应急委员会办公室备案。

(2)在外来物种入侵事件处置结束的同时,市应急委员会办公室组织有关专家顾问成立事故处置调查小组，对应急处置工作进行全面客观的评估，并在 20 天内将评估报告报送市外来物种入侵事件应急委员会[12]。

(3)市外来物种入侵事件应急委员会根据以上报告，总结经验教训，提出改进工作的要求和建议。

2. 善后处置

1)生态恢复

对于外来物种入侵事件造成农业减产、绝收的，农业主管部门制定计划，尽快组织灾后重建和生产自救，弥补灾害损失。

自然保护区内退化生态系统应尽可能采取封禁方式进行自然恢复。确需人工辅助恢复的自然保护区，应分类指导，开展生态恢复工程。人工恢复植被应当种植当地的乡土植物。野生动物类型的自然保护区，可根据主要保护对象的生活习性和活动规律采取必要的人工控制手段，优化主要保护物种栖息地。荒漠区域的自然保护区可建设必要的防沙治沙设施。湿地和海域的自然保护区可以采取湿地水源保护、蓄水和引水、湿地生态恢复、红树林和珊瑚礁等人工恢复工程。水生生物自然保护区可以采取人工恢复野生种群工程，人工增殖放流应当使用当地物种。自然遗迹类型自然保护区对重要自然遗迹等可进行围栏

(网)保护。

2)社会救助

受损失严重地区的地方政府，应建立社会救助机制，积极提倡和鼓励企事业单位、社会团体及个人捐助救助基金。民政部门统一负责接收国内外救助机构的援助，接受企业和个人捐助等，资金和物资统一管理，及时发放到受害人，做好登记和监督。

3)宣传培训

各级农业主管部门研究制定预防农业重大有害生物与外来生物入侵宣传培训计划，加强公众法律知识和预防知识的普及教育，深入宣传贯彻国家有关法律法规和有关部门规章制度，充分发挥各级农业环境保护、植物检疫、农业技术推广、农民教育等部门的职能，重点开展管理、预防、控制教育工作。各级政府要号召和组织社会各界及各阶层参与农业重大有害生物与外来生物入侵管理和防治活动。

4)奖励与责任

对于在外来物种入侵事件应急处置工作中做出突出贡献的单位和个人，按照有关规定给予表彰和奖励；对于不认真履行职责、玩忽职守并导致严重后果的，依据有关法律法规和规定，追究相关人员责任，情节严重构成犯罪的，依法追究刑事责任。

参 考 文 献

[1] 王静. 美国外来物种入侵立法现状及对我国的启示. 时代金融, 2018(8): 334, 336.

[2] 梁异. 筑牢生物安全屏障. 经济日报. 2023-04-21. https://backend.chinanews.com/gn/2023/04-21/9994233. shtml.

[3] 邝建新. 生物安全法背景下外来物种入侵规制研究. 贵阳: 贵州大学, 2022.

[4] 上海市人民政府. 上海市突发环境事件应急预案(2016 版). [2022-04-27]. https://www.shanghai.gov.cn/nw32024/20210105/0001-32024_1185818.html.

[5] 武晓娟. 筑牢生物安全屏障. 经济日报. 2023-04-21. http://m.ce.cn/bwzg/202304/21/t20230421_38510539. shtml.

[6] 黄波, 毕坤, 张艳萍, 等. 澳大利亚外来入侵物种管理策略及对中国的借鉴意义. 农学学报, 2020, 10(11): 96-100.

[7] 李艳敏, 王荣洲, 卢英, 等. 浙江省重大农业植物疫情阻截带建设现状及建议. 浙江农业科学, 2016, 57(12): 1944-1946.

[8] 陆轶青. 发达国家外来入侵物种管理经验借鉴. 世界环境, 2022(5): 77-80.

[9] 中华人民共和国中央人民政府. 农业农村部部署农业重大植物疫情阻截防控工作. (2021-05-31). http://www.gov.cn/xinwen/2021-05/31/content_5614077.htm.

[10] 中华人民共和国中央人民政府. 突发环境事件应急管理办法.（2015-04-16）[2022-04-27]. http://www.gov.cn/gongbao/ content/2015/content_2901378.htm.
[11] 王晓辉. 防治外来物种入侵立法研究. 北京: 中国政法大学, 2006.
[12] 北京市应急管理局. 北京市突发事件总体应急预案（2021 年修订）.（2021-08-06）[2022-04-27]. https://www.beijing. gov.cn/zhengce/zfwj/202108/t20210806_2457870.html.

第 11 章　外来物种入侵应急管理模型与方法

外来物种入侵防控事关国家安全。近年来，随着我国商品贸易和人员往来日益频繁，外来入侵物种扩散途径更加多样化、隐蔽化，多数入侵物种可在我国找到适宜的生存环境，一旦定殖，彻底根除难度大，严重影响入侵地生态环境，损害农林牧渔业可持续发展和生物多样性，研究外来物种入侵应急管理理论与方法至关重要。基于此，本章重点阐述外来物种入侵应急管理理论与方法，主要包括如下四部分：外来入侵物种传播扩散模型、外来入侵物种风险评估模型、外来物种入侵机理及其空间分布模拟、外来物种入侵应急资源配置优化模型。

11.1　外来入侵物种传播扩散模型

外来入侵物种会改变本地生物群落的结构和生态系统的功能。它们可能会带来病原体、竞争者、食物链中断和生境破坏等一系列问题。因此，防治外来入侵物种具有重要意义。本小节主要介绍描述生物群体增长的指数增长模型和 logistic 增长模型。

11.1.1　指数增长模型

指数增长模型(exponential growth model)是一个用于描述生物群体增长的简单模型。此模型假设在研究的时间范围之内，仅有生长繁殖而没有死亡现象，并且生物群体能够获得无限的生长条件，模型示意图如图 11-1 所示。将指数方程用于描述植物疫情增长，其微分方程为

$$\frac{\mathrm{d}x}{\mathrm{d}t}=r_{\mathrm{e}}\cdot x \tag{11.1}$$

式中，x 为具有传染病的植物数量；$\mathrm{d}x/\mathrm{d}t$ 为单位时间(d)新增传染病数量；r_{e} 为传染病指数增长率。式(11.1)经积分成指数式：

$$x_t=x_0\mathrm{e}^{r_{\mathrm{e}}t} \tag{11.2}$$

式中，x_0 为积分常数，这里代表 $t=0$ 时的初始疫情；x_t 为 t 时刻的疫情；r_{e} 为指数增长率；e 为自然对数的底($\mathrm{e}=2.71828$)。该方程若以 x 为纵坐标，以 t 为横坐标作图，则相关曲线呈“J”形。

在方程两边取对数，可以使式(11.2)转化为直线方程：

$$\ln x_t = \ln x_0 + r_e t \tag{11.3}$$

以 $\ln x$ 对 t 作图，那么直线的斜率为 r_e，截距为 $\ln x_0$，r_e 和 $\ln x_0$ 可通过线性回归估计。通过田间调查，若知道初始疫情 x_0 和 t 时的疫情 x_t，或者 t_2 时的 x_2 和 t_1 时的 x_1，则可将式(11.3)变换成式(11.4)，计算病害在两期之间的指数增长率 r_e。

$$r_e = \frac{1}{t_2 - t_1}(\ln x_2 - \ln x_1) \tag{11.4}$$

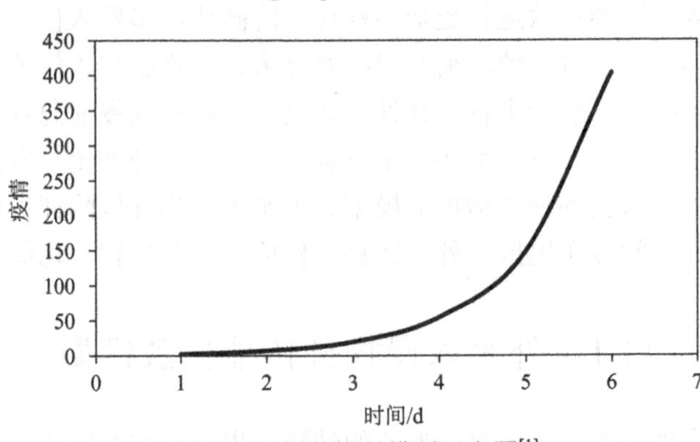

图 11-1　指数增长模型示意图[1]

指数增长模型具有结构简明、生物学意义清晰的优点，如式(11.2)，等号左边表达植物疫情的流行程度，等号右边则说明植物疫情流行程度取决于初菌量、流行速度和流行时间这些主要参量。但是，指数增长模型的假设条件是：①只考虑生殖率不考虑死亡率，对疫情而言，只考虑新生病斑的发生，不考虑老病斑的消亡和报废；②生物生存条件无限，群体可无限增大，对疫情而言，可供侵染的寄主组织是无限的；③环境条件是稳定的，增长率不随时间而改变。实际上，可供侵染的寄主组织不可能无限，当传染病数量不断增多，可侵染的寄主组织就逐渐减少，不考虑传染病增长过程中自我抑制作用，是该模型最明显的不合理之处。因此，指数增长模型只能在发病初期(病害普遍率<0.05)，可供侵染的寄主组织很多，即自我抑制作用很小时才能应用，而传染病数量上升后，logistic 增长模型更为合适。

11.1.2　Logistic 增长模型

Logistic 增长模型是广泛应用于描述季节进展曲线的基本模型，又称自我抑制性方程，生态学中该模型的微分表达式为

$$\frac{dN}{dt} = rN\left(1 - \frac{N}{K}\right) \tag{11.5}$$

式中，N 为种群的个体数；K 为环境对种群的最大容纳量；r 为种群的内禀增长率。该方程与指数增长模型相比，多了 $(1 - N/K)$ 的修正项，说明种群增长不仅

取决于 r 和 N，而且受到环境容纳能力的影响，即 $K>N>0$ 时，种群生长受到 $(1-N/K)$ 的修正。方程的积分形式为

$$N=\frac{K}{1+c\cdot \mathrm{e}^{-rt}} \tag{11.6}$$

式中，c 为积分常数。曲线的形式则是以拐点为中心的中心对称的“S”形曲线。范德普兰克将其用于季节流行动态分析时，用植物群体中发病的普遍率或者严重度表示传染病数量，将植物传染病的最大容纳量 K 定为 1(或 100%)，修正后的 logistic 增长模型的微分式为

$$\frac{\mathrm{d}x}{\mathrm{d}t}=rx(1-x) \tag{11.7}$$

式中，r 为速率参数，来源于实际调查时观察到的症状明显的传染病，范德普兰克将 r 称作表观侵染速率。该方程与指数增长模型的主要不同之处，是方程的右边增加了 $1-x$ 修正因子，使模型包含自我抑制作用。因为在 x 接近 0 时，$1-x$ 接近 1，此时自我抑制作用很小，近似于指数增长模型；当 x 趋于 1 时，自我抑制作用逐步明显，当 $1-x=0$ 时，可侵染组织达到饱和，传染病不再增长。式(11.7)的积分式为

$$x=\frac{1}{1+\exp[-(B+rt)]} \tag{11.8}$$

式中，B 为积分常数。因为 x 是经过 t 时间后的传染病数量，当 $t=0$ 时，x 的初始值为 x_0。将 $B=(1-x_0)/x_0$ 代入式(11.8)，经过整理可得

$$\frac{x}{1-x}=\frac{x_0}{1-x_0}\cdot \mathrm{e}^{rt} \tag{11.9}$$

若以传染病数量对时间作图，则病害的流行曲线是对称的“S”形曲线，“S”形曲线的中点也是流行曲线的拐点。若以 $\mathrm{d}x/\mathrm{d}t$ 对 t 作图，其速率曲线是两边对称的钟形曲线，并在拐点处的单位时间增长量达最大值($\mathrm{d}x/\mathrm{d}t$，t 约为 0.062)，如图 11-2 所示。

直线化表观侵染速率 r，将式(11.9)两边取对数，以 x_1 和 x_2 分别代表 t_1 和 t_2 时的疫情，方程的直线化形式可写为

$$\ln\left(\frac{x_2}{1-x_2}\right)=\ln\left(\frac{x_1}{1-x_1}\right)+r(t_2-t_1) \tag{11.10}$$

式中，$\ln[x/(1-x)]$ 称作 x 的 logistic 转换值，通常简称 logistic 值 $\left[\mathrm{logit}(x)\right]$。当 $x=0.5$ 时，logistic 值 $\ln[x/(1-x)]$ 等于 0；当 $x<0.5$ 时，logistic 值为负值；当 $x>0.5$ 时，logistic 值为正值。当已知 t_1 和 t_2 时刻的疫情 x_1 和 x_2 后，即可根据式(11.11)计算表观侵染速率：

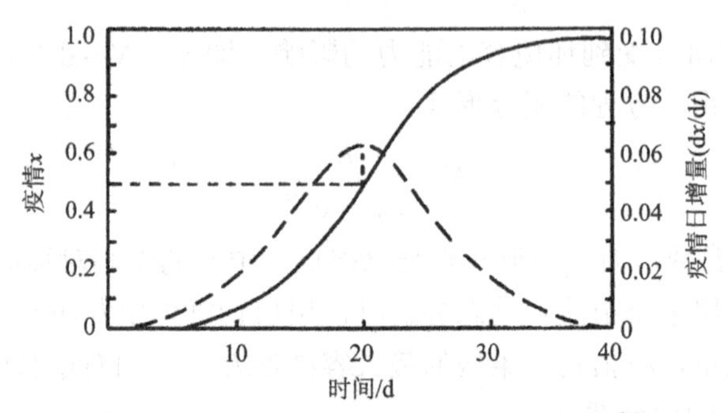

图 11-2　病害进展曲线和速率曲线对应图[1]

$$r = \frac{1}{t_2 - t_1}\left(\ln\frac{x_2}{1-x_2} - \ln\frac{x_1}{1-x_1}\right) \tag{11.11}$$

表观侵染速率是植物传染病流行的表达方式之一，指单位时间内新增传染病数量的比率，因为时间以天为单位，所以也称为传染病的“日增长率”。表观侵染速率是依据田间实查的可见受侵染组织计算而得的，因此 r 值是单位时间受侵染组织的发展速率。而受侵染的组织 x_t 总体上有三种状态：一是处于潜伏期的病斑(注：这里所指的潜伏期不同于病理学上的潜育期。潜育期指从接种到症状出现的时间；而潜伏期则为从接种到产孢成为可传染性病斑的时间，即潜伏期要比潜育期长)。二是正处于传染期不断产生传播体的病斑。三是发病时间比较长，已经失去传染能力、不再产生传播体的老病斑，属报废病斑。范德普兰克认为，已被侵染但还未度过潜伏期的病斑，对病害发展速度造成了一种延迟作用。故在 t 时刻的流行速度是由一个较早时间的传染性组织决定的，所以 x_t 应调整为 x_{t-p} 。由此产生了一个新的方程式：

$$\frac{dx}{dt} = Rx_{t-p}(1-x_t) \tag{11.12}$$

式中，R 被称为基本侵染速率。由于 x_{t-p} 不能通过实测得到，因此基本侵染速率 R 仅是推理中的一个步骤，需要通过系统模拟体现其实际意义。式(11.12)仅考虑 x_{t-p} 是不太准确的，因为它实际上包括了那些已经过了传染期而不再有传染力的报废病斑。因而对式(11.12)需要进一步校正，消除那些已经报废的病斑的数量，应为 x_{t-p-i}，经过校正，只保留具有传染性的病斑对传染病增长的作用。校正后的方程为

$$\frac{dx}{dt} = R_c\left(x_{t-p} - x_{t-i-p}\right)(1-x_t) \tag{11.13}$$

式中，R_c 为校正侵染速率，是单位时间传染性组织引起的传染病的增长速度。R_c 是一个反映传染病流行速度的重要参数，它与潜伏期 p 和传染期 i 共同决定传染病流行速度。校正侵染速率 R_c 能够精确地反映植物传染病经过传染而引起的病例

增长，但必须经过一定的试验研究才能取得，故一般多用于组建病害模拟模型[1]。

11.2　外来入侵物种风险评估模型

关于外来入侵物种的风险评估定义，有着不同的说法。例如，外来入侵物种的风险评估是一种识别、评估和处理外来物种传入过程中产生的不确定事件，并采用最小的成本将各种不利后果减少到最低程度的科学管理技术。世界自然保护联盟在《世界自然保护联盟防止因生物入侵而造成的生物多样性损失指南》中提出，外来物种风险评估是一种用来分析计划引种可能产生的负面影响的方法，评估外来物种的风险包括对计划引种潜在负面影响的大小、性质及发生的概率等方面的探究，在此基础上找到有效的方法来降低风险，或者研究其他的引种选择。鉴于本节所研究的对象是有意引入的外来植物，所以选用世界自然保护联盟的定义来解释外来物种风险评估更为合适[2]。

对于外来入侵植物的风险评估，一般采用流程图分析法和层次分析法。流程图分析法主要用来分析引进过程中的每个环节可能存在的风险，包括引进前的风险评估、引进过程中的风险和引进后的监督管理等方面；而层次分析法是把外来植物引进的风险类型分为若干方面，根据风险的从属关系列成一个树状结构，最后找到操作层面上风险产生的原因。

11.2.1　风险评估的指标体系建立

20 世纪 80 年代以来，国际交流沟通日益频繁，欧洲各国对生态的关注度越来越高，不断推出生态风险评价办法，国内学者蒋青等[3]在美国有害生物风险分析(pest risk analysis, PRA)方法的基础上，进一步对检疫有害生物的危险性做定量分析，提出了如下有害生物危险性评价指标体系。

(1)有害生物危险性综合评价(R)，从国内分布状况、潜在危险性、受害栽培寄主的经济重要性、移植的可能性和危险性管理的难度五大方面进行评价。

(2)有害生物危险性的评价标准(P)，根据评判指标(上述五大方面及其下属指标共 15 类)，分别赋予评判指标相应的权重，计算得到风险值。一级指标的值由其所属的二级指标的值以一定的数学公式推导计算而得。其中一级指标的评价值越大，表示引进该物种的风险越大。借鉴了外国的风险评价体系后，我国学者结合国情对算法和评价指标进行优化，建立了适合我国的外来物种风险评价体系[4,5]。

本小节结合王圣楠等[6]的研究成果，构建外来植物引进的风险评价指标体系如下。评价目标是外来植物引进的风险水平，共有六个一级指标，分别是国内外基本情况、引入过程、植物基本属性、繁殖能力和传播能力、环境差异与影响和危害控制；每个一级指标下面设置若干具体典型的、可定量的二三级指标，因此整个外来物种风险评估指标体系的构建如表 11-1 所示。

表 11-1 外来物种风险评估指标体系[7]

准则层	指标层	指标体系	判断标准及赋值			
			A	B	C	D
入侵性 R_1	国外分布情况 R_{11}	Q1.物种国外分布范围	12	9	3	0
		Q2.物种国外重要性地位	8	6	3	0
	国内分布情况 R_{12}	Q3.物种国内分布范围	12	9	3	0
		Q4.物种国内重要性地位	9	5	3	0
	传播方式 R_{13}	Q5.自然传播	6	4	2	0
		Q6.人为传播	13	10	7	3
	检验鉴定难度 R_{14}	Q7.检验鉴定难度	8	5	3	0
	除害处理的难度 R_{15}	Q8.人工防除	8	5	3	0
		Q9.化学防除	8	5	3	0
		Q10.生物防除	6	4	3	0
	根除难度 R_{16}	Q11.根除难度	10	8	5	0
适生性 R_2	气候适宜度 R_{21}	Q12.中国气候的适宜度	28	16	4	0
	环境条件 R_{22}	Q13.生存环境条件	14	9	6	0
	分布生境特点 R_{23}	Q14.生境类型多样性	18	11	6	3
	耐逆性 R_{24}	Q15.耐逆性	22	14	11	4
	天敌分布情况 R_{25}	Q16.国内天敌分布情况	18	15	12	6
扩散性 R_3	生活史 R_{31}	Q17.生活周期	16	12	8	4
	繁殖能力 R_{32}	Q18.传粉受精方式	8	4	4	4
		Q19.繁殖体数量多少	18	12	8	3
		Q20.繁殖体休眠特性强弱	16	12	7	3
		Q21.成苗率大小	12	8	4	2
	遗传特性 R_{33}	Q22.遗传稳定性	16	8	4	2
		Q23.与亲缘杂草杂交可能性	14	8	4	0
危害性 R_4	经济危害 R_{41}	Q24.危害作物的类别及重要性	11	7	5	2
		Q25.危害作物的面积	15	11	6	3
		Q26.对产量品质的影响	14	10	5	2
		Q27.增加生产成本	8	5	3	0
	生态环境影响 R_{42}	Q28.传带其他有害生物	8	5	3	0
		Q29.对生物多样性的影响	10	5	3	0
		Q30.对生态平衡的影响	10	5	3	0
		Q31.对水体、土壤的影响	8	5	2	0
	人类健康重要性 R_{43}	Q32.对社会的危害程度	16	12	6	0

11.2.2　风险综合评估模型建立

外来入侵物种会造成生态系统的严重破坏，威胁生物多样性，引起本地物种的灭绝，造成巨大的经济损失。非本地物种入侵被认为是全球生物多样性丧失的主要原因之一，因而建立一个完整的生态风险体系来详细评估外来植物的入侵潜力和生态风险尤为重要。

建立一个有效的风险评估模型有以下步骤：

(1)判断外来入侵物种的潜在危害性。从外来入侵物种是否传带其他生物、外来植物在原产地是否产生危害及能否控制、外来植物扩散和定植能力、扩散后可能产生的生态经济危害四个方面进行评分。

(2)确定各级指标评判值和权重值，按照多目标综合评判方法，计算外来植物引入风险值。

(3)根据计算的结果将风险等级分为 4 级，分别为一级(建议不引入)、二级(需要加评估内容或暂缓引入)、三级(可以引入但要实施管控措施)、四级(可以引入)，最终形成外来草本植物引入风险报告单，得出外来入侵植物的引入风险级别。

参照外来物种风险评估方法，提出外来植物风险指标体系和判断标准，参照王圣楠等[6]学者的研究，绘制表 11-1 作为加拿大一枝黄花的风险评估指标体系和判断标准。该指标体系准则层有四个，分别是入侵性、适生性、扩散性和危害性，指标层包含 17 个指标和 32 个具体问题，并给出了各指标参数的数量化依据，进行定量化分析。

设定入侵风险 R 为 100，四个指标层所占权重系数分别是：R_1 为 40%、R_2 为 15%、R_3 为 20%、R_4 为 25%，并且 R 满足如下公式：

$$R = R_1 \times 0.4 + R_2 \times 0.15 + R_3 \times 0.2 + R_4 \times 0.25$$

根据表 11-1 的指标参数和上述权重公式计算出加拿大一枝黄花的风险值，对应表 11-2 的 R 值寻找划分标准，判断引入加拿大一枝黄花的风险程度。

表 11-2　引入外来物种危险程度等级划分标准[7]

风险等级	等级划分标准	R 值
一级	特别危险	$R > 61$
二级	高度危险	$29.5 < R \leqslant 61$
三级	中度危险	$11 < R \leqslant 29.5$
四级	低度危险	$R \leqslant 11$

11.2.3 风险评估应用——以加拿大一枝黄花为例

根据加拿大一枝黄花的生理特性等信息，参照指标体系参数[6]，得到 R_1、R_2、R_3 和 R_4 的值，分别是 87、85、76、84，根据风险评估模型，计算得：

$$R = 87\times 0.4 + 85\times 0.15 + 76\times 0.2 + 84\times 0.25 = 83.75$$

$R > 61$，因此加拿大一枝黄花被认定为特别危险的外来入侵物种，为严格禁止引入的植物，以及具有严重危害性和侵入性的物种。由于该物种已经引入我国，且蔓延面积较广，应采取切实可行的措施防止其传入我国还没有发生的地区，在已经发生的地区要积极采取防控措施[7]。

11.3 外来物种入侵机理及其空间分布模拟

随着气候变迁和人类对生态系统的破坏，物种迁移日益频繁，生态入侵事件日渐增多。外来物种入侵当地生态系统后，其与当地植物物种会产生竞争关系，争夺水、肥料、光照等资源[8]。在生态动力学中，物种间的竞争作用可以归结为动力系统，而且在刻画两个物种相互竞争机理和过程时一般采用一些二维非线性动力系统模型。通常这种模型描述的是同一斑块中两物种的动态行为，忽略了在空间上斑块与斑块的相互作用。本节参考刘华等的研究成果[9-11]，对外来物种入侵机理及其空间分布模拟进行定义和解释。

11.3.1 外来物种入侵空间扩散模型

将外来物种入侵空间均匀地分成由 i 行 j 列组成的斑块，其中任何一个斑块可用 (i,j) 来表示，其中 $i=1,2,\cdots,I$；$j=1,2,\cdots,J$。

两种植物在同个斑块中将产生竞争，外来物种在生长过程中会从生物量高的斑块向生物量低的斑块发生迁移，考虑到以上因素，建立单个斑块外来物种入侵空间扩散模型（假定物种 2 为外来物种）：

$$\begin{cases} \dfrac{\mathrm{d}N_{1ij}}{\mathrm{d}t} = r_1 \cdot N_{1ij} \cdot \left[\dfrac{K_1 - N_{1ij} - \alpha\lambda_2 \cdot \dfrac{K_1}{r_1} \cdot \dfrac{V}{V_1} \cdot N_{2ij}}{K_1} \right] \\ \dfrac{\mathrm{d}N_{2ij}}{\mathrm{d}t} = r_2 \cdot N_{2ij} \cdot \left[\dfrac{K_2 - N_{2ij} - \beta\lambda_1 \cdot \dfrac{K_2}{r_2} \cdot \dfrac{V}{V_2} \cdot N_{1ij}}{K_2} \right] + \mu\left(\sum\limits_{\text{neighbor}} N_{2ij} - 4N_{2ij} \right) \end{cases} \tag{11.14}$$

式中，r_1、r_2表示物种 1、2 的增长率；K_1、K_2表示物种 1、2 的容纳量；α、β表示物种 1、2 的生长率与生物量、土壤水分成正比；λ_1、λ_2表示物种 1、2 对水资源的利用率，$\lambda_1+\lambda_2=1$；V_1、V_2表示物种 1、2 的水资源代谢库；V表示两个资源库的重叠部分。

式(11.14)为第(i,j)个斑块毒杂草入侵空间扩散模型，本模型中元胞自动机设计采用冯·诺伊曼型，每个元胞有 4 个邻体，N_{2ij}为二维网格中第(i,j)个斑块的生物量，该斑块的邻体斑块生物量为$N_{2i-1,j}$（上邻体）、$N_{2i+1,j}$（下邻体）、$N_{2i,j-1}$（左邻体）、$N_{2i,j+1}$（右邻体），考虑外来植物物种从生物量高的斑块向生物量低的斑块发生入侵扩散，第(i,j)个斑块与邻体斑块的生物量差为$N_{2i-1,j}-N_{2ij}$（以上邻体为例）。模型中$\sum\limits_{\text{neighbor}} N_{2ij}-4N_{2ij}$体现了第$(i,j)$个斑块中毒杂草的邻体对第$(i,j)$个斑块的入侵扩散作用，$\mu$为扩散指数。

11.3.2　外来物种入侵的空间分布模拟

将单一斑块中两种植物物种的相互竞争扩展到空间上，在100×100的二维网格平面上模拟两种物种的种群动态，时间标度t为单位时间步长，对植物物种入侵空间扩散模型进行离散化，得到式(11.15)。

$$
\begin{cases}
N_{1ij(t+1)}=r_1\cdot N_{1ij}(t)\cdot\left[\dfrac{K_1-N_{1ij}(t)-\alpha\lambda_2\cdot\dfrac{K_1}{r_1}\cdot\dfrac{V}{V_1}\cdot N_{2ij}(t)}{K_1}\right]+N_{1ij}(t)\\
N_{2ij(t+1)}=r_2\cdot N_{2ij}(t)\cdot\left[\dfrac{K_2-N_{2ij}(t)-\beta\lambda_1\cdot\dfrac{K_2}{r_2}\cdot\dfrac{V}{V_2}\cdot N_{1ij}(t)}{K_2}\right]\\
\qquad+\mu\left(\sum\limits_{\text{neighbor}}N_{2ij}(t)-4N_{2ij}(t)\right)+N_{2ij}(t)
\end{cases}
\tag{11.15}
$$

通过研究发现，有扩散项和无扩散项的模拟结果发生了根本性的改变，无扩散时外来植物物种呈聚集型分布，有扩散时外来植物物种呈均匀型分布。说明外来植物物种的入侵及空间扩散从根本上改变了植物物种空间分布的格局，明显降低了物种的空间分布聚集程度。

11.4 外来物种入侵应急资源配置优化模型

外来物种入侵应急响应的质量对于生态环境和人民生活的保障至关重要，通过优化资源配置，可以提高应急响应质量及响应效率，快速控制入侵态势，避免不必要的风险和资源浪费。基于此，本节主要介绍三种外来物种入侵应急资源配置优化模型，包括生物经济模型、考虑种群内不同年龄层之间杂草竞争的生物经济模型、考虑最优搜索和治理路径的生物经济模型。

11.4.1 生物经济模型

Büyüktahtakın 等将入侵杂草的传播和控制刻画为一个空间动态问题[12]，此空间动态模型可应用于截叶铁扫帚的入侵杂草管理。本书考虑的时间长度为T年，假设区域为矩形，可将其分成数个面积相等的单元格，设每个单元格的坐标为(i,j)。对于杂草的管理需要明确何时何地进行杂草处理，于是决策变量设为$x_{ij(t)}$，当$x_{ij(t)}$取 0 时表示第t年在(i,j)区域不进行除草处理；当$x_{ij(t)}$取 1 时表示第t年在(i,j)区域实施除草。以经济损失最小为目标建立函数，设$D_{ij(t)}$表示在t时刻(i,j)区域的经济损失。因此目标函数如式(11.16)和式(11.17)所示：

$$\min \sum_{i=1}^{I}\sum_{j=1}^{J}\sum_{t=0}^{T} D_{ij(t)} \tag{11.16}$$

$$D_{ij(t)} = \sum_{k=0}^{K} d_k R_{ijk} A_{ij(t)} \tag{11.17}$$

式中，d_k为第k年草群的经济损失权重；R_{ijk}为在空间上的资源总量。可以用 0-1 变量指代关键基础设施是否存在，或者用连续变量指代生物多样性或濒危物种的概率密度。值得注意的是，经济损失取决于想要保护的资源类型，因而对于同一片区域的不同管理优先级会导致经济损害差异化。

状态变量$A_{ij(t)}$表示实际的草种群数目，连续两年草种群数的自然变化可被描述为

$$A_{ij(t)} - A_{ij(t-1)} = g\left(A_{ij(t-1)}, A'_{-i-j(t-1)}, K_{ij}\right) \tag{11.18}$$

式中，K_{ij}为(i,j)区域的承载能力，是由生物气候包络线(BEM)预测的生境适宜性的空间表征；$A_{ij(t-1)}$为t–1 年实际的草种群数量；$A'_{-i-j(t-1)}$为在$t-1$年时(i,j)周围 8 个区域的草种群数量向量。BEM 将参数空间中的生态位映射到物理空间中的位置，并提供每个区域适合某个物种的总体概率。BEM 的开发涉及许多不同的方

法和空间协变量，因此无法使用离散方程。因而，本书将生境适宜性称为一个静态的空间层。函数 g 具有 logistic 增长形式，种群首先以递增的速度增长，然后随着种群接近区域内的承载能力而以递减的速度变化。每个区域接受来自邻近区域和自身的植物后代。某区域从它周围区域接受杂草的后代的比率采用指数衰减函数来描述。本书在两种可能情形下描述杂草治理的影响。在治理之前，数量可由式(11.19)转化获得。

$$A_{ij(t)}^{B} = A_{ij(t-1)} + g\left(A_{ij(t-1)}, A'_{-i-j(t-1)}, K_{ij}\right) \tag{11.19}$$

如果总数小于临界值 A_{ij}^{C}，通过治理可以把杂草从该区域彻底清除。在治理之后草的总数变成了 $A_{ij(t)}^{B}(1-k)$，其中 k 为除草剂除草的比率。在本书中，设 $k=0.9$ 。因此状态转移公式为

$$A_{ij(t)} = \begin{cases} \left(1 - x_{ij(t)}\right) A_{ij(t)}^{B}, A_{ij(t)}^{B} < A_{ij(t)}^{C} \\ \left(1 - kx_{ij(t)}\right) A_{ij(t)}^{B}, 其他 \end{cases} \tag{11.20}$$

在第一种情况下，如果不治理，则 $x_{ij(t)}=0$，$A_{ij(t)}=A_{ij(t)}^{B}$；如果治理，则 $x_{ij(t)}=1$ 且区域内杂草全部被清除。在第二种情况下，如果治理，则 $x_{ij(t)}=1$，且草的数量不断减少；如果不治理，则草群数量不会改变。

土地管理面临预算和劳动力的限制。预算约束为

$$\sum_{i=1}^{I}\sum_{j=1}^{J} F_{ij(t)} x_{ij(t)} \leqslant B_{(t)} \tag{11.21}$$

式中，$F_{ij(t)}$ 为第 t 年区域 (i,j) 的治理成本；$B_{(t)}$ 为第 t 年的年均预算。假设治理成本与预处理种群数 $A_{ij(t)}^{B}$、区域平均倾斜程度 s_{ij}、区域离最近道路的距离 d_{ij} 成线性增长关系，具体为

$$F_{ij(t)} = f_1 + f_2 A_{ij(t)}^{B} + f_3 s_{ij} + f_4 d_{ij} \tag{11.22}$$

式中，成本参数 f_1、f_2、f_3、f_4 采用最小二乘回归估计，分别为 0.31、2.91、0.19、0.04。成本原始数据来源于美国亚利桑那南部 Buffelgrass 工作组、亚利桑那大学、萨瓜罗国家公园等机构的调查数据等[13]。

劳动力也有类似的约束，具体为

$$\sum_{i=1}^{I}\sum_{j=1}^{J} H_{ij(t)} x_{ij(t)} \leqslant H_{(t)} \tag{11.23}$$

式中，$H_{(t)}$ 为第 t 年最大可用劳动力；$H_{ij(t)}$ 为第 t 年治理区域 (i,j) 所需的劳动力。假设所需劳动力与预处理种群数 $A_{ij(t)}^{B}$、区域平均倾斜程度 s_{ij}、距离 d_{ij} 呈线性增

长关系，具体为

$$H_{ij(t)} = h_1 + h_2 A_{ij(t)}^B + h_3 s_{ij} + h_4 d_{ij} \tag{11.24}$$

式中，参数值 h_1、h_2、h_3、h_4 同样是基于美国亚利桑那南部 Buffelgrass 工作组实际记录数据，并采用最小二乘回归估计所得。

11.4.2 考虑年龄结构的生物经济模型

在 11.4.1 节的基础上考虑种群内不同年龄层之间的杂草竞争，提出了一种新的年龄结构优化模型作为控制入侵物种的空间动态决策框架。另外，针对地区杂草承载能力约束进行重新刻画，使整个模型更加贴近实际，并再次应用于截叶铁扫帚的入侵控制。入侵物种的管理是个动态优化问题，涉及寻找最佳的空间和时间的处理策略，以在多时期、多区域下最大限度地减少经济损失，降低损害[14]。

为方便数学模型的建立，本书大致做出一些假设，如种子生产、种子传播、种子库生成和年龄转变同时发生，这些事件的顺序可以描述为：第一阶段，每一株植物在给定的时间内产生种子。种子产生后，有的种子扩散到周围的区域中，有的留在原始区域中。剩下的种子和从周围区域中散布来的种子要么发芽要么留在土壤中，从而形成种子库[图 11-3(a)]。第二阶段是种子萌发，由于在同一个区域密度的制约，低年龄种群能够转移到较高年龄种群的数量依赖于高年龄种群所剩余的空间[图 11-3(b)]。第三阶段为基于有限的预算采用人工除草和除草剂方式来减少外来入侵杂草的数量[图 11-3(c)]。有幸存活下来的杂草将产生新的杂草，如此往复，不断循环。除草剂处理假定在制种季节之前施用，以减少区域中预期的总制种量。假设种子传播遵循柯西公式[15]。

相关的参数符号给定如下：设年份 $t \in [0,T]$，T 表示最后的一个时间阶段。建立矩形方格来模拟空间上杂草入侵动态，假设整块草地被划分为 A 行 B 列，一共生产 $A \times B$ 个单元格，其坐标可表示为 (a,b)，$a \in \{1,2,\cdots,A\}$，$b \in \{1,2,\cdots,B\}$。决策变量定义为 0-1 变量 x_{abt}，当第 t 年在 (a,b) 区域治理杂草时取 1，当第 t 年在 (a,b) 区域不治理杂草时取 0。草种群的年龄组用 $k \in \{1,2,\cdots,n^+\}$ 来表示，n^+ 表示第 n 年及其以上的种群组。

该模型的目标是最大限度地减少入侵物种种群在规划范围内的所有区域和所有阶段所造成的经济损失。因此，目标函数表示为

$$\min \sum_{a=1}^{A}\sum_{b=1}^{B}\sum_{t=1}^{T} E_{abt} \cdot \left(\sum_{k=1}^{n^+} P_{abt}^k\right) \Big/ K_{ab} \quad \forall a,b,t \tag{11.25}$$

式中，E_{abt} 为 (a,b) 区域第 t 年期望收入，因为某一区域的收入损失与该区域所有年龄的总数与容量承载力的比值成正比；P_{abt}^k 为 (a,b) 区域第 k 年龄组第 t 年的草

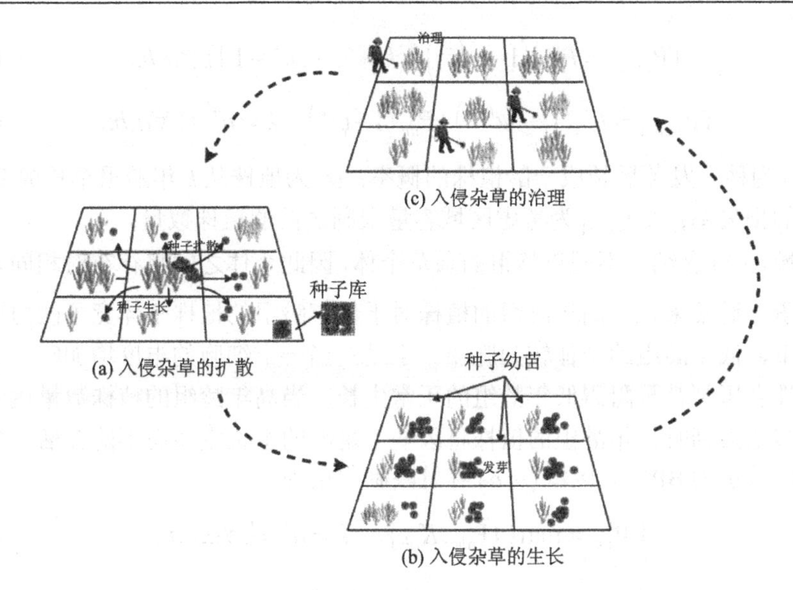

图 11-3　控制种群动态入侵示意图[14]

的数量；K_{ab} 为区域 (a,b) 的总杂草容量。从区域 (c,d) 传播到区域 (a,b) 的种子数用 SD_{abt} 来表示，$(c,d)\in\Phi^{ab}$，Φ^{ab} 为区域 (a,b) 周围区域的集合，具体为

$$\mathrm{SD}_{abt}=\sum_{k=1}^{n^{+}}\sum_{(c,d)\in\Phi^{ab}}\lambda\xi_{(c,d)\to(a,b)}P_{cdt}^{k}S^{k}\quad\forall a,b,t \tag{11.26}$$

式中，λ 为区域 (c,d) 具备传播能力的种子比例；$\xi_{(c,d)\to(a,b)}$ 为具备传播能力的种子从区域 (c,d) 传播到区域 (a,b) 的概率；P_{cdt}^{k} 为 (c,d) 区域第 k 年龄组第 t 年的草的数量；S^{k} 为第 k 年龄组草产生的种子数。

区域 (a,b) 自身保留下来的种子数 SR_{abt}，具体为

$$\mathrm{SR}_{abt}=\sum_{k=1}^{n^{+}}\varphi P_{abt}^{k}S^{k}\quad\forall a,b,t \tag{11.27}$$

式中，φ 为种子向周围扩散之后保留下来的比例。

区域 (a,b) 形成种子库 SB_{abt} 的约束为

$$\mathrm{SB}_{abt}=\mathrm{SB}_{ab0}(\gamma-\alpha)^{t}+\sum_{s=0}^{t}\left[(\mathrm{SD}_{abs}+\mathrm{SR}_{abs})(\gamma-\alpha)^{t-s}\right]\quad\forall a,b,t \tag{11.28}$$

式中，SB_{ab0} 为种子库初始种子数；γ 为种子长寿不发芽比例；α 为种子发芽的比例。

区域 (a,b) 种子发芽长成植株的约束为

$$\mathrm{TP}_{ab,t+1}^{k}=\alpha\rho\mathrm{SB}_{abt}\quad k=1\text{ 且 }\forall a,b,t \tag{11.29}$$

$$\mathrm{TP}_{ab,t+1}^{k}=P_{abt}^{k-1}\left(1-\psi^{k-1}\right)\quad k=2,\cdots,n^{+}-1\text{ 且 }\forall a,b,t \tag{11.30}$$

$$\mathrm{TP}_{ab,t+1}^{k}=P_{abt}^{k-1}\left(1-\psi^{k-1}\right)+P_{abt}^{k}\left(1-\psi^{k}\right)\quad k=n^{+}\text{ 且 }\forall a,b,t \tag{11.31}$$

式中，ρ为种子发芽后长成一龄植株的概率；ψ^k为植株从k年龄组草长成$k+1$年龄组草的损失率；$\mathrm{TP}_{ab,t+1}^{k}$为考虑区域容量限制之前的植株数量。

区域(a,b)容纳了不同年龄组的杂草个体，因此个体之间将存在对相同资源的种内竞争。通常来说，高年龄组的植株对于低年龄组的植株个体竞争能力更强，相比之下，低年龄组的个体较为脆弱。于是，当一个细胞的丰度增加时，高年龄组的植株会压制甚至阻碍低年龄组的正常生长。当高年龄组的植株数量达到区域的承载容量限制时，年龄组的植株将因缺乏足够的生长空间而不能存活。除草之前的植株数量为BP_{abt}^{k}。区域(a,b)容量限制约束为

$$\mathrm{BP}_{abt}^{k}=\min\left\{\mathrm{TP}_{abt}^{k},K_{ab}\right\},\quad k=n^{+}\text{ 且 }\forall a,b,t \tag{11.32}$$

$$\mathrm{BP}_{abt}^{k}=\begin{cases}0,\ K_{ab}-\sum\limits_{v=k+1}^{n^{+}}\mathrm{BP}_{abt}^{v}\leqslant 0,\\ \min\left\{\mathrm{TP}_{abt}^{k},\left(K_{ab}-\sum\limits_{v=k+1}^{n^{+}}\mathrm{BP}_{abt}^{v}\right)\right\},\ \text{其他}\end{cases}\quad k=1,\cdots,n^{+}-1\text{ 且 }\forall a,b,t \tag{11.33}$$

式中，K_{ab}为区域(a,b)的总杂草容量，值得注意的是，优先考虑区域(a,b)最大年龄组植株的数量。式(11.32)表示如果高年龄层的植株数量超出了容量限制，那么治理前数量为区域承载量；如果高年龄层的植株数量未超出容量限制，那么治理前数量为考虑区域容量限制之前的植株数量。当考虑其他年龄组时，即式(11.33)，当第$k+1,k+2,\cdots,n^{+}$（$k=1,2,\cdots,n^{+}-1$）年龄组的植株总数超出区域总容量时，第k年龄组及年龄更小的植株将无法在该区域中生长，此时$\mathrm{BP}_{abt}^{k}=0$；当第$k+1,k+2,\cdots,n^{+}$（$k=1,2,\cdots,n^{+}-1$）年龄组的植株总数小于区域总容量时，治理前的植株数量取决于剩余空间容量和不同年龄层的植株数量大小关系。如果剩余空间容量大于考虑区域容量限制之前的植株数量，那么治理前的植株数量为考虑区域容量限制之前的植株数；如果剩余空间容量小于考虑区域容量限制之前的植株数量，那么治理前的植株数量为剩余空间容量。

为了减少入侵植物物种的侵害，对受到入侵的区域用除草剂进行治理，式(11.34)中η为除草效率，x_{abt}为0-1决策变量。因此除草约束如下：

$$P_{abt}^{k}=\mathrm{BP}_{abt}^{k}\times\left(1-\eta x_{abt}\right)\quad \forall a,b,k,t \tag{11.34}$$

由于在全部时段内杂草治理受到预算的限制，所以预算限制为

$$\sum_{t=1}^{T}\sum_{a=1}^{A}\sum_{b=1}^{B}(L_{ab}+H_{ab})x_{abt}\leqslant Y \tag{11.35}$$

式中，L_{ab}、H_{ab} 分别为区域(a,b)的人工和除草剂成本；Y 为所有时间、所有区域的总预算。

11.4.3　考虑最优搜索和治理路径的生物经济模型

Onal 等[16]构建了一个混合整数优化(MIP)模型，为外来物种入侵的最优搜索和治理策略提供决策依据。模型的目标是最大限度地减少因外来物种与所考虑景观内的原生草有害混合而造成的放牧价值的总经济损失。假设该区域被划分为大小相等的方形区域，每一步都会访问一个站点。具体的仿真优化模型结构如图 11-4 所示。

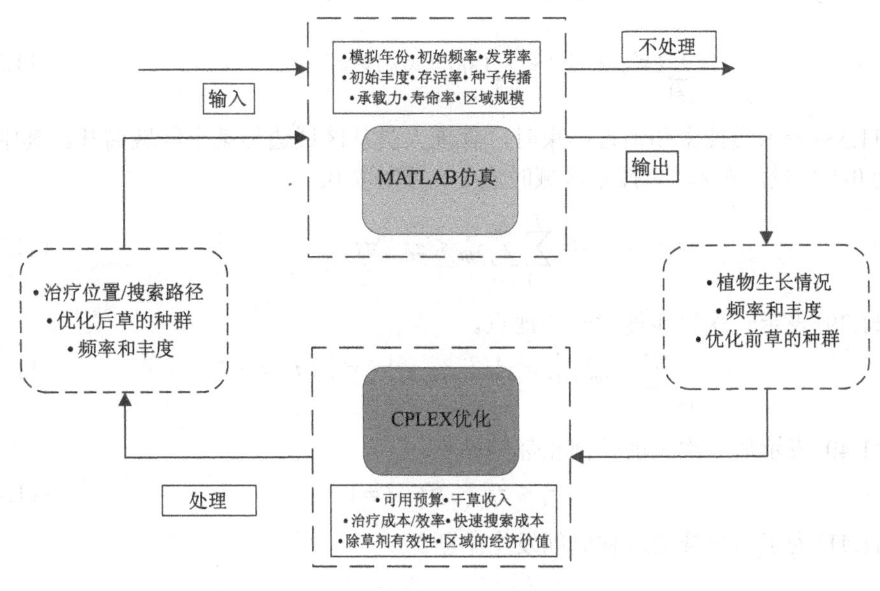

图 11-4　仿真优化模型结构图[16]

首先，将模拟年份、初始频率、发芽率、初始丰度、存活率、种子传播、承载力、寿命率、区域规模等参数数据输入 MATLAB 仿真系统，输出植物生长情况、频率和丰度、优化前草的种群数据；其次，将仿真结果数据导入 CPLEX 在预算限制约束下以区域经济价值损失最小和搜索成本最低为目标进行优化；最后，将处理之后的治疗位置/搜索路径、优化后草的种群、频率和丰度优化结果再次输入 MATLAB 仿真系统，如此循环往复。

决策问题包括：①应搜索哪些区域以寻找外来物种；②被搜索到的区域是否

应进行治理；③如果对被搜索到的区域进行治理，那么应该以多少百分比进行治理；④访问的每个站点的治疗速度。由于预算是有限的，被搜索的区域可能会被治理，也可能不会被治理。模型建立具体如下：

$$\min\sum_{i=1}^{I}\sum_{j=1}^{J}D_{ij}^{s} \quad s\in\{\text{slow},\text{normal},\text{fast}\} \tag{11.36}$$

式(11.36)为目标函数，表示以经济损失最小作为规划目标。其中，D_{ij}^{s}表示在s治理速度下，(i,j)区域的经济损失。

$$\sum_{j=1}^{J}(x_{1j1}^{s}+x_{Ij1}^{s})+\sum_{i=2}^{I-1}(x_{i11}^{s}+x_{iJ1}^{s})=1 \tag{11.37}$$

式(11.37)表示管理者应该从边界某个区域开始搜索与治理。其中，x_{ijt}^{s}为0-1变量，当区域(i,j)在t时刻被以速度s搜索则取1，否则取0。

$$\sum_{j=1}^{J}(x_{1jt}^{s}+x_{Ijt}^{s})+\sum_{i=2}^{I-1}(x_{i1t}^{s}+x_{iJt}^{s})\geqslant z_t-z_{t+1} \quad \forall t \tag{11.38}$$

式(11.38)表示当搜索和治理结束时，管理人员从区域边界某个区域离开。其中，z_t为0-1变量，在t时刻搜索区域时取1，否则取0。

$$\sum_{i=1}^{I}\sum_{j=1}^{J}x_{ijt}^{s}\leqslant z_t \quad \forall t \tag{11.39}$$

式(11.39)表示一次只能搜索一个地点。

$$\sum_{(u,v)\in W^{ij}}x_{uv(t+1)}^{s}\geqslant x_{ijt}^{s}+z_{t+1}-1 \quad \forall i,j,t \quad t\neq T \tag{11.40}$$

式(11.40)表示后一次只能访问相邻的站点。

$$z_t\leqslant z_{t-1} \quad \forall t \quad t\neq 1 \tag{11.41}$$

式(11.41)为了防止搜索过程时间发生中断。

$$\sum_{t=1}^{T}x_{ijt}^{s}=1 \quad \forall i,j \tag{11.42}$$

式(11.42)表示创建非重复的单项搜索路径，确保每个站点最多只能访问一次。

$$\sum_{t=1}^{T}x_{ijt}^{s}\geqslant y_{ij}^{s} \quad \forall i,j \tag{11.43}$$

式(11.43)表示治理的区域仅限于已经搜索到的点。其中，y_{ij}^{s}为治理百分比。

$$\text{NA}_{ij}^{s}=\text{NB}_{ij}^{s}(1-\lambda_{ij}^{s}y_{ij}^{s}) \quad \forall i,j \tag{11.44}$$

式(11.44)表示如果对某区域进行治理，那么该区域杂草数量会有所减少。式中，NB_{ij}^{s}为治理前杂草数目；NA_{ij}^{s}为治理后杂草数目；λ_{ij}^{s}为治理效率。

$$D_{ij}^s = E_{ij} \frac{\mathrm{NA}_{ij}^s}{K_{ij}} \quad \forall i, j \tag{11.45}$$

式(11.45)表示外来物种入侵对资源价值的经济损失。式中，E_{ij} 为经济价值；K_{ij} 为承载能力。

$$\sum_{i=1}^{I}\sum_{j=1}^{J}\left(C_{ij}^s y_{ij}^s + \sum_{t=1}^{T} p_{ij}^s x_{ijt}^s\right) \leqslant B \tag{11.46}$$

式(11.46)表示治理成本和搜索成本不超过预算[16]。式中，C_{ij}^s 为治理成本；p_{ij}^s 为搜索成本。

$$x_{ijt}^s, z_t \in \{0,1\} \tag{11.47}$$

$$0 \leqslant y_{ij}^s \leqslant 1, \quad \mathrm{NA}_{ij}^s, D_{ij}^s \geqslant 0 \tag{11.48}$$

式(11.47)和式(11.48)表示决策变量的取值范围。

11.5　大数据技术在外来物种入侵中的应用

本节以邱荣洲等[17]开发的农林科学数据云采集平台(简称“云采集”软件)为例，简要说明大数据技术在外来物种入侵中的应用。

11.5.1　采集流程设计

采集流程分为采集前准备、采集数据和数据处理分析 3 个阶段(图 11-5)。前期准备主要根据入侵生物扩散本底数据调查的要求，建立外来入侵病原物、节肢

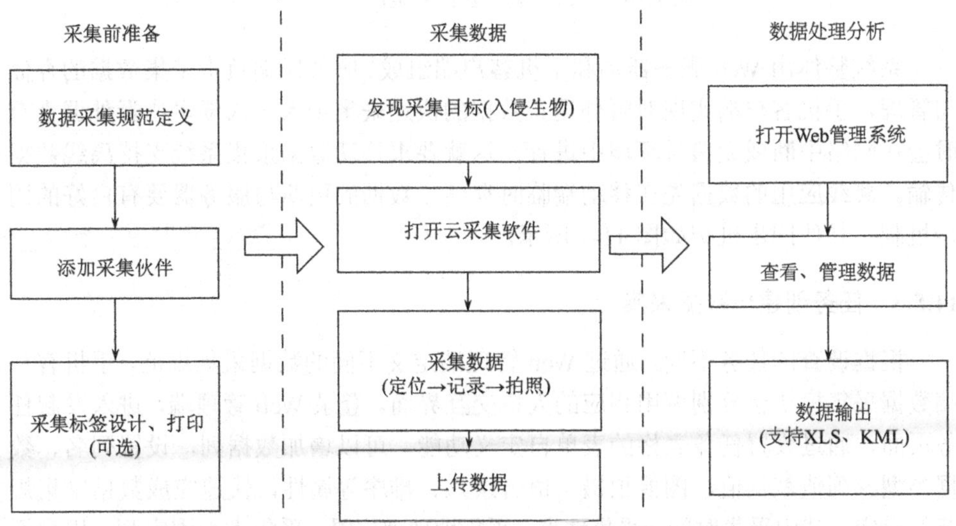

图 11-5　“云采集”软件外来物种入侵大数据采集工作流程图[17]

动物、植物等各种数据的采集规范，并确认采集人员信息及是否打印标本标签。数据采集阶段主要由采集人员根据采集规范进行调查，并通过“云采集”手机客户端进行卫星导航定位、拍照及相关调查数据记录，然后上传到服务器。最后通过 Web 管理系统查看和审核数据，并进行增加、修改、删除操作，以及将审核好的数据按查询条件进行输出，支持 XLS、KML 格式及关联图片的批量导出。

11.5.2 系统功能设计

基于二维码技术设计入侵生物野外采集标本标签，结合“云采集”软件的二维码扫描识别功能，建立实物标本与标本记录的关联关系。标签的编号规则为“省区代号+4 位顺序号”，如福建采集的 1 号标本记为 350001。将采集标签贴在标本的保鲜袋左上角，用“云采集”软件扫描标签上的二维码，记录采集标本的信息，包括编号、当前地理位置、采集人、采集日期、采集地点、生境类型、物种名称、图片等(图 11-6)。

图 11-6 “云采集”软件采集标签图样[17]

系统整体由 Web 服务器端和手机客户端组成。服务器端负责采集数据的存储与管理，手机客户端实现对野外调查数据的快速采集录入。入侵生物野外调查有时会在网络中断或无信号环境中进行，这就要求移动数据采集系统支持离线数据传输。离线应用的数据先在移动端临时存储，数据的更新与服务器要有良好的同步机制。具体同步机制如图 11-7 所示。

11.5.3 任务创建与数据采集

根据调查的任务不同，通过 Web 管理端定义不同的数据采集规范，手机客户端数据采集模块会分别调用相应的人机交互界面。登录 Web 管理端，进入发起任务页面，通过设置任务表格的表单自定义功能，可以增加数据列，设置列名、数据类型、列值默认值、图像拍摄、语音录入、排序等属性，快速完成数据采集规范的设定。其中采集时间、采集地点、采集地地理位置、采集人为固定列，用户不

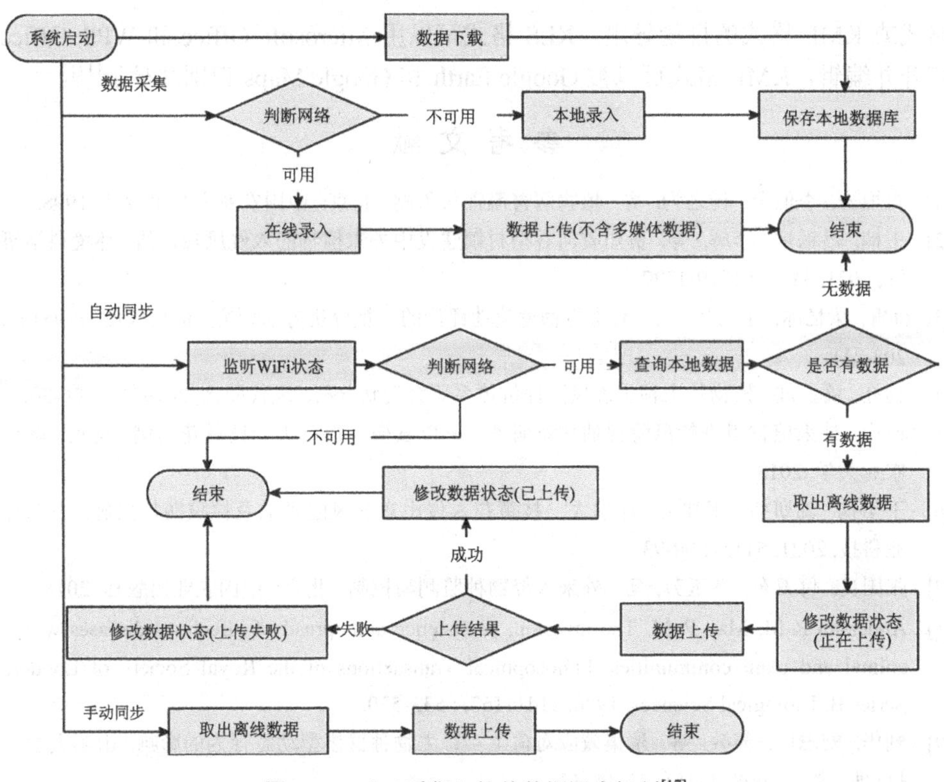

图 11-7　“云采集”软件数据同步机制[17]

可修改。登录手机客户端后，首先将用户权限范围的调查任务和服务器最新数据同步到本地，然后进入任务列表页面，单击某个任务名称进入采集数据列表页面，再通过点击右上方或正下方的“+”号进入数据采集页面。数据采集包括当前地理坐标获取，采集人、采集时间的自动生成及文字、图像、声音、条码识别等调查采集项的录入。采集项根据用户定制的采集规范，系统自动调用文本框、单选下拉菜单、下拉复选框菜单、时间选择控件、数字键盘、二维码扫描、拍照、录音等相应的输入方式，调查人员只要对数据项进行确认就可以完成大部分的数据采集工作，减少了文字输入，提高了数据采集的效率。

11.5.4　数据查询与输出

采集的数据通过 Web 服务器端管理软件进行授权数据的在线查询，支持采集地址、采集时间、采集人等关键词多条件组合查询。其中采集地址查询模块采用“省、市、县 3 级联动下拉框选项+镇村乡详细地址关键词”组合查询；采集时间查询模块采用日期控件，按照日期起止区间进行过滤查询；采集人查询模块按人名进行精确查询。当用户需要对数据进行个性化处理时，还可以将数据进行 XLS

格式或 KML 格式的批量导出。XLS 格式可以用 Microsoft Office 和 WPS Office 打开并编辑，KML 格式可以被 Google Earth 和 Google Maps 识别并显示[17]。

参考文献

[1] 肖悦岩, 季伯衡, 杨之为, 等. 植物病害流行与预测. 北京: 中国农业大学出版社, 1998.

[2] 王楠, 吕锡斌, 李辉, 等. 贵州省河谷型村镇建设中外来植物的入侵风险评估. 环境科学研究, 2021, 34(7): 1719-1727.

[3] 蒋青, 梁忆冰, 王乃扬, 等. 有害生物危险性评价的定量分析方法研究. 植物检疫, 1995(4): 208-211.

[4] 杨红, 潘曲波. 植物外来种生态风险评价体系研究现状分析. 现代园艺, 2019(19): 26-30.

[5] 何山. 外来植物引进的风险评估体系研究——以安徽省加拿大一枝黄花为例. 南京: 南京农业大学, 2012.

[6] 王圣楠, 郭妍妍, 王祥会. 加拿大一枝黄花入侵山东的风险评估及检疫防控措施. 山东林业科技, 2021, 51(3): 90-93.

[7] 张国良, 付卫东, 孙玉芳, 等. 外来入侵物种监测与控制. 北京: 中国农业出版社, 2018.

[8] Anderson R M, May R M. The invasion, persistence and spread of infectious diseases within animal and plant communities. Philosophical Transactions of the Royal Society of London. Series B: Biological Sciences, 1986, 314(1167): 533-570.

[9] 刘华, 刘志广, 苏敏, 等. 聚集效应对宿主—寄生物种群模型动态行为的影响. 山东大学学报(理学版), 2008, 43(8): 31-34, 37.

[10] 刘华, 刘志广, 高猛, 等. 有色环境噪音下空间种群的一致性与灭绝. 兰州大学学报(自然科学版), 2008, 44(4): 99-102.

[11] 刘华, 金鑫, 谢梅, 等. 外来植物物种入侵机理及其空间分布模拟. 兰州大学学报(自然科学版), 2016, 52(3): 375-379.

[12] Büyüktahtakın İ E, Feng Z, Frisvold G, et al. A dynamic model of controlling invasive species. Computers & Mathematics with Applications, 2011, 62(9): 3326-3333.

[13] Rogstad A. Southern Arizona Buffelgrass Strategic Plan: A Regional Guide for Control, Mitigation, and Restoration. Tucson, AZ: USA Buffelgrass Working Group, 2008.

[14] Kıbış E Y, Büyüktahtakın İ E. Optimizing invasive species management: A mixed-integer linear programming approach. European Journal of Operational Research, 2017, 259(1): 308-321.

[15] Cacho O J, Spring D, Hester S, et al. Allocating surveillance effort in the management of invasive species: A spatially-explicit model. Environmental Modelling & Software, 2010, 25(4): 444-454.

[16] Onal S, Akhundov N, Büyüktahtakın İ E, et al. An integrated simulation-optimization framework to optimize search and treatment path for controlling a biological invader. International Journal of Production Economics, 2020, 222: 107507.

[17] 邱荣洲, 赵健, 陈宏, 等. 外来物种入侵大数据采集方法的建立与应用. 生物多样性, 2021, 29(10): 1377-1385.

第五篇　生物恐怖袭击应急管理理论与方法

生物恐怖问题由来已久，生物恐怖袭击是现代人类面临的巨大威胁。同时，生物恐怖袭击对国家安全观影响巨大，涉及国家的政治安全、经济安全、生态安全，以及军事、文化、社会等领域的安全。而生物恐怖袭击呈现犯罪主体多元化、犯罪对象广泛化、犯罪手段隐蔽化等特征，是一种典型的“黑天鹅”风险。《中华人民共和国生物安全法》指出，国家采取一切必要措施防范生物恐怖与生物武器威胁。另外，国家需制定生物安全事业发展规划，加强生物安全能力建设，以提高应对生物安全事件的能力和水平。

本篇以罗杰尼希教(奥修教)生物恐怖袭击事件、美国炭疽邮件袭击事件、蓖麻毒素投递事件为典型案例，梳理生物恐怖袭击应急管理体系，探讨应急管理理论与方法，从生物危险源扩散演化模型、预警能力评估模型、应急物资协同配送模型来阐述，为相关管理部门完善生物恐怖袭击应急政策、制定应急响应机制和指导恢复工作提供决策参考。

第 12 章　生物恐怖袭击典型案例分析

生物恐怖作为恐怖活动的一种形式由来已久，并因其具有隐蔽性、突发性、袭击途径和防范对象不确定、不易预防控制等特点而受到恐怖分子的青睐，对国际社会造成了极大的安全隐患。本章选取罗杰尼希教(奥修教)生物恐怖袭击事件、美国炭疽邮件袭击事件、蓖麻毒素投递事件等作为生物恐怖事件典型案例进行分析。

12.1　罗杰尼希教生物恐怖袭击事件

罗杰尼希教生物恐怖袭击事件被视为美国历史上最大规模的生物恐怖袭击计划，也是罗杰尼希团体最终崩溃的导火索之一。此次事件引起了人们对生物恐怖主义的担忧和对防范生物恐怖袭击的重视。

12.1.1　罗杰尼希教生物恐怖袭击事件介绍

美国俄勒冈州沃斯科县达尔斯镇附近有一片荒芜的牧场，那里聚居着一个邪教组织奥修教，其首领为印度人奥修(本名为罗杰尼希)。随着信徒的增加，奥修教建立的社区规模日益扩大，在 20 世纪 80 年代兴盛一时，该邪教组织与周边毗邻县及城市不断地产生各类法律问题。当该教派在他们的牧场上自建武装队伍时，当局开始着手调查了，这使奥修教徒感到压力越来越大。于是，他们做出挑衅性反应，恐吓他们的对手，并以诽谤、中伤为理由控告当局。

在 1984 年初，该教派领导层决定趁当年 11 月选举之机接管沃斯科县的控制权，这种恐吓终于升级了。可是，这个有着 4000 人之众的教派中的大多数教徒并不是美国公民，他们没有选举权。于是，面对该区 1.5 万名有选举权的居民，最初他们只打算在沃斯科县城里大量租房并让教徒在那里以五花八门的假名登记，再由各人不断更换服装或持多张选票反复参加投票，但最后他们想到一个邪恶的计划，即利用生物制剂来阻止有选举权的当地人参加选举投票。这场攻击的主要策划者包括罗杰尼希的首席副官兼私人秘书玛·阿南德·席拉和罗杰尼希医药公司财务部长黛安·伊冯娜·奥南，其中后者还是个执业护士。为了破坏选举，奥南曾考虑过多种病原体，最后决定使用鼠伤寒沙门氏菌。

1984 年 8 月 29 日，沃斯科县的三位官员造访奥修庄园城，其中两人喝了教徒端来的被沙门氏菌污染的水后就开始发病。随后，该派教徒把这种传染性病菌散布到杂货店及县法院的门把手和厕所冲洗器上，但那次袭击没有造成伤亡。

在那年9月，教徒又连续进行了几次生物袭击。有名教徒来到波塔吉•英酒吧时，把病原菌撒入调味汁里；在另外一个餐厅，教徒把病原菌混入调咖啡的鲜奶油中；在第三个餐厅他们污染了霉干酪色拉。教徒总共在十家餐厅里用沙门氏菌污染了色拉柜台和食品。此后，席拉、奥南和其他教徒继续物色生物袭击目标。最终在卫生机关有案可查的沙门氏菌中毒案件就达751例，其中45人需要入院治疗，但没有任何人因此丧生。

1985年9月16日，也就是大面积暴发腹泻病之后的一年，那位罗杰尼希亲自揭露了席拉及其死党的阴谋活动，说席拉背着他本人不仅建立了一个“法西斯组织”，而且还造成许多人中毒并试图污染达尔斯镇的饮用水系统。罗杰尼希还提到有一个能制造使人在不知不觉中死去的毒物秘密实验室，他要求对其所揭发的事情进行调查。两个星期后调查队进驻牧场，搜查发现了一些装有沙门氏菌的长颈球状玻璃瓶。经化验，证明这种沙门氏菌就是一年前食物中毒腹泻事件的罪魁祸首。

那年的10月底，罗杰尼希忽然不知去向。但时隔不久，其踪迹就被发现，他与追随左右的少数几个门徒当即被捕。与此同时，联邦德国警方在一家豪华大酒店抓获了席拉、奥南及另一名教徒。这两个女人起先被美国一家法院判处20年监禁，但最终只坐了4年牢。而罗杰尼希则被判10年监禁并处以40万美元的罚金，并被永远驱逐出美国[1]。

12.1.2 罗杰尼希教生物恐怖袭击事件影响

2001年美国炭疽邮件袭击事件发生后，媒体重新审视了1984年的这起生物恐怖袭击事件。2001年，朱迪思·米勒的著作《细菌：生物武器和美国的秘密战争》中包含对事件的分析和详细描述，也让这一事件重新回到新闻之中加以讨论。达尔斯镇的居民表示，他们对生物恐怖袭击会在美国发生的原因已经有所了解。这起事件导致了社区的恐慌，给地方经济造成了十分不利的影响，所有受到影响的餐馆中只有一家没有倒闭。

这场攻击是美国历史上的第一次，也是规模最大的一次生物恐怖袭击。根据《极度威胁：1945年以来的生物武器》记载，自1945年以来仅有两次经过确认的恐怖分子使用生物武器危害人类的事件，罗杰尼希教的这次投毒就是其中之一。

12.2 美国炭疽邮件袭击事件

美国炭疽邮件袭击事件发生在2001年，是美国历史上最严重的生物恐怖袭击事件之一。该起事件引起了全球对生物恐怖主义的关注和担忧，也促使各国加强了对生物恐怖袭击的防范和应对能力。

12.2.1　美国炭疽邮件袭击事件介绍

2001 年 9 月 19 日，美国佛罗里达州卫生局局长 Jean Malecki 接到 1976 年以来美国的第一例炭疽，而且是肺炭疽的报告。10 月 9 日，美国国家广播公司、美国邮政总局等多家机构也接到同样的可疑邮件，信封上发信地址不详，内含白色粉末，经查粉末含炭疽杆菌芽孢。10 月 14 日美国卫生与公众服务部(HHS)部长汤普森在华盛顿接受福克斯新闻台采访时，将此事件称为“生物恐怖袭击”。这是人类首次公开承认的生物恐怖袭击。

美国政府相关部门采取了一系列措施加以控制，一边采取医学措施救治病人、处置暴露者和进行污染区消毒，一边加强情报跟踪和刑事调查查找肇事者。到 2002 年上半年，炭疽风波渐渐平息。这次事件涉及美国 9 个州，纽约州、佛罗里达州、新泽西州、马里兰州、弗吉尼亚州、宾夕法尼亚州和康涅狄格州 7 个州共报告病例 22 人，其中死亡 5 例。

12.2.2　美国炭疽邮件袭击事件影响

“炭疽粉末”不仅使美国陷入谈粉末色变、人人自危的恐慌之中，还波及全世界数十个国家。一时间，全世界都笼罩在“白色粉末”恐怖的氛围下。2001 年 10 月，美国政府宣布这是一场生物恐怖袭击。事件发生后，美国政府启动了应对生物恐怖处置系统，进行了一系列应对处置活动，直至 2002 年上半年，事件才得以平息[2]。

美国政府积极应对，拨款 9 亿 1800 万美元，动用了各方面的力量，如医药卫生、交通、公安、宣传等有关部门，光是细菌学检查，就检查了 242400 份样品，包括人的样品及环境的样品。另外，建立了生物恐怖主义应对实验室(Biological Bioterrorism Response Laboratory，BTRL)。为了应对公民咨询及回答问题，仅美国疾病控制与预防中心及突发事件行动中心(Emergency Operation Center，EOC)接到的咨询电话就达到了 11063 次[3]。

事件发生后，公众惊慌失措，纷纷寻找即时能用的防毒器具，短时间内涌现出大批网站供人们购买防生物战的成套救生包，其中包括防毒面具和全家使用的抗生素药包。美国市场上的防毒面具、防毒服装、炭疽疫苗及各种类型的抗生素药物开始脱销。与此同时，一些关于化生战争及如何应对化生武器袭击的书籍也开始在美国市场上供不应求。

炭疽风波期间，国际货币基金组织和世界银行 2002 年 5 月也因炭疽邮件而被迫关闭了一段时间。从第 1 例炭疽病例开始，美国共出现了 2300 多宗怀疑发现炭疽的警报，但大多数是恶作剧。

在全球各大洲，三防部队(防核武器、生物武器和化学武器部队)都是连续数周处于戒备状态中，因为无数犯罪分子也许会模仿这种生物恐怖袭击，这就要求他们在社会普遍恐慌中积极行动。

该恐怖袭击对美国经济所造成的影响十分明显。纽约和华盛顿的旅游业一时间几近停滞，而加利福尼亚州的酒店房价一落千丈，甚至优惠 70%也少有人光顾，餐饮业 2/3 的工作岗位岌岌可危。

2002 年 1 月 8 日美国邮政总局发布报告指出，由于受到“9·11”事件、炭疽恐慌和美国经济不景气等因素的影响，2002 财政年度第 1 季度中美国人寄出的邮件数量大幅下降，与前年同期相比减少了 5.5%，总共少寄出至少 28 亿封邮件。在 2001 年秋季陷入经济危机的那些邮政企业中，有 2/3 面对其股东和债权人都称，人们对恐怖袭击的担忧是业务大幅度萎缩的最主要原因之一。美联储主席、交易所权威人士格林斯潘意识到必须向自己的同胞呼吁不要只为了自身的安全而大把花钱，从而忽视了生产性经济领域[1]。

受炭疽恐慌的影响，美国人越来越倾向于用电话和电子邮件向家人或朋友传递信息。由于美国经济不景气，各商业公司发出的广告信函也大幅减少，而在过去，这些广告信件往往充斥着各个家庭的信箱[4]。

炭疽邮件事件后，美国政府大幅度提高了生物战的研究和准备。美国国立变态反应与传染病研究所与生物战有关的资金在 2003 年提升至 15 亿美元。2004 年美国国会通过了《生物盾牌工程法》，拟在此后 10 年里提供 56 亿美元购买新疫苗和药物[5]。

12.3 蓖麻毒素投递事件

蓖麻毒素投递事件发生于 2013 年，是一起发生在美国的生物恐怖袭击事件，该事件对美国政府官员和公众造成了很大的恐慌和影响。同时，这起事件再次提醒人们重视生物恐怖主义的威胁和危害。

12.3.1 蓖麻毒素投递事件介绍

1. 蓖麻毒素介绍

蓖麻的种子中含有一种蓖麻毒的毒素，是从生产蓖麻油所遗留的物质中萃取出来的高毒性植物蛋白。其毒性是“入口即死”的氰化钾的上千倍，砒霜的数千倍，是眼镜蛇毒素的 2～3 倍。小孩只要吃 2～7 颗蓖麻种子，就会暴毙，被称为“暗杀毒药”。根据科学记载数据，蓖麻的毒素主要在蓖麻子之中，蓖麻子含有蓖麻毒蛋白及蓖麻碱，而其中的蓖麻毒蛋白就是蓖麻毒素，是具有两条肽链、毒性很强的植物蛋白，也是一种细胞毒素。

蓖麻毒素可以以粉末、颗粒、薄雾的形式使用，也可溶于水或弱酸，是一种致命毒素。蓖麻毒蛋白是当前世界上已知最致命的毒素之一，可使几乎全部真核细胞染毒[6]。蓖麻毒蛋白中毒后早期急性反应有发热、胸腔积液、肠道出血、坏死性炎症等[7]。它能凝集和溶解红细胞，抑制心血管正常功能和麻痹呼吸中枢，这也是死亡的主要原因之一。根据美国密歇根州立大学植物学专家彼得·卡林顿的说法，“差不多 1 粒食盐大小的蓖麻毒素，就能导致一个成年人死亡”。

2. *蓖麻毒素投递事件总结*

蓖麻毒素在间谍活动和战争中有着悠久的历史，常常被转化为生物武器，从而制造生物恐怖袭击，近年来的典型事件如下。

1978 年，在英国伦敦的国际间谍人员曾用装有蓖麻毒素的伞尖在公开场所行刺，一名被刺人员中毒身亡。2011 年，美国佐治亚州 4 名男子因密谋在美国 5 个城市同时散布该毒素，并以联邦和州政府官员为目标而被捕，后被判刑。同年，美国反恐官员表示，他们正越来越多地追踪“基地”组织使用蓖麻毒素袭击美国的可能性。2013 年，美国密西西比州一名男子曾向总统奥巴马和一名密西西比州共和党参议员罗杰·威克(Roger Wicker)寄去了含有蓖麻毒素成分的信件，试图嫁祸给竞争对手，所幸这些信件在分拣设施被拦截。2018 年，美国国防部一位官员称，周一两封投递到国防部传达室的邮件初步测试含有蓖麻毒素。2020 年 9 月，美国白宫检查中心发现，在发给总统特朗普的一个包裹当中，含有可以致命的蓖麻毒素。第一次世界大战时，美军曾将蓖麻毒素作为子弹涂层；第二次世界大战期间，也曾研究将蓖麻毒素和集束炸弹进行混合使用。除了战场之外，蓖麻毒素也是国际特工常用的毒素战剂武器，苏联特工就曾将装有 0.45mg 蓖麻毒素的铱金小球射入异见人士体内，导致其 3 天后死亡。

12.3.2　蓖麻毒素投递事件影响

美国执法部门的提前介入与预先检验，令带有蓖麻毒素的可疑“毒信”并未造成实质性的严重后果。但蓖麻毒素投递事件无疑给美国社会带来巨大影响。

(1)美国安全机构和反恐部门陷入更深的忧虑和恐慌。早在炭疽邮件出现之日起，相关反恐专家就已指出，除了炭疽外，蓖麻毒素亦可能成为恐怖袭击中的新武器。在阿富汗“基地”组织成员藏身的洞穴中，就曾发现有大量的蓖麻毒素。人们不禁担心，那些心怀不轨之人，利用化学方法提炼出蓖麻毒素后，极有可能将其作为发动恐怖袭击的致命武器。

(2)美国民众对蓖麻毒素深深的担忧。利用“蓖麻毒素”和“制造”作为关键词在谷歌(Google)中进行搜索，从这些关于蓖麻毒素分离与提炼的网页介绍中可以发现，蓖麻毒素的分离与提取相对较为容易。这无疑是人们备感恐慌的主要原因之一。一旦有人心怀不轨，或出现某些疯狂的想法后，往往不需花费太多的时间与精力，就可以随时获取蓖麻毒素这一剧毒物质[8]。

参考文献

[1] 库尔特·朗拜因, 克里斯蒂安·斯卡尼克, 英格·斯莫勒克. 生物恐怖: 21 世纪的战争. 杭州: 浙江文艺出版社, 2005.

[2] 黄培堂, 沈倍奋. 生物恐怖防御. 北京: 科学出版社, 2005.

[3] 廖延雄. 美国“炭疽邮件”的启示//中国畜牧兽医学会家畜传染病学分会成立 20 周年庆典暨第十次学术研讨会论文集(上), 中国畜牧兽医学会家畜传染病学分会成立 20 周年庆典暨第十次学术研讨会, 苏州. 2003: 103-105.

[4] 新华网. 受“9-11”影响 美国人共少寄出 28 亿封邮件. (2002-01-09). https://news.sina.com.cn/w/2002- 01-09/438921.html.

[5] 孙琳, 杨春华. 美国近年生物恐怖袭击和生物实验室事故及其政策影响. 军事医学, 2017, 41(11): 923-928.

[6] 高雅, 朱晓霞, 孟志云, 等. 两种重组抗蓖麻毒素人源化单克隆抗体制剂在猕猴体内的药代动力学研究. 药学学报, 2022, 57(2): 480-483.

[7] 霍玉淼, 文艳鹏, 包春光, 等. 蓖麻毒素应用研究进展. 特种经济动植物, 2023, 26(1): 79-81, 101.

[8] 沈臻懿. 蓖麻毒素: 恐怖的生化武器. 检察风云, 2014(22): 34-36.

第 13 章 生物恐怖袭击应急管理体系

生物恐怖袭击是一种对社会和人类健康具有严重危害的威胁，应急管理体系的建立和完善至关重要。建立完善的生物恐怖袭击应急管理体系可以有效应对生物恐怖袭击的威胁，保护公共安全和人民健康。该体系应包括应急预防体系、应急准备体系、应急响应体系和应急修复体系。本章从上述四方面阐述生物恐怖袭击应急管理体系，并列举国内及国外在各个方面的措施。

13.1 生物恐怖袭击应急预防体系

预防在应急管理行为中扮演着重要角色，不可低估其作用。国外不少国家通过出台法规政策、构建预警系统、完善公共基础设施等形式加强生物恐怖袭击应急预防体系的建设，为我国生物恐怖袭击应急预防体系的完善提供了一定的参考。

13.1.1 国外生物恐怖袭击应急预防体系

1. 美国

2001 年 10 月，美国卫生与公众服务部新设了一个公众健康防护办公室。紧接着，联邦政府又在 2002 年 1 月补充拨款 29 亿美元，用于加强生物反恐预防措施。美国疾病控制与预防中心也获得 1.16 亿美元的拨款，其中大部分用于实验室建设工程。该中心还改进其健康警报电子网络，以保证各州与地方的卫生部门在面临疾病威胁时能彼此交流并与医生保持联系。此外，美国政府建立了全国性的疾病监测和警报系统，旨在迅速发现和报告任何可能的生物恐怖袭击事件[1]。

2. 法国

在预防生物恐怖袭击方面，法国主要采取以下措施：执行强制报告制度，对生物恐怖主义实行警戒；创建全国毒素(沙林、蓖麻、铊)和病原(伯克霍尔德菌)医学检测中心；创建国家动物和植物流行病病菌检测中心；将国家农学研究院畜牧病原列入微生物学和人体病原联合招标范畴；将国家农学研究院从事微生物研究的中心纳入“传染病研究中心”(如波尔多、蒙彼利埃和图卢兹地区)；加强人体、植物和动物病原体的微生物学研究[2]。

13.1.2 国内生物恐怖袭击应急预防体系

生物恐怖袭击应急预防体系主要分为生物恐怖袭击监测和生物恐怖袭击医疗预防，其中生物恐怖袭击监测可细分为空情、地情、虫情和疫情；生物恐怖袭击医疗预防又可细分为接种预防和药物预防。

1. 生物恐怖袭击监测

监测的目的是及时发现和判断是否使用了生物战剂，提出紧急预防措施及进一步调查的办法。监测工作由专业队伍实施，一旦发现，要进行详细的调查。公共卫生专家姜庆五认为，突发生物恐怖袭击监测具体可分为如下四方面[3]。

1) 空情

若用飞机施放，注意敌方飞机活动的情况。如飞机名称、航向和高度，特别注意有无低空盘旋，低飞后形成烟雾，投下不炸或爆炸声很小的炸弹或容器，查清施放方式(喷雾还是投生物弹或容器)，记录施放的时间，施放时的气象条件等。

2) 地情

在现场观察敌投实物及残迹，如浅小的弹坑，特殊的弹片或容器，在其附近遗有粉末、液滴或大量昆虫、杂物等。

3) 虫情

昆虫或动物出现反常现象，有季节反常、场所反常、种类反常、密度反常及昆虫带菌反常或耐药性反常等。

4) 疫情

突然出现当地没有的或罕见的传染病。疾病出现的季节反常，如虫媒脑炎出现在冬季。传播途径异常，如经呼吸道感染了肠道传染病(肉毒毒素中毒)或虫媒传染病(土拉菌病)等。流行特征异常，如未发现鼠间鼠疫就出现了人间鼠疫。在同一地区发现多种异常的传染病或异常的混合感染。在出现反常的敌情后，突然发生大量相同症状的病人或病畜，从病人、病畜或尸体分离出的致病微生物与投放物分离者相同。

最后，针对空情、地情、虫情、疫情的监测资料进行整合、梳理、分析，判断不同情形下事件的真相并且采取应对措施。

2. 生物恐怖袭击医疗预防

生物恐怖袭击医疗预防主要采取接种预防、药物预防等综合措施。公共卫生专家姜庆五认为接种预防及药物预防具体如下。

1) 接种预防

天花的预防接种措施为：若发现天花病人，应对疫区人群普种牛痘疫苗，体弱者应急时注射抗天花或抗牛痘球蛋白。鼠疫的预防接种措施为：我国采用EV76 鼠疫冻干活菌苗(免疫有效期为 6 个月)，对发现鼠疫地区的人群普种或实验室工作的人员进行疫苗接种。进入疫区工作或捕猎的人员，在工作之前两个月内进行预防接种。

2) 药物预防

对污染区内有严重的其他慢性病或急性病、不宜进行预防注射者，有特殊任务要离开疫区不能进行检疫者，病人的密切接触者及同病人曾在相似条件下受到污染的人，在未查明病原体或未出现症状前，应给予口服四环素或增效联磺，查明病原体后，按治疗方案给药。

13.2　生物恐怖袭击应急准备体系

美国“9·11”事件后，生物恐怖袭击的对策研究及相关措施建设与准备引起了许多国家的广泛关注和高度重视，把生物恐怖袭击应急准备体系构建研究推向了新的高度。建立健全的生物恐怖袭击应急准备体系对保护公众的生命和健康、维护社会秩序和安全，以及加强国际合作都具有重要的意义。

13.2.1　国外生物恐怖袭击应急准备体系

1. 美国

美国联邦政府和州政府一直在制定和实施生物恐怖袭击应急准备措施，以保护公众免受生物恐怖主义的威胁。以下是一些常见的应急准备措施。

1) 生物探测器的科技研究

应用各种检测系统或其他不同的技术加强早期检测，可以有效地化解恐怖分子将生化制剂作为武器的威胁。一些研究人员将目前用于探测爆炸物和化学武器的技术用于探测生物武器。如位于美国加利福尼亚州帕萨迪纳市的 Cyrano Sciences 公司研制的检测系统拥有“电子鼻”的美称，能够“嗅”到染有炭疽孢子的空气样品中存在的特有生化物质。美国罗得岛州詹姆斯敦市的 BCR 诊断技术公司发明了一种极有创意的方法，也就是使用处于休眠状态的细菌(孢子)来探测是否存在生物武器。

2) 疫苗和药品储备

美国政府拥有大量的疫苗和药品储备，用于应对生物恐怖袭击可能造成的疾病暴发。例如，在 2001 年美国发生炭疽事件后，美国政府启动了全国性的疫苗和药品储备计划，以备不时之需。其中“应急包”的数量从 8 套增加到 12 套。每套“应急包”含重达 50t 的各种医用器材及药品，如注射器、绷带、呼吸面具、抗生素等，随时准备调运到受灾地点。

3) 公众宣传和教育

美国政府通过广告、宣传和教育活动向公众传递信息，以帮助公众了解生物恐怖主义的威胁，以及学习如何保护自己和家人。例如，在 2001 年美国发生炭疽事件后，美国政府通过广告和宣传活动向公众宣传了炭疽病的症状和传播方式，以及如何保护自己。

2. 法国

1999 年法国内政部、国防部和卫生部为加强法国反生物恐怖主义工作，在以前有关行动计划的基础上，联合制定了打击和预防生物恐怖主义威胁的专门计划，并于 2001 年 10 月通过，其被命名为“生化防毒计划”，该计划主要包括危险预防及危机监测、报警和干预三部分内容。

3. 德国

“9 • 11”事件后，德国为有效反恐，加强了军、警、情报等部门的合作。德国联邦国防军的职责是负责边境安全和对抗生物、化学恐怖袭击。2001 年 10 月 10 日，德国政府在柏林成立了“联邦生化制剂信息中心”，以对抗生化武器的袭击。此外，德国政府还开通了“生物细菌袭击”问题热线，增加现有天花疫苗的库存量，从 3500 万剂增加到 1 亿剂。

4. 日本

“9 • 11”事件后，日本对打击恐怖活动予以高度重视，设立了“反恐怖紧急对策本部”，制定了“紧急应对措施”，加强了核、生物、化学恐怖对策，主要体现在：①加强应对核、生物、化学恐怖的能力，强化警察、消防、自卫队、海上保安厅等应急部队，增加和加强检测器材、防护器材及事件应对能力；②加强恐怖事件发生时医药必需品的储备；③配合国际性的应对[4]。

13.2.2 国内生物恐怖袭击应急准备体系

我国生物恐怖袭击应急准备体系主要分为生物恐怖危害信息与评价体系准备、生物反恐的医疗救治准备、生物反恐的科技研究与国际合作准备及生物反恐的国民教育准备。

1. 生物恐怖危害信息与评价体系准备

参照国家突发公共卫生事件专家曹务春的应对突发生物事件应急的对策建议[5]，生物恐怖危害信息与评价应建立和发展生物危害信息汇集、整理、分析体系，持续地汇集下列信息。

1）基础数据库系统

（1）微生物种类、分布、毒力等生物学特性数据库；

（2）人和动物发病的时间、地点和群体分布数据库；

（3）医学媒介动物分布、季节消长及疾病传播效能等信息数据库；

（4）微生物菌毒种库及生物学和分子生物学信息数据库等。

2）疾病与生物危害相关信息

（1）国内外传染病发生、分布等动态趋势数据库；

（2）疾病流行调查与处置信息数据库；

（3）食物中毒事件及处置效果相关信息数据库；

（4）医学应急处置系统和疾病预防控制系统相关信息数据库；

（5）污染消毒和医疗救治药品、试剂、材料与装备信息数据库等。

这些数据库为发现和判断是否系新发传染病、已有传染病发生和传播异常、国外已有但国内尚未发现的疾病种类奠定基础，同时为处置生物危害事件提供组织机构、人员与技术、药材装备等必要支持。

做好生物安全管理和生物反恐袭击应对处置，需要一系列评估体系，包括生物安全等级评估机制及评估体系和生物恐怖袭击应急处置体系启动机制指标、机构及应急处置效果评估系统。只有系统分析相关信息资料，才能获知规律，进而研发专家辅助决策支持系统与危害评估模型。

2. 生物反恐的医疗救治准备

生物恐怖袭击往往会对人类、动物、植物等造成重大损失，尤其是引发重大人类传染病疫情，因此提前做好医疗救治准备具有重大意义。

1）医疗设施准备

参照《中共中央关于制定国民经济和社会发展第十四个五年规划和二〇三五年远景目标的建议》（以下简称《建议》）提出的“提高应对突发公共卫生事件能力”相关举措[6]，对医疗设施准备做出如下建议：实施生物反恐应急救治能力建设工程，明确“平时”和“战时”职责及转化模式，为生物反恐的医疗救治做好医疗设施准备。结合国家医学中心、区域医疗中心建设，依托区域内高水平医院，建设一批重大疫情救治基地。加强实验室网络建设，支持生物安全四级实验室建设，实现各省至少有一个生物安全三级实验室，着力提升病原体快速甄别鉴定和追踪溯源能力。完善综合医院生物恐怖防范设施标准，加强感染、急诊、重症、呼吸、麻醉、检验等重大疫情救治相关专科建设，强化发热门诊（诊室）建设，做好大型体育场馆、展览馆、酒店等改建为方舱医院的适应性工作。加强中医院建设，完善中西医结合应急救治机制，提高应急救治能力。创新医防协同机制，强化各级医疗机构疾病预防控制职责，建立人员通、信息通、资源通和监督监管相互制约的机制，筑牢基层生物反恐防控防线。

2) 医疗人才准备

参照《建议》中提出的“提高应对突发公共卫生事件能力”相关举措，对生物反恐的医疗人才准备做出如下建议：完善生物反恐应急人才发展规划，健全人员准入、使用、待遇保障、考核评价和激励机制，为提高生物反恐的医疗人才后备力量做准备。加强医教协同，适当扩大公共卫生相关专业招生规模，推进公共卫生医师规范化培训，强化高校与疾控机构、传染病医院的医教研合作，以科研项目带动人才培养，建设公共卫生高层次人才队伍。持续加强全科医生培训，引导专业人才向基层流动。各类专业公共卫生机构和基层医疗卫生机构实行财政全额保障政策，落实“两个允许”要求。建立以实践为导向的人才评价机制，优化利益分配激励机制，拓宽公共卫生专业人才就业渠道，吸引更多优秀人才从事公共卫生工作。

3) 医疗物资准备

生物战剂种类繁多，而且新的病原体还在不断涌现，这就给防范生物恐怖袭击带来了极大的挑战。必须加强对各种病原体及其特性的研究，提高对各种生物制剂的检测和识别能力，开展各种早期诊断技术和诊断试剂、特异性诊断方法的攻关和积累。同时要针对危害性较为重大的生物制剂种类，做好相应疾病疫苗、药品、试剂、器材的储备工作，做到有备无患。

3. 生物反恐的科技研究与国际合作准备

1) 生物反恐的科技研究准备

现代科学技术是国家安全的助推器。高科技成为维护国家主权、经济安全、国民健康与安全的命脉所在。国家生物反恐科技研究基地就成为集中力量解决生物反恐技术缺项、加快实验室研究成果向应用性装备成果转化的关键，同时也是加快反生物恐怖袭击所需疫苗等生物制品和特需药物研究的关键[2]。

生物危害研究基地主要包括以下三种：

(1) 生物危害防御研发基地。建立多种技术平台，用于迅速查清生物安全和恐怖袭击病原体、追溯来源、探索新型疫苗及药物、开发新技术和装备等。

(2) 候选药物和疫苗中试基地。为了有效防治生物危害，我们需要从国家安全角度出发，建立研究基地，用于候选药物和疫苗的前期探索和研究，为生物危害事件提供技术和物质支持。

(3) 训练基地。在模拟突发事件的环境、氛围和条件下，对应急处置人员实施训练，以提高应急能力和水平。

2)生物反恐的国际合作准备

随着对生物恐怖袭击认识的深入，越来越多的国家意识到，仅仅依靠本国力量难以对付日益猖獗的生物恐怖袭击犯罪，需要开展多方位、多角度的国家间合作。在生物恐怖袭击犯罪中，恐怖分子通常会选择窃取或走私的方式获得生物战剂，这就要求各国之间加强合作，严厉打击走私生物战剂的行为，密切关注与恐怖组织有过细交往的国家及一些国家失业或离职的生物战剂技术人员的行踪。

除此之外，在科学技术研发方面也可充分利用世界卫生组织这样的国际组织的技术条件、专家系统和优势资源。加强与国际组织、双边和多边的政府间合作组织，以及非政府组织间的情报、检验鉴定、疫情信息和应对处置等各方面的沟通与合作，不仅可以提高我国生物安全水平和应对处置生物恐怖袭击的技术能力，而且有利于维护我国在国际事务中负责任的大国形象。

4. 生物反恐的国民教育准备

现代媒体发达，信息的传播速度史无前例。首先，政府部门应加大对流行病学知识的宣传力度，让民众了解疫病的侵入感染途径和过程，认识流行病的危害性，掌握疫病防治的措施和基本原则(控制传染源、切断传播途径、保护易感人群)，提高民众的防范意识。充分发挥现代科技媒体优势，及时指导人民群众防治重大传染病和流行病，做好防范生物恐怖袭击的准备工作。其次，通过媒体宣传对普通民众进行教育疏导。生物恐怖袭击的发生往往短期内即可引发大范围的社会恐慌。因此，实施有效的传媒疏导显得尤其重要。媒体应坚持客观、真实、科学原则，避免新闻报道失实，要发挥“稳压器”的作用，要确保信息的可靠性和权威性，提供准确有用的信息，并告诉受众该怎样科学理智看待这样的事件，特别是恐怖袭击的自救互救方法及应对措施等，必须避免和控制容易引起误解或矛盾的报道及模棱两可的标题语言。这样才能使民众从灾难和恐惧中尽快解脱出来，以平息恐慌、减少危害。

13.3　生物恐怖袭击应急响应体系

关于生物恐怖袭击应急响应体系建设，不少国家建立了生物恐怖袭击应急预案，明确各部门和机构的职责与任务，从而协调各方资源，快速响应，及时处置。建立完善的生物恐怖袭击应急响应体系，对于确保公共安全和国家安全至关重要，应该得到高度重视和投入。

13.3.1 国外生物恐怖袭击应急响应体系

1. 美国

美国自 1993 年将反生物恐怖纳入政府规划，建立了由总统负责、10 多个国家部门参与协作的反生物恐怖应急处置体系，国防部成立了生化武器防护的专门机构——生化防护局，负责全面规划和实施生化武器防护，先后拨款近百亿美元用于建立全国性的反恐网络，形成了装备精良、专业机构完善、军民一体、及时有效的医学防护和应急救援网[7]。

2018 年 9 月，美国联邦政府发布的《国家生物防御战略》是美国首个全面解决各种生物威胁的系统性战略[8]，由美国国防部、卫生与公众服务部、国土安全部和农业部共同起草并在未来共同负责相关计划的实施。该战略提出了 5 个目标：增强生物防御风险意识、提高生物防御单位防风险能力、做好生物防御准备工作、建立迅速响应机制和促进生物事件后恢复工作。

2. 英国

2018 年 7 月，英国环境、食品和农村事务部，卫生和社会福利部及内政部联合发布《英国生物安全战略》，强调英国政府将全力保护英国及其利益免受重大生物风险破坏。《英国生物安全战略》指出，英国应对生物安全基于两项基本原则：一是采取全风险(“全谱风险”)应对方法；二是开展海外行动以减少生物风险源头。该战略认为，在全球化时代，海外事件会迅速发展升级，对英国利益构成直接威胁，所以要通过帮助海外国家建设卫生系统，从源头上解决问题，降低生物危险扩散到英国的风险[9]。该战略还提出英国生物安全应对举措应建立四大支柱：识别风险，防范风险，检测、描述和报告风险，应对风险[10]。

13.3.2 国内生物恐怖袭击应急响应体系

赵卫在《处置生物恐怖袭击事件应急预案》中指出：生物恐怖袭击发生后，对恐怖事件的应急响应亟须国家和地方的协调配合[11]。这也对生物恐怖事件的应急响应提出了不同要求，生物恐怖袭击应急响应体系由应急处置措施、分级响应、应急响应的终止组成。

1. 应急处置措施

我国针对生物恐怖袭击的应急响应措施主要包括：开展卫生侦检，及时判明恐怖事件的性质；组织实施紧急卫生救援，降低生物恐怖袭击的危害性。

1）开展卫生侦检，及时判明恐怖事件的性质

在现场指挥部的统一指挥下，配合市公安局等有关部门，调动卫生侦检专业人员穿戴生物防护装备进入事发现场，开展流行病学侦察，迅速采集现场的敌投物、空气、水、土壤、食物、媒介生物、动物和伤员等样品，进行现场快速检测，得出初步检测结果，同时立即送样到市疾控中心实验室做进一步的确认检验。在卫生侦检的基础上，结合其他部门的侦察检测结果，及时判明生物恐怖袭击的种类、性质、施放方式、危险程度及可能的污染和受影响范围，向市反恐指挥部报告有关情况，并提出卫生紧急处置措施的建议。

2）组织实施紧急卫生救援，降低生物恐怖袭击的危害性

应急处置中的紧急卫生救援措施需要根据生物恐怖袭击的性质、种类和影响程度等因素来加以确定。

(1) 对患者和疑似患者实施现场紧急抢救和卫生处理后，采用具有防护措施的救护车运送到定点医院进行严格的隔离治疗。

(2) 对生物剂的暴露人群及病人的密切接触者进行医学隔离观察，实施预防性服药和应急预防接种。

(3) 做好污染区的消杀工作。首先，要对污染区内敌投物，被污染环境中的气、水、土、食物及其他一切可能被污染的物品和场所进行全面彻底的消毒；其次，扑杀污染区内的蚊、蝇及其他病媒昆虫、染疫动物、老鼠及体外寄生虫（蚤、螂）等，切断疫病的传播途径。同时，广泛发动群众，大搞卫生运动，保持内外环境的卫生和整洁。

(4) 针对具体的生物恐怖病原因子，实施污染区内易感人群相应疫苗的预防接种，提高群体性免疫水平；同时，对公众进行有关反生物恐怖袭击的宣传教育，使人们了解、掌握应对生物恐怖袭击的基本知识，提高群众的自我防护意识和自救互救能力。

(5) 配合有关部门，按照《中华人民共和国传染病防治法》的有关规定，对进出污染区的人员、物资和车辆做好卫生检疫工作，严防传染性生物致病因子被带出污染区。

(6) 加强污染区及其外围周边地区的疫情监测工作。采用主动和被动监测相结合的方法，严密监视生物恐怖事件的发生发展情况，确保早期发现、隔离和治疗病人，及时、全面、客观地搜集疫情信息资料，进行科学的疫情分析和预测，并及时报告市反恐指挥部和上级卫生行政部门。

(7) 按照分类实施的原则，对三类人群（患者、密切接触者和普通群众）开展针对性的医学心理干预，努力消除生物恐怖袭击引发的心理恐慌。

2. 分级响应

生物恐怖袭击发生后，我国针对恐怖袭击事件的影响程度，采取分级响应。

1) Ⅳ级应急响应

县(市)、区卫生行政部门接到发生生物恐怖袭击报告后，应立即启动本级预案，组织侦查、监测、控制处理的专业人员进行调查，并对事件进行初步的判断；若有伤病人员，应立即派遣医疗救治人员，开展现场医疗救护；在本级政府生物恐怖袭击处理现场指挥部的统一领导下，开展各项应急处理工作；并按照有关规定及时向本级政府和上级卫生行政部门报告。

市卫生健康委员会在接到县(市)、区卫生行政部门的报告后，应对事件及时做出分析，组织相应的专家对县(市)、区卫生部门的应急处理工作进行技术指导，必要时报请省卫生健康委员会进行技术支持。

2) Ⅲ级应急响应

在Ⅳ级应急响应的基础上增加以下措施：市卫生健康委员会接到较大生物恐怖袭击事件的报告后，在市政府生物恐怖袭击事件应急处置领导小组的统一指挥下，立即组织侦查、监测、控制处理的专业人员赶赴现场，根据现场指挥部的要求，开展侦检、监测及流行病学调查；组织现场病伤人员的救治及转运；提出并组织实施各项控制措施，必要时报请省卫生健康委员会派遣专家指导和帮助。

各县(市)、区卫生行政部门在当地政府的领导下，按照上级卫生行政部门提出的要求，开展辖区内各项应急控制工作。

3) Ⅱ级和Ⅰ级应急响应

在Ⅲ级应急响应的基础上增加以下措施：在国务院、省政府的统一领导和指挥下，根据市政府生物恐怖袭击事件应急处置领导小组的统一安排，建立应急处理专业组，动员全市卫生系统的力量，全力开展生物恐怖的应急处理工作，及时收集和分析事件的动态，上报防控工作的效果和进展，当好市政府的技术参谋。

3. 应急响应的终止

生物恐怖袭击事件应急响应的终止按照市及县(市)、区两级政府生物恐怖袭击事件应急处置领导小组的通知执行。

生物恐怖袭击应急响应的终止需满足以下条件：污染区按照标准进行必要的卫生处理。传染源得到了隔离，传播途径被阻断，隔离圈内消杀工作达到了卫生标准，所有易感接触者从最后接触之日算起，经过一个最长潜伏期无新发病人或感染者出现。

13.4　生物恐怖袭击应急修复体系

生物恐怖袭击后的应急修复工作同样非常重要。生物恐怖袭击可能导致人员伤亡、社会秩序混乱、生态环境破坏等一系列后果。及时、有效的应急修复工作可以减轻这些后果，恢复社会正常秩序和生态环境，防止类似事件的再次发生。

13.4.1　国外生物恐怖袭击应急修复体系

美国联邦政府发布的《国家生物防御战略》的目标之一是促进恢复，以消除生物事故发生后对社会、经济和环境的不利影响[5]。美国将采取行动重建关键基础设施服务和能力；协调恢复活动；提供恢复支持和长期缓解；并最大限度地减少世界其他地方的级联效应。主要包括：

(1)促进恢复关键基础设施和美国重要活动的能力。

(2)确保协调联邦和州、地方、地区与部落实体政府，以及国际、非政府和私营部门合作伙伴的恢复行动，以实现有效和高效的恢复活动。

(3)提供恢复支持并开展长期缓解措施，以提高抵御能力。

(4)减少国际生物事件对全球经济、健康和安全造成的连锁效应。

13.4.2　国内生物恐怖袭击应急修复体系

魏晓青等在《生物恐怖危机管理》中指出：生物恐怖袭击管理危机阶段的结束，并不意味着危机管理过程已经完结，只是危机管理进入一个新的阶段——危机后管理[12]。

1. 综合评估危机影响

对生物恐怖危机的结果和影响的评估，是恢复和重建的前提和基础。主要是准确评估发病群体及危害程度，从而集中医疗资源，确定救治次序；评估受损部门和损害程度，有针对性地采取不同的恢复和重建措施；评估政府现有的各种资源，及时补充完善，优化配置；评估政府化解危机采取的措施及其对原有规划、预案的影响，并及时调整。通过评估和采取措施，尽快恢复和超越危机前的状态。

2. 危机后处理

生物恐怖危机事件被解决后，政府及其他组织应当正视生物恐怖危机事件导致社会出现的高度不稳定的紧张、失衡的状态，正确分析政府面临的各种问题的复杂性和尖锐性，做好特定时期的跟踪、反馈工作，确保危机事件得到根本解决，从根源上避免今后类似恐怖事件的发生。

3. 转危为机

政府不应当以单纯的生物恐怖袭击的终结为目标，而应该结合此次危机事件处理阶段的各种契机，变危险为机遇，顺利进行观念更新、组织变革，充分发挥危机促进政府发展、社会整合的积极作用，维持组织和社会系统的活力和生命力，并及时培养民众的危机意识，提高危机应对技能。

4. 恢复重建

大规模的生物恐怖袭击对大批社会成员造成直接伤害，对环境造成污染，导致医疗资源大量消耗，对医疗体系和医疗资源形成很大的冲击，引发严重的社会心理的压力与恐慌。经过危机管理前两个阶段(危机前的预防与管理、危机中的应急处理)的工作，政府通过损害程度分析、医疗服务和重建准备等工作最大限度地保护了人民生命和健康以后，应马上进入恢复重建阶段，重新创造正常的生活秩序并帮助人民建立对生活和对政府的信心。

5. 心理救治

生物攻击不仅会造成显而易见的临床症状和伤亡，而且往往会出现急、慢性心理损伤的人员。对感染的畏惧及来自敌方的恐吓是生物攻击后造成紧张的直接因素，公众在寻求和接受免疫或治疗的过程也会产生潜在的心理压力。及时对群众进行心理救治，实际上就是政府对另一个恐怖事件进行危机前管理的过程。政府必须采取各种策略和措施，组织专业人员，实施心理干预，矫正治疗各种心理疾病，抚平受害民众的心理创伤，尽快让他们恢复生理和心理健康，恢复生活的信心。

6. 调查与问责

在生物恐怖危机结束后，要及时建立权威的第三方性质的独立调查制度和机构，公正地甄别生物恐怖袭击发生的原因，通过法治化的信息披露制度及时公布生物恐怖袭击调查报告，使民众及时了解事件真相。独立调查机构作为监督机构，可以给监督对象以压力，迫使其在工作中高度负责，及时改正过失。通过公正严格的司法程序，惩处对生物恐怖扩散负有直接重大责任的各级官员、临阵脱逃者及其他责任人，以消除民众的不满情绪。

7. 组织变革，机构调整

从积极的角度看，任何突发公共危机事件都是政府组织变革的促进因素。生物恐怖危机作为一种外部刺激物，通过基本的刺激-反应模式，可以激发政府进行积极的变革。经过生物恐怖危机事件后，政府应当综合分析在技术、管理、组织机构和运作程序上的不足之处，进而提出改进机构建设的相关意见和措施，建立新的生物恐怖危机应对机构和机制。

参考文献

[1] 张敏. 美国如何防范生物恐怖袭击. 国外科技动态, 2006(10): 37-44.

[2] 中国科学院. 法国预防生物恐怖袭击的 120 项措施. (2003-07-29). https://www.cas.cn/xw/zjsd/200906/ t20090608_642996.shtml.

[3] 姜庆五. 生物恐怖的威胁及其对策. 疾病控制杂志, 2003(1): 1-6.

[4] 郑涛. 生物安全学. 北京: 科学出版社, 2014.

[5] 曹务春, 赵月峨, 史套兴. 应对突发生物事件应急保障能力建设的对策研究. 中国应急管理, 2009(10): 8-14.

[6] 赵承, 霍小光, 韩洁, 等. 历史交汇点上的宏伟蓝图——《中共中央关于制定国民经济和社会发展第十四个五年规划和二〇三五年远景目标的建议》诞生记. 新华社. (2020-11-04). http://www.gov.cn/xinwen/2020-11/04/ content_5557298.htm.

[7] 中国人民解放军总后勤部卫生部. 美国反生物、化学恐怖资料选编——体制、机制与活动. 北京: 人民军医出版社, 2002.

[8] 王小理. 生物安全时代: 新生物科技变革与国家安全治理. 国际安全研究, 2020, 38(4): 109-135, 159-160.

[9] 孙卓名, 毛欣娟, 梁桁. 英美国家生物安全战略比较分析. 辽宁警察学院学报, 2021, 23(4): 8-13.

[10] 吴晓燕, 陈方. 英国国家生物安全体系建设分析与思考. 世界科技研究与发展, 2020, 42(3): 265-275.

[11] 赵卫. 处置生物恐怖袭击事件应急预案//新发传染病研究热点研讨会论文集. 2013.

[12] 魏晓青, 王玉民, 孙军红. 生物恐怖危机管理. 东南国防医药, 2008, 10(4): 312-314.

第 14 章　生物恐怖袭击应急管理模型与方法

在面对生物恐怖袭击时，掌握科学有效的生物恐怖袭击应急管理理论和方法，有助于提高应急响应能力和响应效率，最大限度地降低生物恐怖袭击造成的损失和影响。生物恐怖袭击应急管理主要包括四方面：预防、准备、响应和恢复。本章结合上述四方面的内容，分别列举生物危险源扩散演化模型、生物恐怖袭击的预警能力评估模型，以及时间驱动和资源驱动下的生物恐怖袭击应急物资协同配送模型，最后，还特别介绍大数据在生物恐怖袭击方面的应用。

14.1　生物危险源扩散演化模型

生物危险源扩散在现实情况下最主要的表现形式即是某种传染病的暴发，而传染病动力学模型则是对传染病的流行规律进行定量研究的一种重要方法[1]。由于无法在人群中进行传染病的实验，通过建立数学模型的形式来进行理论分析和数值模拟就显得格外重要[2]。

14.1.1　基于小世界网络的 SIQRS 生物危险源扩散演化模型

假设在某地区发生生物恐怖袭击事件后，该区域暴发了某种传染病[3]。为方便模型的建立，首先给出相关的假设条件如下。

(1) 不考虑被感染区域人口自然出生率和自然死亡率；

(2) 假设生物恐怖事件发生后，生物危险源（疾病）在扩散过程中不会受到自身的干扰，即病毒传染率参数 β 为某一个常量；

(3) 假设生物恐怖事件发生后，各感染区域便被封锁，从而不需要考虑节点相互迁移的情况。

模型中所涉及的参数说明如下。

N：被感染区域内的人口总数；

$S(t)$：被感染区域内易感染人口（如年老体弱者、孕妇、小孩等）的数量，$s(t)=S(t)/N$ 表示其密度；

$I(t)$：被感染区域内已被危险源感染且未被隔离的人口数量，$i(t)=I(t)/N$ 表示其密度；

$Q(t)$：被感染区域内已被隔离的感染人口的数量，$q(t)=Q(t)/N$ 表示其密度；

$R(t)$：被感染区域内感染过疾病但已被治疗康复的人口数量，$r(t)=R(t)/N$

表示其密度；

（上述参数满足：$S(t)+I(t)+Q(t)+R(t)=N$，$s(t)+i(t)+q(t)+r(t)=1$）

$\langle k\rangle$：网络节点的平均度分布；

β：生物危险源的传染率；

γ：已康复人口再次转化为易感染人口的概率；

δ：已感染人口被发现并进行隔离的概率；

μ：被隔离进行治疗并康复为健康人口的概率；

d_1：感染人口中未被发现而死亡的概率，即感染后因病死亡率；

d_2：被隔离进行治疗但失败而死亡的概率，即隔离后因病死亡率。

根据上述假设和说明，如果在某地区发生生物恐怖袭击并造成当地传染病流行，在不考虑该疾病具有潜伏期的情形下，其危险源扩散过程可用图 14-1 表示。

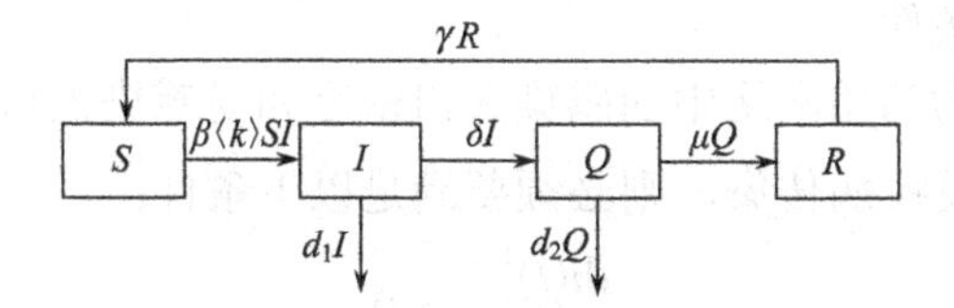

图 14-1 生物危险源扩散的 SIQRS 模型

在小世界网络中，运用平均场理论[4]可以得出易感染人口的密度 $s(t)$ 从 t 时刻到 $t+\Delta t$ 时刻满足以下公式：

$$s(t+\Delta t)-s(t)=-\beta\langle k\rangle s(t)i(t)\Delta t+\gamma r(t)\Delta t \tag{14.1}$$

将上述公式变形后，可得

$$\frac{\mathrm{d}s(t)}{\mathrm{d}t}=-\beta\langle k\rangle s(t)i(t)+\gamma r(t) \tag{14.2}$$

同理可得

$$\frac{\mathrm{d}i(t)}{\mathrm{d}t}=\beta\langle k\rangle s(t)i(t)-d_1 i(t)-\delta i(t) \tag{14.3}$$

$$\frac{\mathrm{d}q(t)}{\mathrm{d}t}=\delta i(t)-d_2 q(t)-\mu q(t) \tag{14.4}$$

$$\frac{\mathrm{d}r(t)}{\mathrm{d}t}=\mu q(t)-\gamma r(t) \tag{14.5}$$

联合式(14.2)～式(14.5)，可以得到基于小世界网络且未考虑潜伏期特性的 SIQRS 模型方程组：

$$\begin{cases} \dfrac{\mathrm{d}s(t)}{\mathrm{d}t} = -\beta\langle k\rangle s(t)i(t) + \gamma r(t) \\ \dfrac{\mathrm{d}i(t)}{\mathrm{d}t} = \beta\langle k\rangle s(t)i(t) - d_1 i(t) - \delta i(t) \\ \dfrac{\mathrm{d}q(t)}{\mathrm{d}t} = \delta i(t) - d_2 q(t) - \mu q(t) \\ \dfrac{\mathrm{d}r(t)}{\mathrm{d}t} = \mu q(t) - \gamma r(t) \end{cases} \tag{14.6}$$

式中，β、γ、δ、μ、d_1、d_2 皆为正的常数。

模型的初始条件为 $i(0) = i_0 \ll 1$，$s(0) = 1 - i_0$，$q(0) = r(0) = 0$。

接下来，本节对已建立的基于小世界网络且未考虑潜伏期特性的 SIQRS 模型进行模型分析。

1）传染发生的条件

i_0 和 s_0 分别作为初始网络中的感染人口密度和易感染人口密度，很显然，如果生物恐怖袭击引发疾病传染，则必须要满足以下条件：

$$\left.\frac{\mathrm{d}i(t)}{\mathrm{d}t}\right|_{t=0} > 0 \tag{14.7}$$

代入方程（14.3）可以得到：

$$s_0 > \frac{d_1 + \delta}{\beta\langle k\rangle} \tag{14.8}$$

即 s_0 必须满足上述条件，生物危险源扩散才会发生。同时从上述不等式还可以看出，生物危险源的扩散与网络节点的平均度分布有关，即 $s_0 \propto \langle k\rangle^{-1}$。

2）系统平衡态的存在性

考虑区域中感染人口密度 $i(t)$ 随时间的变化情况，方程组（14.6）的解析解一般很难得到。现考虑方程组（14.6）的稳态情况，将 $s(t) + i(t) + q(t) + r(t) = 1$ 代入式（14.2）～式（14.4），消去式（14.5），可得到

$$\begin{cases} \dfrac{\mathrm{d}s(t)}{\mathrm{d}t} = -\beta\langle k\rangle s(t)i(t) + \gamma[1 - s(t) - i(t) - q(t)] \\ \dfrac{\mathrm{d}i(t)}{\mathrm{d}t} = \beta\langle k\rangle s(t)i(t) - (d_1 + \delta)i(t) \\ \dfrac{\mathrm{d}q(t)}{\mathrm{d}t} = \delta i(t) - (d_2 + \mu)q(t) \end{cases} \tag{14.9}$$

考虑 $\dfrac{\mathrm{d}s(t)}{\mathrm{d}t} = 0$，$\dfrac{\mathrm{d}i(t)}{\mathrm{d}t} = 0$，$\dfrac{\mathrm{d}q(t)}{\mathrm{d}t} = 0$ 时的情况。此时，容易直观地获得系统的一个平衡点：

$$P_1=(s,i,q)=(1,0,0) \tag{14.10}$$

由于此时感染区域中的感染人口密度为 0，被隔离人口的密度为 0，说明区域中的生物危险源没有扩散，自行消亡，最后区域中的所有人口都成为易感染人口，网络处于无病状态，即该点为感染区域的无病平衡点。

通过求解方程组(14.9)，还可获得方程组的另外一个解：

$$P_2=(s,i,q)=\left(\frac{d_1+\delta}{\beta\langle k\rangle},\frac{\gamma[\beta\langle k\rangle-(d_1+\delta)](d_2+\mu)}{\beta\langle k\rangle[(d_1+\delta+\gamma)(d_2+\mu)+\gamma\delta]},\right.$$
$$\left.\frac{\gamma\delta[\beta\langle k\rangle-(d_1+\delta)]}{\beta\langle k\rangle[(d_1+\delta+\gamma)(d_2+\mu)+\gamma\delta]}\right) \tag{14.11}$$

从式(14.11)可以看出，当危险源扩散系统处于稳态时，还存在被感染的人口，因此，该点称为感染区域的地方病平衡点。

3) 系统平衡态的稳定性

引理 14.1：如果 $\beta<\dfrac{d_1+\delta}{\langle k\rangle}$，生物危险源扩散网络中的无病平衡态 P_1 是稳定的；否则，P_1 是不稳定的。

证明：$P_1=(s,i,q)=(1,0,0)$，此时，方程组(14.9)对应的雅可比(Jacobi)矩阵为

$$J_{P_1}=\begin{bmatrix}\dfrac{\partial P_{11}}{\partial s} & \dfrac{\partial P_{11}}{\partial i} & \dfrac{\partial P_{11}}{\partial q}\\ \dfrac{\partial P_{12}}{\partial s} & \dfrac{\partial P_{12}}{\partial i} & \dfrac{\partial P_{12}}{\partial q}\\ \dfrac{\partial P_{13}}{\partial s} & \dfrac{\partial P_{13}}{\partial i} & \dfrac{\partial P_{13}}{\partial q}\end{bmatrix}=\begin{bmatrix}-\gamma & -\beta\langle k\rangle-\gamma & -\gamma\\ 0 & \beta\langle k\rangle-(d_1+\delta) & 0\\ 0 & \delta & -(d_2+\mu)\end{bmatrix} \tag{14.12}$$

式中，P_{11}、P_{12}、P_{13} 为 P_1 环境下依次对应方程组(14.9)中的三个方程，则很容易求得该 Jacobi 矩阵的特征方程为

$$(\lambda+\gamma)(\lambda-\beta\langle k\rangle+d_1+\delta)(\lambda+d_2+\mu)=0 \tag{14.13}$$

通过解方程，容易得方程的三个特征根分别为 $-\gamma$ 、$\beta\langle k\rangle-d_1-\delta$ 、$-d_2-\mu$ 。由 Routh-Hurwitz 稳定性判据可知：当 $\beta\langle k\rangle-d_1-\delta<0$，即 $\beta<\dfrac{d_1+\delta}{\langle k\rangle}$ 时，方程组(14.9)的 Jacobi 矩阵三个特征根都具有负实部，此时，$P_1=(s,i,q)=(1,0,0)$ 是方程组的稳定解；否则，P_1 是不稳定的。证毕。

引理 14.2：如果 $\beta>\dfrac{d_1+\delta}{\langle k\rangle}$，生物危险源扩散网络中的地方病平衡态 P_2 是稳定的；否则，P_2 是不稳定的。

证明：类似于引理 14.1 的证明，结合方程组的另外一个解式(14.11)，此时，方程组(14.9)对应的 Jacobi 矩阵为

$$J_{P_2}=\begin{bmatrix} -\dfrac{\gamma[\beta\langle k\rangle-(d_1+\delta)](d_2+\mu)}{[(d_1+\delta+\gamma)(d_2+\mu)+\gamma\delta]}-\gamma & -(d_1+\delta)-\gamma & -\gamma \\ \dfrac{\gamma[\beta\langle k\rangle-(d_1+\delta)](d_2+\mu)}{[(d_1+\delta+\gamma)(d_2+\mu)+\gamma\delta]} & 0 & 0 \\ 0 & \delta & -(d_2+\mu) \end{bmatrix} \tag{14.14}$$

整理可得其 Jacobi 矩阵的特征方程为

$$\begin{aligned} &\lambda(\lambda+A+\gamma)[\lambda+(d_2+\mu)]+\gamma\delta A+(d_1+\delta+\gamma)[\lambda+(d_2+\mu)]A \\ &=a_0\lambda^3+a_1\lambda^2+a_2\lambda+a_3=0 \end{aligned} \tag{14.15}$$

式中，

$$\begin{aligned} A&=\frac{\gamma[\beta\langle k\rangle-(d_1+\delta)](d_2+\mu)}{[(d_1+\delta+\gamma)(d_2+\mu)+\gamma\delta]} \\ a_0&=1 \\ a_1&=(d_2+\mu)+(A+\gamma) \\ a_2&=(d_2+\mu)(A+\gamma)+(d_1+\delta+\gamma)A \\ a_3&=(d_2+\mu)(d_1+\delta+\gamma)A+\gamma\delta A \end{aligned}$$

很显然，如果 $\beta>\dfrac{d_1+\delta}{\langle k\rangle}$，则 $A>0$，很容易得到 $a_1>0,\ a_2>0,\ a_3>0$，$a_1a_2-a_0a_3=(d_2+\mu)(A+\gamma)(d_2+\mu+A+\gamma)+(d_1+\delta+\gamma)A^2+\gamma A(d_1+\gamma)>0$。则由 Routh-Hurwitz 稳定性判据可知：当 $\beta>\dfrac{d_1+\delta}{\langle k\rangle}$ 时，Jacobi 矩阵的特征方程三个特征根将具有负的实部，此时方程组(14.9)的解 P_2 是稳定的；否则，P_2 是不稳定的。证毕。

结论 14.1：从引理 14.1 和引理 14.2 可以得出结论，在不考虑生物危险源具有潜伏期的情况下，生物危险源的扩散阈值除了取决于所构建的小世界网络拓扑结构(节点平均度分布)，还与生物危险源的危险程度(因病死亡率)及生物危险源暴发后采取多大强度的隔离措施(感染者被隔离的比例)有密切关系：当 $\beta<\dfrac{d_1+\delta}{\langle k\rangle}$ 时，生物危险源扩散网络会稳定于危险源消失的平衡点 P_1；当 $\beta>\dfrac{d_1+\delta}{\langle k\rangle}$ 时，生物危险源将会在较长的一段时间内扩散并最终稳定于地方病平衡点 P_2 的状态。

14.1.2　基于小世界网络的 SEIQRS 生物危险源扩散演化模型

模型建立类似于 14.1.1 节，假设在某地区发生生物恐怖袭击事件并造成当地传染病流行，在考虑该疾病具有潜伏期的情形下，其危险源扩散过程可用图 14-2 表示。

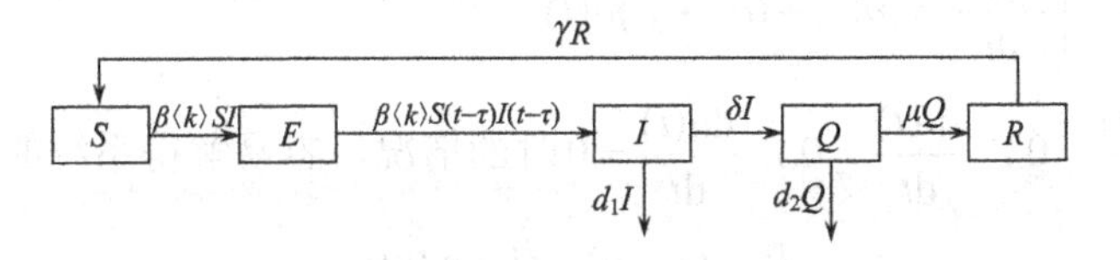

图 14-2　生物危险源扩散的 SEIQRS 模型

类似于 14.1.1 节的方法，运用平均场理论[4]得到基于小世界网络且考虑有潜伏期的 SEIQRS 模型方程组为

$$\begin{cases}\dfrac{\mathrm{d}s(t)}{\mathrm{d}t}=-\beta\langle k\rangle s(t)i(t)+\gamma r(t)\\ \dfrac{\mathrm{d}e(t)}{\mathrm{d}t}=\beta\langle k\rangle s(t)i(t)-\beta\langle k\rangle s(t-\tau)i(t-\tau)\\ \dfrac{\mathrm{d}i(t)}{\mathrm{d}t}=\beta\langle k\rangle s(t-\tau)i(t-\tau)-d_1 i(t)-\delta i(t)\\ \dfrac{\mathrm{d}q(t)}{\mathrm{d}t}=\delta i(t)-d_2 q(t)-\mu q(t)\\ \dfrac{\mathrm{d}r(t)}{\mathrm{d}t}=\mu q(t)-\gamma r(t)\end{cases} \tag{14.16}$$

式中，$E(t)$ 为区域中被感染进入潜伏期的人口数量，$e(t)=E(t)/N$ 表示其密度；$s(t)+e(t)+i(t)+q(t)+r(t)=1$；$\beta$、$\gamma$、$\delta$、$\mu$、$d_1$、$d_2$、$\tau$ 皆为正的常数；τ 为潜伏期。模型的初始条件为 $i(0)=i_0\ll 1$，$e(0)=\langle k\rangle i(0)$，$s(0)=1-e_0-i_0$，$q(0)=r(0)=0$。

接下来，本节对已建立的基于小世界网络且考虑有潜伏期的 SEIQRS 模型进行模型分析。

1) 系统平衡态的存在性

考虑方程组(14.16)的稳态情况。考虑到在生物危险源扩散系统达到稳态时，各参数值不再变化的特性，即 $s(t)=s(t-\tau)$，$i(t)=i(t-\tau)$，则可知此时有

$$\frac{\mathrm{d}e(t)}{\mathrm{d}t}=\beta\langle k\rangle s(t)i(t)-\beta\langle k\rangle s(t-\tau)i(t-\tau)=0 \tag{14.17}$$

是恒成立的。即在系统稳态时，在潜伏期内的人口密度 $e(t)=e$ 为某个常数。由于

$s(t)+e(t)+i(t)+q(t)+r(t)=1$，代入方程组(14.16)，可得

$$\begin{cases}\dfrac{\mathrm{d}s(t)}{\mathrm{d}t}=-\beta\langle k\rangle s(t)i(t)+\gamma[1-s(t)-e(t)-i(t)-q(t)]\\[2mm]\dfrac{\mathrm{d}i(t)}{\mathrm{d}t}=\beta\langle k\rangle s(t-\tau)i(t-\tau)-(d_1+\delta)i(t)\\[2mm]\dfrac{\mathrm{d}q(t)}{\mathrm{d}t}=\delta i(t)-(d_2+\mu)q(t)\end{cases}\tag{14.18}$$

考虑 $\dfrac{\mathrm{d}s(t)}{\mathrm{d}t}=0$，$\dfrac{\mathrm{d}i(t)}{\mathrm{d}t}=0$，$\dfrac{\mathrm{d}q(t)}{\mathrm{d}t}=0$ 时的情况，容易解得系统的平衡点为

$$P_3=(s,i,q)=(1-e,0,0)\tag{14.19}$$

$$P_4=(s,i,q)=\left(\frac{d_1+\delta}{\beta\langle k\rangle},B,\frac{\delta}{d_2+\mu}B\right)\tag{14.20}$$

式中，$B=\dfrac{\gamma[\beta\langle k\rangle(1-e)-(d_1+\delta)](d_2+\mu)}{\beta\langle k\rangle[(d_1+\delta+\gamma)(d_2+\mu)+\gamma\delta]}$。类似 14.1.1 节，$P_3$ 为考虑潜伏期条件下的感染区域无病平衡点，P_4 为地方病平衡点。

2) 系统平衡态的稳定性

引理 14.3：如果 $\beta<\dfrac{d_1+\delta}{\langle k\rangle(1-e)}$，考虑潜伏期条件下的生物危险源扩散网络中无病平衡态 P_3 是稳定的；否则，P_3 是不稳定的。

引理 14.3 的证明类似于引理 14.1，故略去。

引理 14.4：如果 $\beta>\dfrac{d_1+\delta}{\langle k\rangle(1-e)}$，考虑潜伏期条件下的生物危险源扩散网络中地方病平衡态 P_4 是稳定的；否则，P_4 是不稳定的。

引理 14.4 的证明类似于引理 14.2，故略去。

结论 14.2：从引理 14.3 和引理 14.4 的证明结果可以得出，在考虑潜伏期的情况下，生物危险源的扩散阈值除了取决于所构建的小世界网络拓扑结构、生物危险源的危险程度及生物危险源暴发后采取多大强度的隔离措施外，还与生物危险源扩散系统达到稳态时在潜伏期内的人口密度有关。

从上述基于小世界网络的生物危险源扩散模型分析可看出，在对感染者采取隔离措施后，无论生物危险源传播过程中是否具有潜伏期，其扩散到最后都存在一个系统平衡态(无病平衡态或地方病平衡态)，即存在扩散阈值。反映到生物反恐应急救援实际中，即生物危险源的扩散虽然会形成一个以人为节点的危险源扩散网络，具有扩散的快速性和跳跃性，但从宏观上看，其总体是一种从无序向有序演化的行为。因此，生物危险源的扩散具有一定的规律性。

14.2　生物恐怖袭击的预警能力评估模型

军事科学院张斌博士针对气溶胶生物恐怖事件的监测预警开展了情景模拟和需求评估。其中炭疽气溶胶生物恐怖袭击主要通过施放后随大气扩散并形成生物气溶胶传播，人体吸入生物气溶胶后感染、发病和死亡。通过生物气溶胶发动的恐怖袭击突发性强、危害最大，可瞬间导致大量人群发病死亡和社会经济失序[5]。

1. 情景假定

炭疽杆菌是目前国际上公认的最有可能被用于发动生物恐怖袭击的生物恐怖剂，以 10kg、5kg、1kg 三种剂量的炭疽杆菌在北京市不同时间、地点施放为假定，分别代表大、中、小三种规模尺度（1kg 炭疽杆菌含10^{15}个炭疽孢子）。预警延迟时间集$T=\{1,13,\cdots,133,145\}$共 13 组，覆盖环境监测、事件监测、症状监测、病例监测等目前主要监测预警方式可能的预警时间区间。医学救治措施为对处于潜伏期的个体实施抗生素预防，对前驱期和明显症状期个体实施临床治疗，触发条件均为与预警时间同时启动，并假设不受资源限制。

2. 模型实现

情景模拟使用的人口分布数据为全球人口分布数据库 LandScan 2012 与 2010 年北京市人口普查数据融合校正后生成的人工人口数据，共有 19612368 个虚拟个体，空间分辨率约 $1km^2$。作为初始和边界条件的气象数据来自欧洲中期天气预报中心（ECMWF）再分析数据集 ERA-Interim，经数值天气预报（Weather Research and Forecasting, WRF）重建后得到中尺度天气预报数据，空间分辨率约 $1km^2$。在此基础上通过大气扩散模型和生物气溶胶粒子特征模型模拟得到三个拟定袭击情景下近地面 10m 高的炭疽气溶胶扩散有效浓度。

袭击发生后，污染区内个体疾病状态转移过程采用离散事件系统仿真方法，仿真步长为 0.5h，仿真时长为 60d。每个拟定情景在每个仿真步长内基于干预模型和状态转移模型迭代计算污染区内所有感染个体的病程发展。

3. 结果分析

通过对三个情景在 13 组预警延迟时间下医学救治效果的模拟，以死亡人数作为危害效果的主要评估指标，得出不同情景在不同预警延迟时间下的死亡人数，如表 14-1 所示。

表 14-1 不同情景在不同预警延迟时间下死亡人数[5] （单位：万人）

情景	预警延迟时间													
	1h	13h	25h	37h	49h	61h	73h	85h	97h	109h	121h	133h	145h	∞
A	26.6	29.2	31.7	34.4	37.4	40.5	47.2	53.6	59.5	64.7	68.7	71.5	73.3	100.8
B	7.2	7.8	8.7	10.8	12.2	13.4	14.8	16.1	17.5	18.8	20.0	21.3	23.1	32.8
C	1.0	1.1	1.3	1.4	1.6	1.7	1.9	2.1	2.2	2.4	2.6	2.9	3.0	4.3

注：场景 A 表示将 10kg 剂量的炭疽杆菌在北京市不同时间地点施放；场景 B 表示将 5kg 剂量的炭疽杆菌在北京市不同时间地点施放；场景 C 表示将 1kg 剂量的炭疽杆菌在北京市不同时间地点施放。

表 14-1 中∞代表无预警，即未开展医学救治下的极端死亡人数，这种情况实际上并不可能发生，只是作为参考比较的基准值引入。如表 14-1 所示，不同情景的危害效果明显不同，情景 A 最多可导致 100.8 万人死亡，情景 B 最多可导致 32.8 万人死亡，而情景 C 最多可导致 4.3 万人死亡。不同情景危害后果的巨大差异主要来自施放剂量的不同，同时需要重点关注的是三个情景单位剂量的危害效果差异也巨大，情景 A 中每千克可导致约 10 万人死亡，情景 B 中每千克可导致约 6.6 万人死亡，而情景 C 每千克只导致约 4.3 万人死亡。这说明即使在相同剂量下，不同的施放地点、时间和污染区的人口分布等因素对生物恐怖袭击事件的危害影响也不一样，而且这种影响并非线性关系，充分说明了生物恐怖袭击事件后果的"情景依赖性"。

在三个尺度炭疽生物恐怖袭击中，死亡人数随着预警延迟时间的推移均不断增加，虽然危害后果增长的绝对数量不同，但相对速度却有一定的相关性。以无预警情况∞为参考基准，其他预警时间条件下医学救治对危害后果的减少比例如图 14-3 所示。

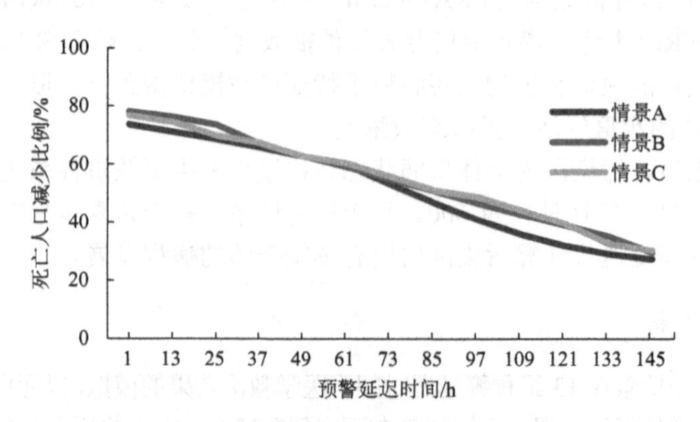

图 14-3 不同预警延迟时间对死亡人数的减少比例[5]

如图 14-3 所示，袭击发生 145 h 后发出预警，对危害后果的减少比例仅为 28%左右(27.32%～29.51%)，此结果还是在不考虑应急药品、人员等其他能力储备量的理想情况下所得，可以预见在实际应急处置过程中若预警时间大于 6 天，则危害减控效果将进一步降低。由于炭疽病例的平均潜伏期约为 10 天，即使部分病例在 6 天内出现症状，通过现有医疗系统临床和实验室确诊仍然需要一个过程，同时还涉及暴露评估、医疗资源的筹措调动等耗时行动，因此病例监测方式在炭疽生物恐怖防御中所发挥的作用是非常有限的，一次大规模的生物恐怖袭击仍然可能导致数百万人死亡，这是难以承受的严重后果。

与此同时，若在袭击后第一时间发出预警，积极的医疗干预在理想情况下可以将危害后果减少 70%以上(73.58%～78.18%)；即使在袭击后第 2 天开始大规模的应急救治，危害后果的减少比例仍可达到 60%左右，而这必须通过环境监测方式在第一时间发现空气中生物活性物质的异常存在并快速检测鉴定，这正是当前生物防御能力体系构建需要重点关注的领域。

14.3　生物恐怖袭击应急物资协同配送模型(时间驱动)

在生物危险源扩散规律分析的基础上，本节主要针对生物恐怖事件暴发后应急救援初期阶段，受感染区域对应急资源的需求还处于较稳定状态的情况，研究如何尽可能快地将当地及周边医疗部门的应急资源调配到应急需求点。本节主要从两方面着手：一是考虑应急物资供应点与需求点存在特殊地理位置关系条件下，如何实现混合协同配送；二是针对应急条件下紧急物资供应设备存在数量、容量及时间窗等限制条件下，如何实现混合协同配送。

14.3.1　研究问题的提出

对于普通物流来说，它既强调物流的效率，又强调物流的效益，而应急物流在许多情况下则是通过物流效率来完成其效益的实现。由于生物反恐体系所具有的一些特性(如生物恐怖事件通常是在人群中释放某种生物危险源导致人群死亡，却并不会像自然灾害那样破坏交通通信、中断应急资源配送路径等)，生物反恐体系中的应急物资配送与其他灾害环境下的应急物资配送有一定的差异性。

经典的几类物资配送模式有点对点配送(PTP 模式)、枢纽辐射式(HUB 模式)及旅行商或多旅行商(TSP、MTSP 模式)等，这些物资配送模式都各自具有不同的优势。显然，在应急条件下，如果应急资源能全部采用 PTP 模式进行配送，则各需求点都能在尽可能短的时间获得应急资源；但相应地，应急资源的配送缺乏规模效益性(反映在实际中即每个需求点都要进行单独配送，需要大量的人力、车辆等资源)。反过来，虽然传统的 HUB 模式具有较强的规模效益[6]和竞争优势[7,8]，可是其又会导致救援时效性的相对降低。而在具体的应急救援中，由于应急事件的突发性和应急设备的有限性，常见的形式是应急救援的指挥中心根据所拥有的医疗资源(包括医疗车辆、医务人员等)分组同时出发，对各应急物资的需求点进行配送或补给应急资源(如接种疫苗)，各组之间尽量不重复，使得所有的需求点都在尽可能短的时间内得到应急物资，所以经典的 MMTSP(多出发点多旅行商)理论在生物反恐应急物资配送中有一定的借鉴性。

基于此，结合生物恐怖事件暴发后应急救援初期阶段，受感染区域对应急资源的需求还处于较稳定状态的特性，构建一类应急物资混合协同配送模式，使其兼顾各种模式之所长，成为本节研究的目标。因此，在本节中混合协同的含义主要指应急物资配送过程中两种运输方式并存运营的状态。

14.3.2 PTP 模式与 HUB 模式混合的协同配送方法

在 PTP 模式下，任意应急物资供应点可对任意应急资源需求点进行物资配送；在 HUB 模式下，HUB 节点既负责对所有的应急资源供应点进行资源收集，又负责对所有的应急资源需求点进行物资配送。图 14-4 给出了 PTP 应急物资配送模式与 HUB 应急物资配送模式的结构示意图。

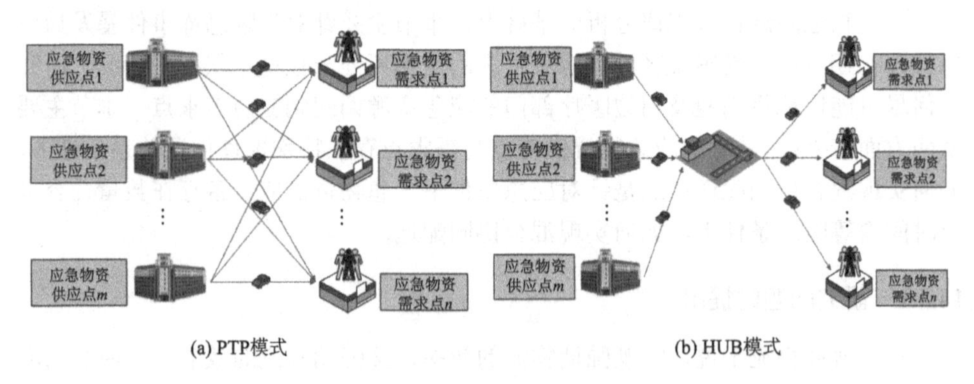

图 14-4 PTP 应急物资配送模式与 HUB 应急物资配送模式示意图

通常地，为提高应急救援的时效性，大多调用飞机来进行紧急物资运输。如果将航空客流运输看作应急救援的物资运输，则使得在传统航空网络中研究的 HUB 模式在应急救援过程中具有了现实借鉴意义。结合应急物资配送特点，将文献[9]中的网络参数关系改进如下。

在 HUB 应急物资配送模式中，任一应急物资供应点 i 经 HUB 枢纽中转到达任一应急物资需求点 j 运输单位物资的时效价值 P_h、运输物资数量 q_{hij} 与运输频率 f_h 之间满足

$$P_h = \alpha - \mu - \beta q_{hij} - \gamma / f_h \tag{14.21}$$

在 PTP 应急物资配送模式中，从任一应急物资供应点 i 到达任一应急物资需求点 j 运输单位物资的时效价值 P_d，直达物资数量 q_{dij} 与运输频率 f_d 之间有

$$P_d = \alpha - \beta q_{dij} - \gamma / f_d \tag{14.22}$$

式(14.21)和式(14.22)说明提高运输频率能使应急物资的时效价值增加。其中，α、β、γ、μ 是网络模型参数，α 与直达运输的运输能力 G 成正比；β 与单位时间运输获得的时效价值成反比；γ 与单位时间的救灾延误损失成正比；μ 与物资在枢纽中转时损失的时效价值有关，损失的时效价值越大则 μ 越大，损失的时效价值越小则 μ 越小。可知在具有 m 个应急物资供应点和 n 个应急物资需求点的应急物资配送网络中，采用 HUB 模式和 PTP 模式的总时效价值分别如下：

$$R_h = \sum_{i=1}^{m}\sum_{j=1}^{n} q_{hij}(\alpha - \mu - \beta q_{hij} - \gamma / f_h) \tag{14.23}$$

$$R_d = \sum_{i=1}^{m}\sum_{j=1}^{n} q_{dij}(\alpha - \beta q_{dij} - \gamma / f_d) \tag{14.24}$$

对于任意的 q_{hij}、q_{dij}，求 $\frac{\partial R_h}{\partial q_{hij}} = 0$，$\frac{\partial R_d}{\partial q_{dij}} = 0$，整理可得

$$f_h = \frac{\gamma}{\alpha - \mu - 2\beta q_{hij}} \tag{14.25}$$

$$f_d = \frac{\gamma}{\alpha - 2\beta q_{dij}} \tag{14.26}$$

根据文献[10]可知 $q_{dij} \leqslant q_{hij}$，再结合式(14.25)、式(14.26)，显然有 $f_h > f_d$，即 HUB 模式中的运输频率要大于 PTP 模式中的运输频率。从而可知，HUB 应急物资配送模式比 PTP 模式具有更好的规模经济性。

虽然 HUB 模式具有较好的规模经济性，然而在应急救援的现实情况中，部分应急供应点与部分应急需求点之间没必要通过 HUB 节点中转，它们在地理位置上也许靠得很近，可采用直接配送方式，从而形成了如图 14-5 所示的两种模式并存的混合协同配送模式。因此，前文所提出的问题可归结为：确定应急物资配送网络中，哪些点之间的配送采用 HUB 模式，哪些点之间的配送采用 PTP 模式，并且要求这种混合配送的效果要比两种单纯的配送模式更优。

模式中涉及的参数说明如下。

q_{ij}^{d}：采用 PTP 模式从第 i 个应急物资供应点配送到第 j 个应急物资需求点的应急物资量；

q_{ij}^{h}：采用 HUB 模式从第 i 个应急物资供应点配送到第 j 个应急物资需求点的应急物资量；

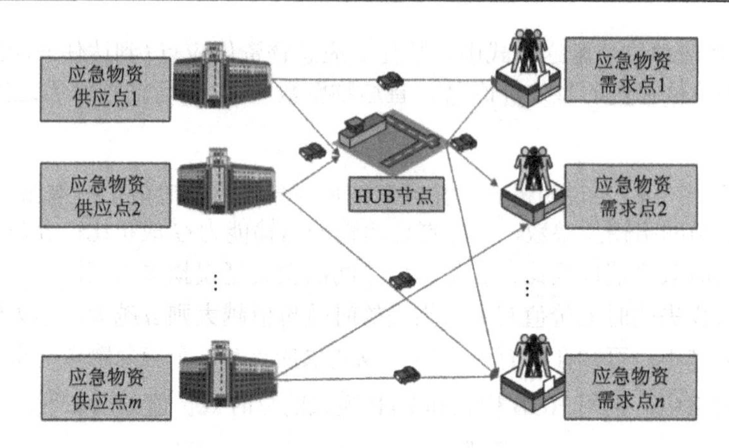

图 14-5　应急物资混合协同配送模式

q_i^h：第 i 个应急物资供应点通过 HUB 模式配送的应急物资总量；

q_j^h：第 j 个应急物资需求点通过 HUB 模式得到的应急物资总量；

q_i：第 i 个应急物资供应点所能提供的应急物资总量；

q_j：第 j 个应急物资需求点所需要的应急物资总量；

D^d：采用 PTP 模式进行应急物资配送的节线（弧）集合；

D^h：采用 HUB 模式进行应急物资配送的节线（弧）集合；

t_{ij}^d：单位应急物资通过 PTP 模式从第 i 个应急物资供应点配送到第 j 个应急物资需求点平均分配时间；

t_{i0}^h：单位应急物资通过 HUB 模式从第 i 个应急物资供应点收集到 HUB 节点的平均消耗时间；

t_{0j}^h：单位应急物资通过 HUB 模式从 HUB 节点配送到第 j 个应急物资需求点的平均消耗时间；

t_{ij}^{dh}：应急物资配送弧 (v_i,u_j) 从 PTP 模式转换到 HUB 模式后能节约的时间；

t_{ij}^{hd}：应急物资配送弧 (v_i,u_j) 从 HUB 模式转换到 PTP 模式后能节约的时间；

x_{ij}^d：PTP 模式下应急物资从第 i 个应急物资供应点配送到第 j 个应急物资需求点时，$x_{ij}^d=1$，否则为 0。

设在应急物资配送网络 $N=(V,D)$ 中，$V=\{v_0\}\cup\{v_1,v_2,\cdots,v_m\}\cup\{u_1,u_2,\cdots,u_n\}$，$v_0$ 为应急配送中的 HUB 节点，$v=\{v_1,v_2,\cdots,v_m\}$ 为应急物资的供应点集合，$u=\{u_1,u_2,\cdots,u_n\}$ 为应急物资需求点集合，$D=\{(v_i,u_j)\big|i=1,2,\cdots,m,j=1,2,\cdots,n\}$ 为弧集，每条弧代表一个应急物资供应点和一个应急物资需求点之间的路径。

对于任意的 $i=1,2,\cdots,m$，$j=1,2,\cdots,n$，应急物资配送应满足以下基本关系：

$$q_i^h = \sum_{j=1}^{n} q_{ij}^h \tag{14.27}$$

$$q_j^h = \sum_{i=1}^{m} q_{ij}^h \tag{14.28}$$

$$\sum_{i=1}^{m} q_i \geqslant \sum_{j=1}^{n} q_j \tag{14.29}$$

$$D = D^d \cup D^h \tag{14.30}$$

式(14.27)和式(14.28)为应急物资流量守恒约束，式(14.29)保证资源供应充足，式(14.30)为网络配送弧集约束。在满足以上基本关系的基础上，若所有的应急物资配送都采用 PTP 模式，则总的应急时间需求模型为

$$\min T^d = \sum_i \sum_j t_{ij}^d q_{ij}^d \tag{14.31}$$

$$\text{s.t.} \begin{cases} \sum_{i=1}^{m} q_{ij}^d = q_j, \forall j = 1,2,\cdots,n \\ \sum_{j=1}^{n} q_{ij}^d \leqslant q_i, \forall i = 1,2,\cdots,m \\ q_{ij}^d \geqslant 0, \forall i = 1,2,\cdots,m, j = 1,2,\cdots,n \end{cases}$$

式(14.31)是一个很容易求解的线性规划问题，追求 PTP 模式下应急总时间最小，约束条件为资源量守恒约束。类似地，在满足上述基本关系基础上，若所有的应急物资配送都采用 HUB 模式，则应急物资首先从各个应急物资供应点被收集到 HUB 节点，然后从该节点出发配送到各应急物资需求点，总的时间需求模型为

$$\min T^h = \sum_{i=1}^{m} t_{i0}^h q_i^h + \sum_{j=1}^{n} t_{0j}^h q_j^h \tag{14.32}$$

$$\text{s.t.} \begin{cases} q_i^h \leqslant q_i, \forall i = 1,2,\cdots,m \\ q_j^h = q_j, \forall j = 1,2,\cdots,n \\ q_i^h, q_j^h \geqslant 0, \forall i = 1,2,\cdots,m, j = 1,2,\cdots,n \end{cases}$$

式(14.32)也是一个容易求解的规划问题，追求 HUB 模式下总的应急时间最小，约束条件为资源量满足约束。结合前文的分析可知，混合模式的实质是确定应急物资配送中哪些点之间的配送采用 HUB 模式，哪些点之间的配送采用 PTP 模式，因此，可构建混合模式的目标函数如下：

$$\min T = f(T^d, T^h) \tag{14.33}$$

$$\text{s.t.} \begin{cases} \sum_{j=1}^{n} q_{ij}^d + q_i^h \leqslant q_i, \forall i = 1,2,\cdots,m \\ \sum_{i=1}^{m} q_{ij}^d + q_j^h = q_j, \forall j = 1,2,\cdots,n \\ q_{ij}^d, q_i^h, q_j^h \geqslant 0, \forall i = 1,2,\cdots,m, j = 1,2,\cdots,n \end{cases}$$

式(14.33)为混合模式的目标函数模型，追求混合后的应急总时间最小，约束条件为流量守恒与需求满足约束。不同的是，该模型不再是一简单线性规划问题，需要设计相应的启发式算法来求解。

14.3.3 PTP 模式与 MMTSP 模式混合的协同配送方法

如 14.3.1 节所述，在具体的应急物资配送过程中，由于生物反恐体系的特性及应急环境下各种可用资源的限制，经典的 MMTSP 理论在生物反恐应急物资配送中具有一定的借鉴性。然而，单纯地采用 MMTSP 模式进行应急物资配送，又很难完全满足各应急需求点的时效性要求。因此，本小节进一步研究构建 PTP 模式与 MMTSP 模式混合协同的应急物资配送方法，以弥补单一应急物资配送方式的不足。

1. PTP 模式及相对时效性评价函数的提出

假设配送网络构成一个有向图 $G(O,V,E,\omega)$，$O=\{1,2,\cdots,m\}$ 表示区域中各应急资源储备点集；$V=\{1,2,\cdots,n\}$ 表示该区域中的各应急资源需求点集；$E=\{e_{ij} \mid i \in O, j \in V\}$ 为边集(弧集)，e_{ij} 表示从应急资源储备点 i 到应急资源需求点 j 之间的配送路径(弧)；ω_{ij} 为定义在 E 上的边权(距离)[①]；$EQ_i\{i \in O\}$ 为应急资源储备点 i 的应急资源库存量；$I_j, Q_j\ \{j \in V\}$ 分别为应急资源需求点 j 中被感染人数(未被隔离)和被隔离人数[②]；$d_j\{j \in V\}$ 为预测的应急资源需求点 j 的应急资源需求量。为简化后续的比较过程，假设 PTP 模式下的医疗运输车辆数无限制，车辆的容量足够大。由于 PTP 模式下往返路径具有对称性，引入决策变量 z_{ij}，如果应急资源需求点 j 通过应急资源储备点 i 进行物资补给，则 $z_{ij}=1$；否则，$z_{ij}=0$。

---

① 由于本小节选取修正的 Solomon 测试集数据进行模式测试，此时 ω_{ij} 为任意应急资源储备点 i 到应急资源需求点 j 之间的欧氏距离。

② $I_j, Q_j\ \{j \in V\}$ 是随着时间变化而变化的值，由于本小节研究生物反恐初始阶段应急救援，由 14.2 节可知在该阶段这两个参数值相对稳定。

该条件下的 PTP 模式可以很容易得到，为(M1)：

$$(\mathrm{M1})\ \min\sum_{i\in O}\sum_{j\in V}2\omega_{ij}z_{ij} \tag{14.34}$$

$$\text{s.t.}\ \sum_{j=1}^{n}d_j z_{ij}\leqslant EQ_i,\forall i\in O \tag{14.35}$$

$$\sum_{i=1}^{m}EQ_i z_{ij}\leqslant d_j,\forall j\in V \tag{14.36}$$

$$\sum_{i=1}^{m}z_{ij}\geqslant 1,\forall j\in V \tag{14.37}$$

$$\omega_{ij}=\sqrt{(x_i-x_j)^2+(y_i-y_j)^2},\forall i\in O,j\in V \tag{14.38}$$

$$d_j=a(\langle k\rangle I_j+Q_j),\forall j\in V \tag{14.39}$$

$$z_{ij}=0\ \ 或\ \ 1,\forall i\in O,j\in V \tag{14.40}$$

上述模型中，式(14.34)为目标函数，追求总的应急资源配送路径最短；式(14.35)和式(14.36)为流量平衡约束，保证各需求点的需求得到满足；式(14.37)保证每个应急需求点至少被一个应急储备点服务；式(14.38)为从任意应急资源储备点到任意应急资源需求点间的欧氏距离；式(14.39)为应急资源需求点需求量的计算公式；式(14.40)为引入的决策变量约束。上述模型为常见的 0-1 整数规划模型，模型的求解也较为简单，在此不再赘述。

在各种各样的应急资源配送方式中，PTP 模式的时效性相对最好，因为应急物资从储备点到需求点之间没有任何其他的环节。在实际的生物反恐应急救援中，因为各种条件的限制(如车辆数、专业医务人员数等)，很难实现这种点对点的模式，往往构造的是一种复杂多模式混合状态。因此，有必要构建一个应急时效性的相对衡量标准或评价函数，来对各种应急模式进行一个综合衡量和比较。

通过对模型(M1)的求解，可以很容易得到在 PTP 模式下应急资源配送的最优解。假设在应急资源的配送过程中，车辆速度恒定为v，则可根据模型(M1)的结果计算出每个应急资源需求点在得到应急资源前所需等待的最小时间集合$T_{\text{wait}}^{\text{PTP}}=\{t_1^{\text{PTP}},t_2^{\text{PTP}},\cdots,t_n^{\text{PTP}}\}$。假如以该模式下的应急时效性为标准值 1，同时定义ϕ_j^{else}为应急资源需求点j在其他模式下的相对时效性，则有

$$\phi_j^{\text{else}}=\frac{t_j^{\text{PTP}}}{t_j^{\text{else}}},\forall j\in V \tag{14.41}$$

式中，t_j^{else}为应急资源需求点j在其他模式下得到应急资源前所需等待的最小时间，从而可得其他模式下应急资源配送的总平均时效性评价函数为

$$\Phi_{\text{else}} = \frac{1}{n}\sum_{j \in V} \phi_j^{\text{else}}, \forall j \in V \tag{14.42}$$

2. PTP 模式与 HUB 模式混合的协同配送方法

前面考虑了生物反恐体系应急资源配送最简单的一种状态——车辆无限制条件状态，在该条件下为提高应急救援的时效性，人们总是会尽可能采取 PTP 模式对所有的应急资源需求点进行配送。如果假设某区域在遭受意外的生物恐怖袭击后的应急救援初始阶段，当地各应急资源储备点所拥有的应急资源量和配送设备等都相对有限。在该种情形下的应急资源配送，必然有一个先后的问题在里面，即按照一定的顺序对各应急需求点进行先后配送。在假定任意需求点被某一配送车辆经过一次配送即可满足需求的前提下，可将该研究的应急物资配送模式看作应急条件下从多个应急资源储备点出发的、考虑车辆数量和容量双约束的 MMTSP 模式。这类问题通常模型简单而求解较为困难，为典型的 NP 问题。问题描述如下。

假设配送网络构成一个有向图 $G(O \cup V, E, \omega)$，$O = \{1, 2, \cdots, m\}$，表示区域中各应急资源储备点集；$V = \{m+1, m+2, \cdots, m+n\}$ 表示该区域中的各应急资源需求点集；$E = \{e_{ij} | i, j \in O \cup V, i \neq j\}$ 为边集(弧集)，e_{ij} 表示应急配送车辆从网络图中的节点 i 到达节点 j (如果 $i \in O, j \in V$，则是从应急储备点 i 到达应急需求点 j；如果 $i \in V, j \in O$，则是从应急需求点 i 返回应急储备点 j；如果 $i, j \in V, i \neq j$，则是从应急需求点 i 到达应急需求点 j；如果 $i, j \in O, i \neq j$，则是从应急储备点 i 到达应急储备点 j)；ω_{ij} 为定义在 E 上的边权(距离)，特殊地，当 $i, j \in O, i \neq j$ 时，ω_{ij} 取为某个大数 M，以刻画应急资源储备点间不存在配送路径；R 表示所有的可行路径集合，r_l 表示路径 l；$EQ_k \{k \in O\}$ 为应急资源储备点 k 原有应急资源库存量；$S_k \{k \in O\}$ 为通过应急资源储备点 k 进行应急资源供应的需求点集合，$\bigcup_{k \in O} S_k = V$；$I_j, Q_j \{j \in V\}$ 分别为应急资源需求点 j 中被感染人数(未被隔离)和被隔离人数；$d_j \{j \in V\}$ 为应急资源需求点 j 的应急资源需求量；$N_k \{k \in O\}$ 为应急物资储备点 k 所需的车辆数；Q_{cap} 为车辆容量；如果应急配送车辆从网络中的节点 i 到达节点 j，$z_{ij} = 1$；否则，$z_{ij} = 0$。该时刻的 MMTSP 模式可以描述为(M2)：

$$\text{(M2)} \quad \min \sum_{i \in O \cup V} \sum_{j \in O \cup V, i \neq j} \omega_{ij} z_{ij} \tag{14.43}$$

$$\text{s.t.} \quad \sum_{i \in O \cup V} x_{ij} = 1, \forall j \in V, i \neq j \tag{14.44}$$

$$\sum_{j \in O \cup V} x_{ij} = 1, \forall i \in V, i \neq j \tag{14.45}$$

$$\sum_{i\in O}\sum_{j\in V} z_{ij} = \sum_{i\in V}\sum_{j\in O} z_{ij} \tag{14.46}$$

$$\sum_{j\in S_k} d_j \leqslant \mathrm{EQ}_k, \forall k \in O \tag{14.47}$$

$$\sum_{j\in \eta} d_j \leqslant Q_{\mathrm{cap}}, \forall r_l \in R \tag{14.48}$$

$$\sum_{i\notin S_k}\sum_{j\in S_k} z_{ij} \geqslant 1, \forall S_k \subseteq V, |S_k| \geqslant 2 \tag{14.49}$$

$$N_k = \left\lceil \frac{\sum_{j\in S_k} d_j}{Q_{\mathrm{cap}}} \right\rceil, \forall k \in O \tag{14.50}$$

$$\omega_{ij} = \sqrt{(x_i - x_j)^2 + (y_i - y_j)^2}, \forall i \in O, j \in V \text{ 或 } i \in V, j \in O \text{ 或 } i, j \in V, i \neq j \tag{14.51}$$

$$\omega_{ij} = M, \forall i, j \in O, i \neq j \tag{14.52}$$

$$d_j = a(\langle k \rangle I_j + Q_j), \forall j \in V \tag{14.53}$$

$$z_{ij} = 0 \text{或} 1, \forall i, j \in O \cup V, i \neq j \tag{14.54}$$

上述模型中，式(14.43)为目标函数，追求总的应急资源配送路径最短；式(14.44)和式(14.45)保证每个应急资源需求点仅被配送一次；式(14.46)为应急资源储备点车辆约束，即所有从储备点出发的车辆必须返回储备点；式(14.47)为应急资源约束，即所有储备点的资源可以满足所有需求点的需求量；式(14.48)为可行路径约束，即每条可行路径上的资源需求总量不超过车辆的容量；式(14.49)为次回路消除约束；式(14.50)为所需车辆数；式(14.51)和式(14.52)为网络中任意两点间的欧氏距离；式(14.53)为应急资源需求点需求量的计算公式；式(14.54)为引入的决策变量约束。上述模型为典型的 NP 问题模型，需要设计相应的算法以求得问题的近似最优解。

上面的论述分别从两个不同方面考虑应急资源配送问题：在车辆无约束的 PTP 模式下，单纯从提高应急资源配送时效性考虑，应该尽可能多地派车进行应急资源配送，最好实现每个点都单独配送；而在车辆容量和数量有约束的 MMTSP 模式下，单纯从节约总运输距离考虑，则应尽可能少地派车辆进行应急资源运输(分组越少总距离越短)。显然，这两个结论是矛盾的。实际上在生物反恐应急救援中，这两类情况都不太容易单独呈现。因为，一方面，可能没有足够的车辆来实现对每个应急需求点单独配送；另一方面，如果单纯仅为尽可能节约总配送路径，又可能使一部分车辆闲置，导致应急救援的时效性降低。

因此，为更好地逼近现实决策，本节在前面研究的基础上提出混合协同配送模式。该模式的实质是介于前面所介绍的两种模式间的一种中间状态：考虑在使用 MMTSP 模式进行应急资源配送的同时，允许部分时间窗要求严格的应急资源需求点采用 PTP 模式进行配送，从而实现在损失一部分路径长度目标的条件下，尽可能地充分使用所有车辆，达到进一步逼近现实决策和提高应急救援时效性的目标。参照前面的模式，对相关问题进行数学表述如下。

引入参数 at_j 表示应急资源配送车辆抵达应急需求点 $j\{j \in V\}$ 的时间，考虑在应急条件下应急资源配送车辆到达后不需要等待，卸载完应急资源后立刻到下一应急需求点的情况，为方便计算，忽略应急资源配送车辆在应急需求点的等待时间和服务时间；$[e_j, l_j]$ 表示应急需求点 $j\{j \in V\}$ 的时间窗，其中 e_j 为最早到达时间，l_j 为最迟到达时间；在假设车速一致的前提下，该时间窗分别由 PTP 模式（最早）和 MMTSP 模式（最迟）结果而求得，同时也保证混合模式具有较优的结果；各储备点所拥有的车辆数为 $N_i(i \in O)$，沿用前面假设车速恒定为 v，则 $t_{ij} = \omega_{ij}/v$ $(\forall i, j \in O \bigcup V)$ 为应急资源配送车辆从网络图中的节点 i 到达节点 j 所需的时间，其他参数说明同（M2）模型。

在某种程度上，混合模式可以看作 MMTSP 模式具有时间窗的一种特殊情况，只是部分时间窗要求严格的配送路径上不允许循环取货（milk run）现象存在而已。因此，在将该混合模式看作 MMTSP 模式的一种特殊情况后，则该时刻在车辆有容量、数量和时间窗限制条件下的混合配送模式数学模型可以描述为（M3）：

$$\text{(M3)}\quad \min \sum_{i \in O \bigcup V} \sum_{j \in O \bigcup V, i \neq j} \omega_{ij} z_{ij} \tag{14.55}$$

$$\text{s.t.}\quad \sum_{i \in O \bigcup V} x_{ij} = 1, \forall j \in V, i \neq j \tag{14.56}$$

$$\sum_{j \in O \bigcup V} x_{ij} = 1, \forall i \in V, i \neq j \tag{14.57}$$

$$\sum_{j \in V} z_{ij} = N_i, \forall i \in O \tag{14.58}$$

$$\sum_{i \in V} z_{ij} = N_j, \forall j \in O \tag{14.59}$$

$$\sum_{j \in S_k} d_j \leqslant EQ_k, \forall k \in O \tag{14.60}$$

$$\sum_{j \in r_l} d_j \leqslant Q_{\text{cap}}, \forall r_l \in R \tag{14.61}$$

$$\sum_{i \notin S_k} \sum_{j \in S_k} x_{ij} \geqslant 1, \forall S_k \subseteq V, |S_k| \geqslant 2 \tag{14.62}$$

$$\omega_{ij}=\sqrt{(x_i-x_j)^2+(y_i-y_j)^2},\forall i\in O,j\in V \text{ 或 } \forall i\in V,j\in O \text{ 或} \forall i,j\in V,i\neq j \tag{14.63}$$

$$\omega_{ij}=M,\forall i,j\in O,i\neq j \tag{14.64}$$

$$d_j=a(\langle k\rangle I_j+Q_j),\forall j\in V \tag{14.65}$$

$$e_j\leqslant at_j\leqslant l_j,\forall j\in V \tag{14.66}$$

$$at_i+t_{ij}+(1-z_{ij})T\leqslant at_j,\forall i\in O\cup V,j\in V,i\neq j \tag{14.67}$$

$$at_i=0,\forall i\in O \tag{14.68}$$

$$at_j>0,e_j>0,l_j>0,\forall j\in V \tag{14.69}$$

$$t_{ij}>0,\forall i\in O\cup V,j\in V,i\neq j \tag{14.70}$$

$$z_{ij}=0 \text{ 或 } 1,\forall i,j\in O\cup V,i\neq j \tag{14.71}$$

上述模型中，式(14.55)为目标函数，追求总的应急资源配送路径最短；式(14.56)和式(14.57)保证每个应急资源需求点仅被配送一次；式(14.58)和式(14.59)为应急资源储备点车辆约束，即所有从储备点出发的车辆必须返回储备点；式(14.60)为应急资源约束，即所有储备点的资源可以满足所有需求点的需求量；式(14.61)为可行路径约束，即每条可行路径上的资源需求总量不超过车辆的容量；式(14.62)为次回路消除约束；式(14.63)和式(14.64)为网络中任意两点间的欧氏距离；式(14.65)为应急资源需求点需求量的计算公式；式(14.66)为应急时间窗约束，即应急资源需要在指定的时间窗到达；式(14.67)为应急需求点间的时间关系，其中 T 为一足够大的整数；式(14.68)～式(14.70)为时间变量非负约束；式(14.71)为引入的决策变量约束。该模型同样为典型的 NP 问题，需要设计相应的算法以求得问题的近似最优解。

14.4　生物恐怖袭击应急物资协同配送模型(资源驱动)

在生物危险源扩散规律分析的基础上，本节主要针对生物反恐应急救援中期阶段，随着生物危险源的大规模扩散，受感染区域对应急资源的需求处于动态变化状态的情况，研究构建资源驱动环境下的应急物流网络协同优化方法。本节主要从两方面着手：一是考虑应急资源供给充足条件下的应急物流网络如何协同优化；二是考虑应急资源供给可能存在不足条件下的应急物流网络如何协同优化，从而使得无论在何种环境下，通过应急物流网络的协同优化，都可以较好地控制生物危险源扩散，提高应急救援效果。

14.4.1 研究问题的提出

本节将生物反恐体系下的应急救援分成三个阶段：在生物恐怖事件暴发初期，由于生物危险源还未开始大面积扩散，在开始的一段时间内，感染区域对应急资源的需求较为平稳，此阶段称为第一阶段；在经过一段蛰伏期后，生物危险源开始大面积扩散，感染人口出现高峰期，对应急资源的需求也急剧变化，在采取了一系列应对措施后，生物危险源扩散开始回落，此阶段称为第二阶段；当生物危险源扩散趋于稳定或消失，对应急资源的需求也逐渐平稳，此阶段称为第三阶段。

14.3 节研究了在第一阶段应如何尽可能快地将暴发点周边区域原有储备应急资源配送到应急需求点，构建的模型为单一的、离散的规划模型。在生物反恐应急救援中，这种一次性离散规划结果往往难以在资源驱动环境下做出有效的调整以应对各点需求的变化。因此，本节将研究问题的第二阶段。这一阶段的目标是随着生物危险源的扩散，应急资源能够源源不断地被配送到应急需求点，以满足受感染区域的动态变化需求，反映在实际决策中，即是决策—反馈—再决策—再反馈的动态的、多阶段的协同决策过程。第二阶段的研究思路如图 14-6 所示。

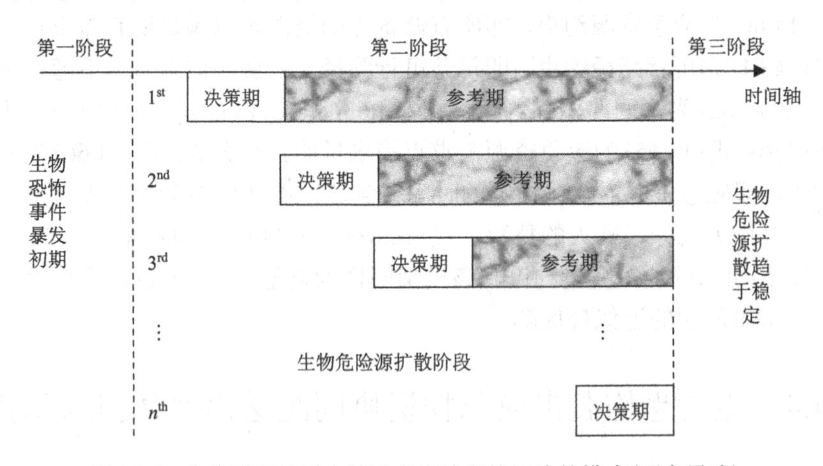

图 14-6　生物反恐体系中的动态多阶段协同决策模式(研究思路)

针对生物反恐第二阶段中应急决策需经常做出调整的实际情况，本节研究构建的动态多阶段协同决策模式实质是将生物反恐体系中第二阶段的应急救援执行时间轴分为两部分，即决策期和参考期，如图 14-6 所示。决策者可根据当地的生物危险源扩散实际情况设定决策的时间范围、决策周期等。采用该动态多阶段协同决策模式，决策者可以以某个固定的时间(如每隔一天)作为决策周期，每次执行模式将针对需求点进行需求量的即时更新配置作业，从而实现在资源驱动环境下，决策者有效地调整配置物资，以应对各需求点的动态变化情况。每次决策期执行完后，会对生物危险源的扩散产生一定的抑制作用，继而产生新的危险源扩散情况，因此，决策结果的有效性局限于决策期内，对后续的时段而言，只能起到参考作用。第二阶段的研究技术路线如图 14-7 所示。

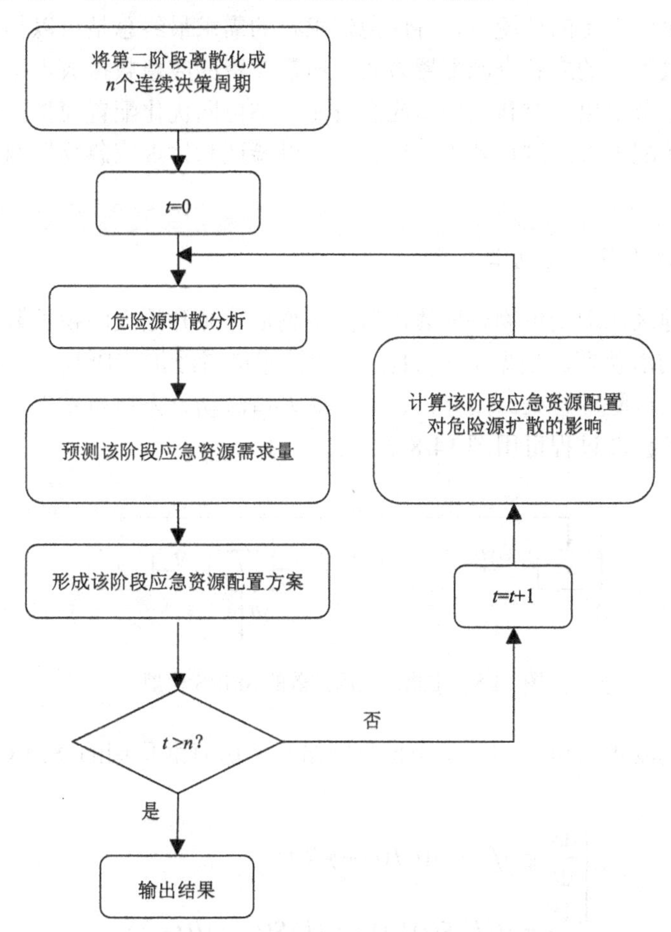

图 14-7　生物反恐体系中的动态多阶段协同决策模式(技术路线)

从图 14-7 可以看出，本节首先分析生物危险源的扩散规律，根据各受感染区域的生物危险源扩散规律确立各区域的应急物资需求量，继而根据各区域的应急资源需求情况，制定应急资源储备库向各区域进行资源配置的方案。通过一次资源配置后，势必对生物危险源的扩散产生一定的抑制作用，然后产生新的危险源扩散情况，再产生新的应急资源需求，继而需要再做出新的资源配置方案，如此循环，直到生物危险源扩散趋于稳定，从而实现生物反恐体系中应急物流网络受生物危险源扩散网络驱动这一目标。结合图 14-6 可知，在图 14-6 中的决策期执行一次，即为图 14-7 中的协同过程循环一次。因此，该动态多阶段协同决策模式的应用将极大地增强应急物流网络的应急应变能力。

14.4.2 资源供应充足环境下的应急物流网络协同优化

在资源供应充足的环境下，各应急需求点的需求最终总是可以得到满足，不同的是，通过不同的应急资源配置方式，所需花费的应急救援成本是不一致的。基于此，本小节给出一类新的城市应急资源动态协同优化配置模型，并将其与传统的应急资源配置方式进行效果对比分析，以验证和体现应急物流网络协同优化的优势。

1. 生物危险源扩散规律分析

假设某地区在遭受生物恐怖袭击后，生物危险源开始大面积扩散，且该危险源具有一定的潜伏期。根据文献[11]，即使被感染者经治疗康复了，但还有部分人员会再度被危险源感染。因此，在不考虑人口流动、人口自然出生率和死亡率的情况下，其扩散过程可用图 14-8 表示。

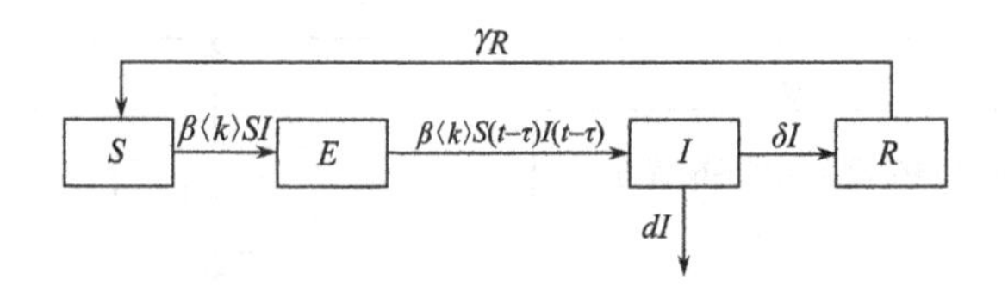

图 14-8 生物危险源扩散的 SEIRS 模型

运用平均场理论可得到基于小世界网络且考虑有潜伏期的 SEIRS 模型方程组为

$$
\begin{cases}
\dfrac{\mathrm{d}S}{\mathrm{d}t} = -\beta\langle k\rangle S(t)I(t) + \gamma R(t) \\
\dfrac{\mathrm{d}E}{\mathrm{d}t} = \beta\langle k\rangle S(t)I(t) - \beta\langle k\rangle S(t-\tau)I(t-\tau) \\
\dfrac{\mathrm{d}I}{\mathrm{d}t} = \beta\langle k\rangle S(t-\tau)I(t-\tau) - (d+\delta)I(t) \\
\dfrac{\mathrm{d}R}{\mathrm{d}t} = \delta I(t) - \gamma R(t)
\end{cases}
\tag{14.72}
$$

模型中，$S(t)$、$E(t)$、$I(t)$、$R(t)$ 分别代表遭受生物恐怖袭击地区中的易感染者人数、被感染进入潜伏期的人数、染病者人数及染病后康复的人数。其他参数包括：$\langle k\rangle$ 为网络节点的平均度分布；β 为生物危险源的感染率；δ 为感染人口的康复率；d 为感染人员因病死亡率；τ 为潜伏期；γ 为康复后的人员再度被感染率。

从式(14.72)可知，在给定了受灾区域中各参数的初始值后，区域中的 $S(t)$、$E(t)$、$I(t)$、$R(t)$ 的变化情况是可以预测出来的，其中符号 I 代表该区域中染病者的人数，而这个值正是生物反恐应急救援中最为关注的一个量。当 I 值越小甚至趋于 0 时，可认为危险源的扩散得到了有效的遏制并趋于消失。研究[12]指出，为有效地控制染病人数，应努力控制进入潜伏期的人数和提高康复人数比例，即应努力控制两个关键参数 β 和 δ。反映在实际应急救援时，即应该保持有足够的应急资源以满足染病人员的需求，从而实现提高康复率 δ、降低被染病者人数 I 的目的。

2. *动态需求预测*

以往文献研究中，有的将应急条件下的资源需求刻画成某种脉冲变化量[13]，有的将其定义为某种时变量[14]，也有的将其描述为某种随机需求[15,16]，这些定义存在一个共同的不足之处就是不能较好地体现出每一阶段的应急资源配置对后期阶段应急资源需求所产生的影响。因此，本小节将讨论如何预测每一阶段的应急资源需求，以及每一阶段应急资源配置实施后，对后期阶段的应急资源需求的影响，而这也是应急救援中关键的一步。假定遭受生物恐怖袭击后，应急资源的需求与区域内的感染者人数密切相关，为方便计算，用线性函数表示如下：

$$d_t^* = aI(t) \tag{14.73}$$

式(14.73)为应急资源需求的传统预测方法，式中 d_t^* 表示在 t 时刻受灾区域对应急资源的需求量。由于式(14.73)为一常微分方程，很难取得其精确的数值解。因此，需将其结合应急时间点的变化做进一步细化。在此构建一种折线比例法(类似于欧拉方法)，以刻画应急资源需求变化情况。

如图 14-9 所示，横轴代表每个决策阶段的时间点，纵轴代表受灾点的需求变化情况。图 14-9 中的虚线部分为根据式(14.73)预测出的需求量变化情况，实线部分为实际需求量的变化情况。例如，假设根据式(14.73)计算出在第 t 个决策周

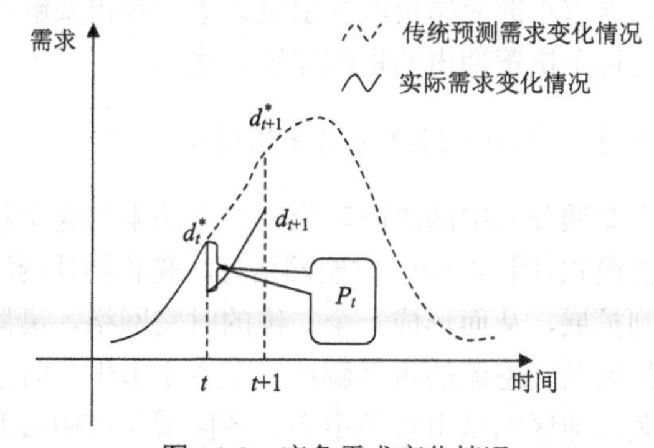

图 14-9　应急需求变化情况

期受灾区域的应急资源需求量为d_t^*，在$t+1$次决策阶段该受灾点的资源需求量为d_{t+1}^*。而实际上，由于在第t个决策周期对该受灾点进行了应急资源的配置P_t，其对生物危险源的扩散会产生一定的抑制作用，因此在第$t+1$次决策时，该点的实际应急资源需求量变为d_{t+1}。

为反映上述应急资源需求动态变化的性质，定义每个决策阶段的新增资源需求比例系数为

$$\eta_t = (d_{t+1}^* - d_t^*)/d_t^* \tag{14.74}$$

式中，η_t为在第t次决策期内的新增资源比例系数。由于每个阶段的新增染病人数不同，新增资源需求比例系数η_t在每个决策期内的取值也不同。同时根据文献调查，即使被感染者康复了，也还是有部分人员会再度被危险源感染，故定义应急救援的实际有效率系数为θ。再考虑每个感染者的治疗有一个时间周期Γ，为方便计算，假设其为决策周期的整数倍，则相当于每个决策周期内实际有效救援的感染人数比例为θ/Γ。由此，可得如下函数递推关系：

$$\text{当}\, t=1, d_1 = (1+\eta_0)\left(1-\frac{\theta}{\Gamma}\right)d_0 \tag{14.75}$$

$$\text{当}\, t=2, d_2 = (1+\eta_1)\left(1-\frac{\theta}{\Gamma}\right)d_1 = (1+\eta_0)(1+\eta_1)\left(1-\frac{\theta}{\Gamma}\right)^2 d_0 \tag{14.76}$$

$$\cdots$$

$$\text{当}\, t=n, d_n = \prod_{i=0}^{n-1}(1+\eta_i)\left(1-\frac{\theta}{\Gamma}\right)^n d_0 \tag{14.77}$$

式中，$\prod_{i=0}^{n-1}(1+\eta_i) = (1+\eta_0)(1+\eta_1)\cdots(1+\eta_{n-1})$，$d_0 = aI(0)$为应急资源初始需求量。很显然，当间隔时间取值越小时，预测结果将越精确。在上述递推公式中，初始需求量假设是给定已知的(根据初始感染人数计算)，因此通过上述模型，可以预测出每个决策周期各需求点的应急资源需求量。下一步需要解决的是如何根据动态变化的需求，确定每个决策期内的资源配置方案。

3. 资源充足条件下应急物流网络协同优化模型

本小节借鉴动态交通分配中的离散时空网络方法来构建生物反恐体系下应急资源动态多阶段配置模式(图 14-10)。时空网络方法是将物理网络上的节点在离散的时间轴上进行复制扩展，从而形成一个二维的时空网络，离散的时间段表示有利于网络弧的时空扩展及动态流的机理解析。在本小节中，时空网络的设计主要是将遭受生物恐怖袭击地区的城市疾控中心、各区域疾控中心及各应急定点救治

医院的分布情形以时空网络的形态体现，继而将应急资源配置到各定点医院，以满足应急需求。

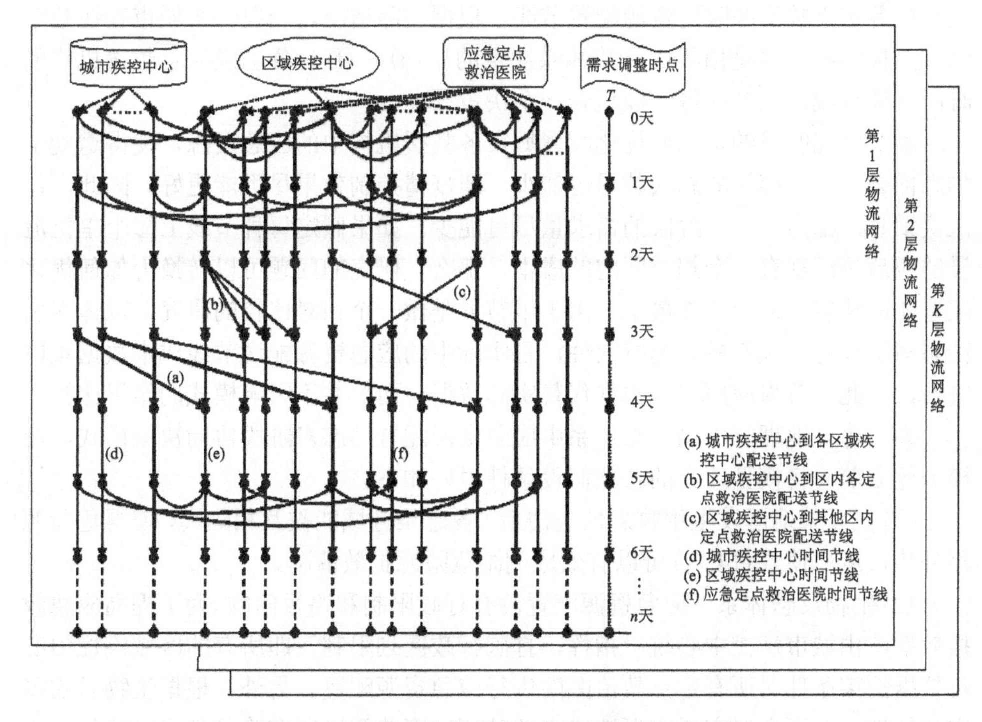

图 14-10　生物反恐体系中应急资源配置时空网络

图 14-10 的每一层代表一种应急资源，以区别遭受生物恐怖袭击后，不同层级救治机构在不同时间点对所需不同资源的时空分布状态。其中，横轴代表应急救援系统中的城市疾控中心、区域疾控中心及应急定点救治医院的空间分布，纵轴代表时间延续，以此反映生物反恐应急救援中的时间约束和空间约束。网络的时间长度为整个生物反恐应急救援第二阶段。网络中节点代表某一应急救援机构在某一特定时刻的时空点，节点上的供给量与需求量分别代表此节点上流入或流出的应急资源量。节线代表两时空点间资源流动情况。节点和节线分别说明如下。

(1) 节点：代表各层级应急救援机构在某一特定时刻的时空点。在本书中可细分为城市疾控中心节点、区域疾控中心节点及应急定点救治医院节点。时间间距假设为 1 天(假设决策周期为 1 天)，在实际应用中，决策者可根据实际情况需要进行调整。理论上，时间间距取得越小，越能反映实际情况，但相应地，问题的求解规模也会越大；实际上，如果时间间距过小，也缺乏实际操作的可行性。因此，时间间距的选取，应确定为一个适中的值。

(2) 节线：根据节线代表的轴向不同可分为物流节线和时间节线。说明如下：

(a)类节线为城市疾控中心到各区域疾控中心的资源配置节线。(b)类节线为区域疾控中心到区域内各定点救治医院的资源配置节线。(c)类节线为区域疾控中心到区域外各定点救治医院的资源配置节线。根据实际情况，一般一个城市存在数个区域疾控中心，这是由我国行政体系决定的。(d)～(f)为各层级应急救援机构的时间延续节线，该节线每一段代表一个决策周期。

本节研究的目的是如何优化配置城市各救援机构中的应急资源，使得遭受生物恐怖袭击后受感染的总人数尽可能少，即疫情控制效果尽可能更好。因此，每次决策时，都力求下一阶段的需求量尽可能少。如果假定每种节线上每个单位流量的应急资源都有一个相对固定的成本，那么，研究的问题可以转换为如何优化配置才能使整个应急成本最小。由于本节只是做一个相对比较的研究，以体现出动态多阶段协同决策模式的有效性，且实际中的应急资源配送节线成本数据难以统计，因此本节将应用相对数据代替实际数据，而这并不影响模式的结果比较。

为了更好地理解生物反恐体系中应急资源配置动态多阶段协同决策模式，在模型建立前，将模型建立的各项假设条件说明如下。

(1)假设某地区发生生物恐怖袭击后，各感染区域能被互相隔离，使得危险源不外传，从而使式(14.72)可以有效地刻画危险源扩散情况。

(2)生物反恐体系下应急资源配置没有行政限制和路径问题。为了提高应急救援效率，由城市疾控中心统一指挥，打破行政区划限制，即所有的区域疾控中心可依据约束条件对所有定点救治医院进行应急资源配置。另外，根据生物恐怖袭击的特性，并不会对交通方面造成大的破坏，因此假设所有路径都是可行的，不存在路径中断问题。

(3)为便于比较，本书假设所有节点上的应急资源需求量全部为当量，所有节线上的成本数据全部为相对成本。实际生物反恐体系中涉及的应急资源可能包含疫苗、抗生素药、口罩、隔离服等不同种类的资源，为方便计算，假设其分别按一定数量折算成单位资源量。

(4)假设区域疾控中心及各定点救治医院的应急资源初始值皆为0。

(5)假设城市疾控中心每个决策期都能提供足够的应急资源。

本节涉及的参数说明如下。

cc_{ijt}^{k}：在第t次决策期内，第k层应急资源配置网络中，单位流量的应急资源从城市疾控中心i到区域疾控中心j的成本；

cr_{ijt}^{k}：在第t次决策期内，第k层应急资源配置网络中，单位流量的应急资源从区域疾控中心i到定点救治医院j的配送成本；

es_{it}^{k}：第t次决策期内，第k层应急资源配置网络中，城市疾控中心i所能供给的最大应急资源量；

zr_{it}^k：第 t 次决策期内，第 k 层应急资源配置网络中，区域疾控中心 i 所需中转的应急资源量；

x_{ijt}^k：第 t 次决策期内，第 k 层应急资源配置网络中，从城市疾控中心 i 到区域疾控中心 j 之间的应急资源量；

y_{ijt}^k：第 t 次决策期内，第 k 层应急资源配置网络中，从区域疾控中心 i 到定点救治医院 j 之间的应急资源量；

d_{it}^k：第 t 次决策时，第 k 层应急资源配置网络中，应急定点救治医院 i 所需的应急资源量；

K：应急资源配置时空网络集合；

T：决策期集合；

C^k：第 k 层应急资源配置网络中，城市疾控中心节点集合；

R^k：第 k 层应急资源配置网络中，区域疾控中心节点集合；

H^k：第 k 层应急资源配置网络中，应急定点救治医院节点集合。

从图 14-10 看出，对于某个特定的应急资源配置时期，本节所构建的应急资源配置网络具有很明显的两阶段特性，即存在着两层决策者。其中，上层决策者处于一个领导和协调的地位(如生物反恐中城市疾控中心)，主要负责对各区域疾控中心进行应急资源的调配；下层决策者处于具体的执行地位(如各区域疾控中心)，主要负责对感染者进行应急资源分发(如接种疫苗、分发药品等)。这两层决策目标相互影响，具有明显的转运问题的特点。基于此，根据上述假设条件和参数说明，建立生物反恐应急救援条件下应急资源配置动态多阶段协同规划模型如下：

$$\min F(x,y)=\sum_{k\in K}\sum_{t\in T}\sum_{i\in C^k}\sum_{j\in R^k}x_{ijt}^k cc_{ijt}^k+\sum_{k\in K}\sum_{t\in T}\sum_{i\in R^k}\sum_{j\in H^k}y_{ijt}^k cr_{ijt}^k \tag{14.78}$$

$$\text{s.t.}\quad \sum_{i\in C^k}x_{ijt}^k=zr_{jt}^k,\forall j\in R^k,k\in K,t\in T \tag{14.79}$$

$$\sum_{j\in R^k}x_{ijt}^k\leqslant es_{it}^k,\forall i\in C^k,k\in K,t\in T \tag{14.80}$$

$$\sum_{i\in C^k}es_{it}^k\geqslant\sum_{j\in R^k}zr_{jt}^k,\forall k\in K,t\in T \tag{14.81}$$

$$\sum_{i\in R^k}y_{ijt}^k=d_{jt}^k,\forall j\in H^k,k\in K,t\in T \tag{14.82}$$

$$\sum_{j\in H^k}y_{ijt}^k\leqslant zr_{it}^k,\forall i\in R^k,k\in K,t\in T \tag{14.83}$$

$$\sum_{i\in R^k}zr_{it}^k\geqslant\sum_{j\in H^k}d_{jt}^k,\forall k\in K,t\in T \tag{14.84}$$

$$d_{i0}^k = aI_i^k(0), \forall i \in H^k, k \in K \tag{14.85}$$

$$d_{it}^k = \prod_{t=0}^{t-1}(1+\eta_{it}^k)\left(1-\frac{\theta}{\Gamma}\right)^t d_{i0}^k, \forall i \in H^k, t \in T \setminus \{t=0\}, k \in K \tag{14.86}$$

$$\prod_{t=0}^{t-1}(1+\eta_{it}^k) = (1+\eta_{i0}^k)(1+\eta_{i1}^k)\cdots(1+\eta_{it-1}^k), \forall i \in H^k, t \in T, k \in K \tag{14.87}$$

$$x_{ijt}^k > 0, \forall i \in C^k, j \in R^k, t \in T, k \in K \tag{14.88}$$

$$y_{ijt}^k > 0, \forall i \in R^k, j \in H^k, t \in T, k \in K \tag{14.89}$$

上述模型中，式(14.78)为目标函数，追求整个应急资源配置成本最小化；约束条件式(14.79)和式(14.80)为上层应急资源流量守恒约束；式(14.81)为城市疾控中心应急资源供应约束，以保证有足够的资源供应；约束条件式(14.82)和式(14.83)为下层应急资源流量守恒约束；式(14.84)为区域疾控中心应急资源供应约束，以保证有足够的资源供应；式(14.85)～式(14.87)为应急时变需求预测公式；式(14.88)和式(14.89)为变量约束。随着生物危险源的不断扩散，上述模型将在一个动态变化的需求前提下执行，且问题的求解规模会随着执行时间的长短及时间间距的选取而急剧变化，因此，需要设计相应的智能算法以代替人工计算求解。

14.4.3　资源可能存在不足环境下的应急物流网络协同优化

在实际的应急救援过程中，应急资源的供应并不一定总是充足的。在应急资源缺货的环境下，通过不同的应急资源配置方式，不仅花费的应急救援成本不一致，而且所达到的应急救援效果也各不相同。基于此，本小节在构建一类新的城市应急资源动态协同优化配置模型后，对采用该模式与缺货环境下采用均衡配置方式进行对比分析，以验证和体现本小节所构建的应急物流网络协同优化模型的优势。

1. 生物危险源扩散规律分析

类似于 14.4.2 节，假设某地区在遭受生物恐怖袭击后，生物危险源开始大面积扩散，且该危险源具有一定的潜伏期。本小节不考虑已治疗康复者会再度被感染，则该危险源扩散过程可用图 14-11 表示。

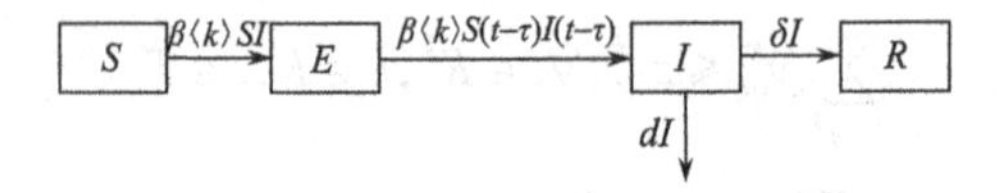

图 14-11　生物危险源扩散的 SEIR 模型

同样，运用平均场理论可得到基于小世界网络且考虑有潜伏期的 SEIR 模型方程组为

$$\begin{cases} \dfrac{\mathrm{d}S}{\mathrm{d}t} = -\beta\langle k\rangle S(t)I(t) \\ \dfrac{\mathrm{d}E}{\mathrm{d}t} = \beta\langle k\rangle S(t)I(t) - \beta\langle k\rangle S(t-\tau)I(t-\tau) \\ \dfrac{\mathrm{d}I}{\mathrm{d}t} = \beta\langle k\rangle S(t-\tau)I(t-\tau) - (d+\delta)I(t) \\ \dfrac{\mathrm{d}R}{\mathrm{d}t} = \delta I(t) \end{cases} \tag{14.90}$$

式中，$S(t)$、$E(t)$、$I(t)$、$R(t)$ 分别为遭受生物恐怖袭击地区中的易感染者人数、被感染进入潜伏期的人数、染病者人数、染病后康复的人数。其他参数包括：$\langle k\rangle$ 为网络节点的平均度分布；β 为生物危险源的感染率；δ 为感染人口的康复率；d 为感染人员因病死亡率；τ 为潜伏期。同样地，由式(14.90)可知，在给定受灾区域中各参数的初始值后，区域中的 $S(t)$、$E(t)$、$I(t)$、$R(t)$ 的变化情况是可以预测出来的。

2. 动态需求预测

在 14.4.2 节中，考虑了在资源供应充足条件下的应急时变需求预测模式，但实际情况中，可能存在着应急资源供给不足的情况，因此，提出应急时变需求预测模式修正如下。

为方便计算，取线性参数 $a=1$，假设某应急需求点在 t 时刻通过全局优化模型求解得到的应急资源配置量为 P_t，每个染病者治疗时间为 $\varGamma$（决策周期的整数倍)，则相当于在 t 时刻的实际有效救援的染病人数为 $P_t/\varGamma$。由此，可得如下函数递推关系：

$$\text{当}\, t=1, d_1 = (1+\eta_0)\left(d_0 - \frac{P_0}{\varGamma}\right) \tag{14.91}$$

$$\text{当}\, t=2, d_2 = (1+\eta_1)\left(d_1 - \frac{P_1}{\varGamma}\right) \tag{14.92}$$

$$\cdots$$

$$\text{当}\, t=n, d_n = (1+\eta_{n-1})\left(d_{n-1} - \frac{P_{n-1}}{\varGamma}\right) \tag{14.93}$$

式中，$d_0 = aI(0) = I(0)$ 为应急资源初始需求量；P_0 为应急资源初始配置量；$\eta_t(t=0,1,2,\cdots,n-1)$ 为在第 t 个决策期内的新增资源比例系数。在以上递推公式中，初始需求量假设是给定已知的(根据初始感染人数计算)，初始应急资源配置

量可以根据求解初始阶段的优化配置模型得出。与 14.4.2 节中的时变需求预测模型不同的是，每个决策期的应急资源需求量并不是一开始就决定了的，而是随着决策过程的不断推进，根据上一个决策阶段所做出的资源配置结果来决定该阶段的应急需求，因此，该模式能更好地刻画实际应急变化情况。

3. 资源可能存在不足条件下应急物流网络协同优化模型

本小节借鉴动态交通分配中的离散时空网络方法来构建生物反恐体系下应急资源动态多阶段协同优化配置模型。

根据新的生物危险源扩散规律和时变需求预测模型，可建立资源供给可能存在不足条件下的应急物流网络动态多阶段协同优化模型如下：

$$\min F(x,y)=\sum_{k\in K}\sum_{t\in T}\sum_{i\in C^k}\sum_{j\in R^k} x_{ijt}^k cc_{ijt}^k+\sum_{k\in K}\sum_{t\in T}\sum_{i\in R^k}\sum_{j\in H^k} y_{ijt}^k cr_{ijt}^k \tag{14.94}$$

$$\text{s.t.}\ \sum_{i\in C^k} x_{ijt}^k = zr_{jt}^k, \forall j\in R^k, k\in K, t\in T \tag{14.95}$$

$$\sum_{j\in R^k} x_{ijt}^k \leqslant es_{it}^k, \forall i\in C^k, k\in K, t\in T \tag{14.96}$$

$$\sum_{i\in R^k} y_{ijt}^k \leqslant d_{jt}^k, \forall j\in H^k, k\in K, t\in T \tag{14.97}$$

$$\sum_{j\in H^k} y_{ijt}^k = zr_{it}^k, \forall i\in R^k, k\in K, t\in T \tag{14.98}$$

$$d_{i0}^k = aI_i^k(0), \forall i\in H^k, k\in K, t=0 \tag{14.99}$$

$$d_{it}^k=(1+\eta_{it-1}^k)\left(d_{it-1}^k-\frac{P_{it-1}^k}{\Gamma}\right), \forall i\in H^k, k\in K, t=1,2,\cdots,T \tag{14.100}$$

$$P_{jt}^k=\sum_{i\in R^k} y_{ijt}^k, \forall j\in H^k, k\in K, t=0,1,2,\cdots,T-1 \tag{14.101}$$

$$x_{ijt}^k>0, \forall i\in C^k, j\in R^k, t\in T, k\in K \tag{14.102}$$

$$y_{ijt}^k>0, \forall i\in R^k, j\in H^k, t\in T, k\in K \tag{14.103}$$

上述模型中，式(14.94)为目标函数，追求整个应急资源配置成本最小化；约束条件式(14.95)和式(14.96)为上层应急资源流量守恒约束；约束条件式(14.97)和式(14.98)为下层应急资源流量守恒约束；式(14.99)～式(14.101)为应急时变需求预测公式；式(14.102)和式(14.103)为变量约束。

14.5　大数据在生物恐怖袭击方面的应用

将大数据应用在生物恐怖袭击方面可以有效提高生物恐怖袭击的预测、预警、防范和应对能力，降低生物恐怖袭击给人类社会带来的危害。本节主要介绍大数据在生物恐怖袭击预测预警和风险评估方面的应用。

14.5.1　预测和预警

利用大数据技术分析和挖掘海量的公共卫生数据、社交媒体信息等，可以建立跨机构、跨地域的数据共享和协同机制，加强生物恐怖袭击的信息共享和协同应对能力。通过数据共享和分析，能更迅速、准确地识别威胁并采取相应措施，实现对生物恐怖袭击的预测和预警。

为了满足突发生物危害事件模拟预测研究的迫切需求，张珣等[17]基于开源的三维地理信息 Cesium 框架和 WebGL 技术，重点针对生物恐怖袭击、生物入侵、突发传染病三种应用场景，建立区域、全国和全球三种尺度的虚拟地理环境，构建一套突发生物危害事件可视化智能决策支持平台，为突发生物危害事件决策提供数据支撑与软件平台保障，具体如图 14-12 所示。

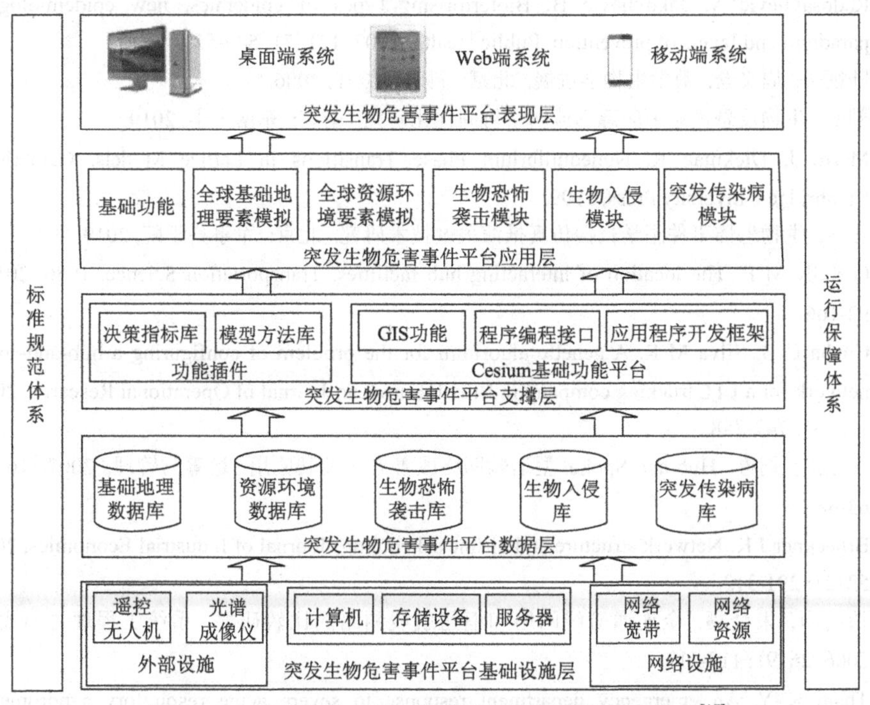

图 14-12　突发生物危害可视化智能决策支持平台框架[17]

14.5.2 风险评估

张斌[5]建立了集生物事件、危害演变、应急任务、资源消耗于一体的处置过程仿真模型，初步实现了仿真推演的定量评价。基于建立的仿真推演框架、知识模型和推演任务流程，应用计算机仿真技术建立了中尺度生物气溶胶大气扩散、生物粒子沉降衰亡、资源消耗配置、医学干预下的病程发展等关键模型，研发了一个可视化推演系统原型。针对监测预警能力需求问题，就不同预警延迟时间对不同规模尺度生物恐怖袭击事件危害后果的减控效果进行了模拟，实现了预警延迟时间对危害结果影响的定量评估；在此基础上，针对资源约束下的医学处置效果问题，对不同资源配置和处置延迟时间组合形成的多种干预策略的处置效果进行了模拟，初步实现了应急资源约束对危害态势发展的影响评估。

可视化软件客户端可以展示区域环境信息、生物气溶胶扩散态势等多层要素。根据其构建的评估模型，能够动态统计感染人数、死亡人数等危害指标，可自动生成统计报表。基于上述研究，在 GIS 系统的支持下，研发了生物恐怖袭击医学救援推演系统原型，实现了数据、模型和技术的综合集成[5]。

参 考 文 献

[1] Radosavljević V, Jakovljević B. Bioterrorism: Types of epidemics, new epidemiological paradigm and levels of prevention. Public Health, 2007, 121(7): 549-557.

[2] 陆征一, 周义仓. 数学生物学进展. 北京: 科学出版社, 2006.

[3] 刘明. 生物反恐体系中应急物流网络协同优化研究. 南京: 东南大学, 2010.

[4] Marro J, Dickman R. Nonequilibrium Phase Transitions in Lattice Models. Cambridge: Cambridge University Press, 1999.

[5] 张斌. 生物恐怖事件医学救援仿真推演关键技术研究. 北京: 军事科学院, 2019.

[6] O'Kelly M E. The location of interacting hub facilities. Transportation Science, 1986, 20(2): 92-106.

[7] Cunha C B, Silva M R. A genetic algorithm for the problem of configuring a hub-and-spoke network for a LTL trucking company in Brazil. European Journal of Operational Research, 2007, 179(3): 747-758.

[8] 李红启, 刘鲁. Hub-and-Spoke 型运输网络改善方法及其应用. 运筹与管理, 2007, 16(6): 63-68.

[9] Brueckner J K. Network structure and airline scheduling. Journal of Industrial Economics, 2004, 52(2): 291-312.

[10] 柏明国, 朱金福. 全连通航线网络和枢纽航线网络的比较研究. 系统工程理论与实践, 2006, 26(9): 113-117.

[11] Tham K Y. An emergency department response to severe acute respiratory syndrome: A

prototype response to bioterrorism. Annals of Emergency Medicine, 2004, 43(1): 6-14.

[12] Wang H Y, Wang X P, Zeng A Z. Optimal material distribution decisions based on epidemic diffusion rule and stochastic latent period for emergency rescue. International Journal of Mathematics in Operational Research, 2009, 1(1-2): 76-96.

[13] 赵林度, 刘明, 戴东甫. 面向脉冲需求的应急资源调度问题研究. 东南大学学报(自然科学版), 2008, 38(6): 1116-1120.

[14] Sheu J B. An emergency logistics distribution approach for quick response to urgent relief demand in disasters. Transportation Research Part E: Logistics and Transportation Review, 2007, 43(6): 687-709.

[15] Sheu J B. Dynamic relief-demand management for emergency logistics operations under large-scale disasters. Transportation Research Part E: Logistics and Transportation Review, 2010, 46(1): 1-17.

[16] Yan S Y, Shih Y L. A time-space network model for work team scheduling after a major disaster. Journal of the Chinese Institute Engineers, 2007, 30(1): 63-75.

[17] 张珣, 王冬鸣, 江东, 等. 基于 Cesium 框架的突发生物危害事件可视化智能决策支持平台. 科技导报, 2018, 36(13): 88-94.

第六篇 结 束 语

生物安全是国家安全体系的重要组成部分，关乎人民生命健康、国家长治久安、民族永续发展。系统规划生物安全风险防控和治理体系，提高治理能力成为国家安全战略的重要内容，而生物安全应急体系和能力建设是提高生物安全治理能力的关键。本篇将系统总结我国当前生物安全应急管理能力建设中存在的问题，以及我国在应对生物安全风险中面临的技术、治理等方面的挑战。在此基础上，提出国家生物安全应急管理未来的发展方向，主要包括推进生物安全应急体系和能力现代化、制定并实施生物安全战略，以及强化中国特色社会主义应急管理体系构建三方面内容。

第15章 我国生物安全应急管理面临的挑战及未来趋势

本章主要总结我国当前生物安全应急管理能力建设中存在的问题及挑战。在此基础上，提出国家生物安全应急管理未来的发展趋势。

15.1 我国生物安全应急管理体制存在的问题及面临的挑战

根据世界主要发达国家生物技术发展前沿态势和生物安全发展情况，结合我国生物安全发展实际，总结发现虽然我国在生物安全领域取得了重大进展，但是我国的生物防御能力仍然无法满足国家安全需求，生物技术水平与世界先进水平还有很大差距[1]。

15.1.1 我国生物安全应急管理能力建设中存在的问题

我国生物安全应急管理能力建设中存在的问题主要体现在：生物安全应急管理职能整合弱化，生物安全应急管理制度建设滞后，应急技术装备、基础设施有待提高，以及对生物安全新领域事件追踪关注有待加强四方面。

1. 生物安全应急管理职能整合弱化

生物安全应急管理职能多部门承担是现代分工的常态，但同时应具备整合能力。而目前基本上处于条块分割状态，基本的信息共享难度大，缺乏统一行动，存在各自为政的弊端。生物安全事件发生、发展、演化和危害后果等环节具有系统性，致害生物因子也往往跨越人和动物、在不同区域间相互传播，这与职能分割、分散又缺乏整合的状况产生矛盾。通过联防联控、部际联席会议等机制，体制内各部门尚能实现有效协调，但其他主体的参与呈现碎片化、分散化。从资源角度来看，财政投入之外的社保、保险等资源进入也较少，救治基础设施、设备储备不足，专用药品、器材的紧急生产能力不强[2]。

2. 生物安全应急管理制度建设滞后

制度不统一带来法律规定冲突，造成应急管理行为困境。如《中华人民共和国传染病防治法》与《中华人民共和国突发事件应对法》冲突，主要表现在对于预警信息发布的法律规定上。同时，新兴和关键领域法律法规和伦理治理体系建设相对滞后，如缺乏统一的生物安全应急管理的法律规定；某些生物新技术领域，如生物识别技术法制落后于实践[3]。虽然《中华人民共和国生物安全法》在一定程度上解决了法律冲突和生物安全应急法制滞后的问题，但专门法与一般法的冲突依然存在；同时，生物安全应急管理应该主要对标生物安全法规还是应急管理方面的一般规定，也是个现实问题。

3. 应急技术装备、基础设施有待提高

我国生物安全应急管理核心技术、关键装备依赖进口的局面没有得到根本改观，如呼吸机虽然装备数量多，但设备主要依靠进口；常用防护用品甚至口罩等应急产业存在规模小、技术含量不高等通病。作为生物安全应急管理技术支撑的实验条件和仪器设备亟待升级改造，以为预警和应对生物安全事件奠定坚实基础。以一类、二类高致病性病原实验的高等级生物安全实验室为例，美国截至目前有15个四级实验室，1500个三级实验室，分别是我国的5倍和20倍。

4. 对生物安全新领域事件追踪关注有待加强

随着生物信息越来越具有重大的军事、经济和社会价值，生物信息安全已成为国际社会高度关注的领域。但目前我国针对新兴生物安全领域的应急管理依然存在战略不清、政策不明、社会重视不足、技术不强等重大问题，为未来可能发生的重大生物安全事件埋下了隐患。

15.1.2　我国应对生物安全风险面临的技术、治理等方面的巨大挑战

我国应对生物安全风险面临的技术、治理等方面的巨大挑战主要体现在：生物技术水平与国际先进水平相比存在差距、生物安全治理体系还有待完善两方面。

1. 生物技术水平与国际先进水平相比存在差距

我国生物技术水平与国际先进水平相比存在差距。例如，在专利合作条约(Patent Cooperation Treaty，PCT)专利分布的35个技术领域中，2019年，生物技术PCT专利申请公开量为16942件，其中，美国以6107件稳居第一。又如，在病原微生物菌(毒)种战略资源库建设方面，存在生物样本的收集良莠不齐、共享和资源库之间的信息联系不足、病原微生物菌(毒)种分布不均衡等诸多问题。再如，美国国防部高级研究计划局已经开始利用昆虫传播基因修改病毒进行植物染色体编辑的试验；而且，随着基因研究的突破，美国军方的基因研究项目也越来越向实战目标迈进，包括通过研究竞争对手的基因组成，发现其基因特征，进而研究诱变基因的药物、食物，通过使用改基因食物、药物，使某一特定的人种群

体的基因发生突变，从而达到不战而胜的目的。

2. 生物安全治理体系还有待完善

我国生物安全治理体系在危机意识、预防与保护、监测与探测、应对与恢复等方面还存在薄弱环节，以及很多亟须改进和提升的地方。例如，虽然我国生物安全法已经在 2020 年通过，但是相对于基因芯片、细胞工程等生物技术的发展，以及不断加剧的生物恐怖袭击、重大传染病疫情等生物安全问题，人们对于包括传染病暴发在内的全球灾难性生物风险（global catastrophic biological risk, GCBR）给公众心理、社会经济带来严重威胁的危机认识还有待提升。又如，我国在面临生物袭击威胁、新发突发传染病等生物安全问题时，不仅亟须完善评估生物威胁相关风险的机制，而且亟须完善法治化、标准化、公开化的风险防范化解机制。应该说，政府部门在响应生物威胁的速度和准确性以应对紧迫威胁、在不同社会目标之间权衡以优先配置资源、在面对复杂性时制定有效率和有效力的防御与反制措施以提供解决方案等方面的敏捷治理能力都有待进一步提升[4]。

15.2　我国生物安全应急管理未来发展方向

2020 年 2 月 14 日，习近平总书记在中央全面深化改革委员会第十二次会议上强调，“要从保护人民健康、保障国家安全、维护国家长治久安的高度，把生物安全纳入国家安全体系，系统规划国家生物安全风险防控和治理体系建设，全面提高国家生物安全治理能力。要尽快推动出台生物安全法，加快构建国家生物安全法律法规体系、制度保障体系”[4]。中共中央总书记习近平在中共中央政治局第三十三次集体学习时就加强我国生物安全建设进行强调，“要加快推进生物科技创新和产业化应用，推进生物安全领域科技自立自强，打造国家生物安全战略科技力量，健全生物安全科研攻关机制，严格生物技术研发应用监管，加强生物实验室管理，严格科研项目伦理审查和科学家道德教育。要促进生物技术健康发展，在尊重科学、严格监管、依法依规、确保安全的前提下，有序推进生物育种、生物制药等领域产业化应用。要把优秀传统理念同现代生物技术结合起来，中西医结合、中西药并用，集成推广生物防治、绿色防控技术和模式，协同规范抗菌药物使用，促进人与自然和谐共生”[5]。

15.2.1　推进生物安全应急体系和能力现代化

推进生物安全应急体系和能力现代化，是应对生物安全事件的基础性解决路径。一般意义上的治理现代化的最典型特征是，社会分工细化及其相互协作的动力机制设计，具体包括体系的规范化、民主化、法治、效率、协调五方面标准[6]。

判断应急管理体系和能力是否实现现代化，主要视其是否深入到经济、政治、文化、社会和生态文明等国家治理领域，并实行分工细化和协作，协调增进应急规划、应急规范、监测预警、应急响应和科技支撑五方面能力，促进整个生物安全治理体系协调高效发展。

1. 增强生物安全应急管理规划能力

确定生物安全应急管理规划价值理念、指导方针和基本原则，包括以人民为中心的价值理念，以总体国家安全观为指导方针，以及人类命运共同体的国际视野。强调生物安全应急规划的整体性、系统性、全面性，推动生物安全政策嵌入其他政策领域，推动生物安全应急管理规划与其他应急管理规划的协同。促进生物安全突发事件的协同治理，纵向上划分政府间事权，横向上建立重要领域生物安全部际联席会议制度，建立协调机制下的分部门管理体制。超前规划一段时期内，应重点关注的生物安全事件类型，分析生物安全事件的形势。通过生物安全应急能力规划的实施，增强全社会的生物安全风险防御意识、风险应对能力、应急准备能力、响应机制和恢复重建能力等目标。

2. 增强生物安全应急管理规范能力

制度的功能之一就是增强人类行动的预期性，防范不确定性。生物安全应急管理规范化就是以法律法规、应急预案、标准规范等确定性的制度规范，去应对生物安全事件的不确定性。针对安全风险评估、监测预警体系、生物因子调查、名录清单管理、风险监测预警等不同领域，建立生物安全应急管理的标准体系。根据出台的《中华人民共和国生物安全法》，厘清相关的制度规范，解决法律冲突，减少规范缺失，充实应急预案，完善技术标准，形成一套完整的生物安全应急管理制度规范体系。

3. 增强生物安全事件预防预警能力

一方面增强日常的预防准备能力。增强生物安全风险意识，以及风险排查、应急预案制订、培训演练和物资储备检查等预防方面的工作能力。培育生物安全风险意识，是做好生物安全事件应急管理的心理基础；做好日常生物安全风险评估、隐患排查，是关口前移的重要内容；完善预案，做到一事一案，开展经常性演练，持续动态修订；研究完善储备目录，既包括药品、防护用品、医疗器械，又包括通用性生活物资储备。另一方面增强事前的监测预警能力。增强对生物安全风险的动态监测、风险感知、事件预警能力。其中，动态监测能力是生物安全的重要组成部分，是国家生物安全能力先进性的体现[6]。要配置硬件设施设备和专业操作技术人员，提高针对应急对象的长期动态监测能力；要做好人机结合、人工与系统整合工作，增强风险感知能力；要通过有效的激励机制设计，使应急管理者积极进行初始信息披露和事件预警。

4. 增强生物安全事件应急响应能力

生物安全事件大多属于波及面广的一类事件，涉及全体社会公众，生物安全应急管理要深入全体社会公众和机构。一是要加强厂矿、企业、学校、社区应急能力建设，经常开展演练、疏散和集体培训学习。二是要提升交通、物流、物资供应等行业的应急响应能力，开展全面预案建设、重大情景构建、经常性演练。三是推动生物安全事件应对的军地、军民融合工作，通过加强信息化、完善预案、改进力量投送方式、追踪生物安全新领域、人员装备组合科学化和实战需求测算精确化等方面的工作，加强军队防疫救援的组织管理、应急响应、远程投送、越野机动和自我保障等能力，提高军队应急防疫救援能力。

5. 增强生物安全应急科技支撑能力

“生命安全和生物安全领域的重大科技成果也是国之重器”，“科技创新是核心，抓住了科技创新就抓住了牵动我国发展全局的牛鼻子”，习近平总书记的讲话应该成为我们推进科技创新、加强能力建设以保障生物安全的根本遵循。

1) 实施并完善现有的生物安全防御科技计划，夯实研究基础

组织优势力量在监测预警、溯源追踪、应急处置、事后重建、生物伦理、国门动植物检验检疫设施设备和野外生物安全屏障等领域开展关键技术或者前沿技术的科研攻关，尤其是原创性、颠覆性技术的研究。要将科研成果转化成产品，尽快为生物防御服务，并为未来应对可能发生的生物安全威胁做好技术储备。

2) 加强生物安全相关资源的共享和管理

快速提升生物信息数据汇交管理能力，加速国际核心数据本地化集成整合，形成生物信息数据共享服务平台，打破我国生物大数据研究领域长期存在的“数据流失”“数据孤岛”“共享匮乏”等现象；加强数据共享的国际合作，扩大我国在生物信息领域的国际话语权。

3) 加快推动人才队伍建设，系统培养高级生物安全专业人才

强化人才考核与流动机制，确保各层次研究人才规模适度，整体科研素质和能力显著提高，层次结构均衡合理，体制机制充满活力，各类人才协调发展。积极推动生物安全二级学科的建立，努力打造一批高水平的优秀领军人才和学科团队，引领并推动生物安全领域的科技创新和快速发展[7]。

15.2.2 制定并施行生物安全战略

1. 构建新型生物威胁防御体系

中国科学院院士贺福初及中国人民解放军军事医学科学院政委高福锁在《求是》上发表的《生物安全：国防战略制高点》文章中指出：我国生物安全涉及部门较多，急需以深化改革为契机，强化国家意志，制定战略规划，构建统一指挥、军地互补、部门协同、全民参与的新型生物威胁防御体系[8]。

1) 建立权威高效的生物威胁防御组织管理体系

强化军队在国家生物威胁防御中的特殊地位和重要作用，发挥军队高度集中统一、科技实力较强、应急反应较快的明显优势，以军队相关专业力量为主体，构建平战一体衔接、军地融合发展的国家生物威胁防御体系和应急反应网络。

2) 建立军地互补的生物威胁防御科技支撑体系

按照“军地联合、优势互补”的原则，构建生物威胁防御科技支撑体系，在摸清我国生物威胁防御能力体系建设现状的基础上进行补缺配套，提高整体水平。针对全球生物安全形势及我国未来可能面临的生物威胁，前瞻部署国家和军队生物威胁防御重大科技专项，重点在监测预警、应急处置、基础研究等方面加大科技支撑力度。

3) 建立多元分层的生物威胁防御教育培训体系

把生物安全知识纳入国防教育体系，建立以军事医学科研和军队疾病预防控制机构为骨干，以国家相应机构为依托的教育培训体系，通过多种形式，开展生物安全宣传教育，使各级政府、社会各界充分认识生物安全的重要性。

2. 建立生物安全国际合作的工作机制，共同提升共建国家生物安全保障能力

随着“一带一路”建设的深入，交往规模、频率不断扩大和提高，有必要建立生物安全国际合作的工作机制，共同提升共建国家生物安全保障能力，使“一带一路”成为发展之路、和谐之路、健康之路。建议将我国多年来建设生物安全管理体系的成功经验推广至“一带一路”共建国家，帮助共建国家建立适合各国国情的生物安全管理体系，积极参与共建国家生物安全基础设施建设，开展生物安全和传染病防控研究国际合作。发挥我国在生物安全和传染病防控领域的科研与技术优势，在共建国家建立科技合作研究中心，建立大数据交换与快速共享合作机制，将我国的新发和再发传染病病原研究与防控体系整体前移[9]。

3. 加强大数据平台建设，构建国境生物安全体系

有害生物的全球扩散不仅给被入侵地区造成严重的经济损失和生态危害，也

在一定程度上对全球贸易、文化等的交流造成了负面影响。近年来，随着对“国门生物安全”宣传力度的加大，国门生物安全也日益走进公众的视野[10]。

1) 构建国境生物安全大数据平台

随着经济全球化和国际贸易的迅速增长，有害生物跨境传播风险日益加大。为了提高有害生物识别和风险评估水平，需要尽快完成外来有害生物大数据平台的构建，以处理越来越多的数据信息。这样不仅能够整合国内外疫情发生发展等数据，还可以利用现代信息分析技术优化资源，同时也能更好地为检验检疫和其他领域的工作提供强有力的技术支持。

2) 创新口岸风险管理体系

当前保障我国生物安全的新形势要求检验检疫工作应实现从风险分析到风险管理的转变，在确保现有的风险分析、口岸查验、检疫处理等关键控制点基础上，逐步加强全球疫情动态监测、境外预检、国境有害生物普查和科学抽样，从而实现全流程风险监控。要充分发挥进出境动植物检疫的功能并加强体系建设，全面深入地研究全球有关有害生物疫情，实时更新我国进境动植物检验检疫有害生物名单，利用大数据平台的数据挖掘功能列出重点关注黑名单，从而起到早预警的作用，实现动态防范重要检疫性害虫入侵的目的[11]。

15.2.3　强化中国特色应急管理体系构建

《中共中央关于党的百年奋斗重大成就和历史经验的决议》中指出，“必须以更大的政治勇气和智慧推进全面深化改革，……突出制度建设，注重改革关联性和耦合性”[12]。应急管理制度体系构建也正处于这个关键节点，应当在体现中国特色社会主义制度优越性的基础之上，针对当前存在的问题与所面临的挑战提出构建策略。具体而言，以完善部门机构职能整合、完善全过程情景化应急预案体系与应急协调机制、提高应急管理法律法规级别数量及其地位、完善多元主体参与应急管理的规章制度、完善规范化的信息技术应用管理制度五方面内容，作为构建系统完备的应急管理制度体系的策略。

1. 完善部门机构职能整合，统一应急管理组织体系建设

合理发挥社会主义制度优势，构建整体性、常态化、平战结合的应急管理制度体系。第一，构建整体性应急管理制度体系。将公共卫生和公共安全应急管理职能以制度化形式合理、有机地纳入应急管理部门职能体系之中。在“一案三制”的基础之上，以总体国家安全观为指导，以整体性治理理论为基础，以横向到边、纵向到底、系统完备为原则，推动建立各层级应急管理实体职能部门，逐步建立全面覆盖四大突发公共事件的全方位、立体化、多层次、多层级的应急管理制度体系。第二，构建常态化、平战结合的应急管理制度体系。设置流畅的平战转换

机制，完善相关制度要求以及相关法律法规赋予地方政府进一步的应急处置权，明确公民、企业等多元应急主体在紧急状态之下的权利和义务[13]。

2. 完善全过程情景化应急预案体系，完善应急协调机制建设

在大部制改革视域下，探索整体性情景化应急管理制度构建新模式。在应急预案体系方面，加强全过程情景化的应急预案体系构建，服务于以防为主、防控结合的应急管理制度体系。完善全过程情景化应急管理预案体系，需要基于科学性的风险评估及应急管理预案编制思路，针对差异化的突发应急事件特征，设置具有针对性的应急预案体系；需要提升突发应急事件多维情景化预判能力，以应急演练为手段，检验应急预案体系的具体成效。另外，在全面整合部门机构职能与妥善人员安排的基础之上，完善应急协调机制建设，将人事安排任命和部门职能划分与应急协调机制不断调整融合，完善相关法律与规定，做好制度衔接。

3. 提高应急管理法律法规级别数量及其地位，构建公共应急法治体系

建设公共应急法治体系需要有完备的法律体系作为后盾，习近平总书记强调，“从立法、执法、司法、守法各环节发力，切实推进依法防控、科学防控、联防联控”。在习近平总书记的重要指示下，应急管理部应建立健全“1+5”应急管理法律体系骨干框架，进一步完善应急管理法律法规体系和应急预案，指导地方政府细化应急管理法律法规。目前我国应急管理法律体系建设已取得显著成效，但与经济社会发展需求相比还有较大差距，需要进一步健全和完善应急法治体系，提升应急管理水平[14]。

4. 完善多元主体参与应急管理的规章制度，提升应急管理多元治理水平

在突发重大公共事件当中统筹、释放与发挥出多元主体的作用，既是为政府减负，也是分门别类细化应急管理工作的关键。在政府责任不能覆盖到的方面，以及政府作用效能低的方面，应在制度中鼓励引导并推动发挥社会组织的作用，充分调动起社会各方面的力量。

首先，提升基层应急管理能力，推动管理的网格化。社区作为基层治理最为关键的抓手，针对其存在的问题，应明确职能与责任，提升其提供公共卫生服务的专业性及其他平行业务能力的建设，不断加强其治理能力，更好地发挥基层治理效能。

其次，建立专门化高层次应急管理智库，搭建科技应急平台，从健全政府信息公开制度、重大决策意见征集制度、政策评估制度、政府购买决策咨询服务制度、舆论引导机制等五个方面入手[15]，完善中国特色社会主义应急管理智库建设制度保障。

最后，完善合作治理体系中志愿者组织的培育及其行动的组织与吸纳。社会组织来自社会，其服务目标对民众需求的感知度更加贴合，也对基层疫情防控中遇到的切实问题更加敏感，因此，应当构筑和提升志愿服务参与应急管理的法治化、制度化、组织化与专业化的能力[16]，完善全民共建共治共享社会安全治理的应急管理制度体系新内容。

5. 完善规范化的信息技术应用管理制度，提升应急管理信息化水平

制定出具有原则性、指导性与可操作性的应急管理信息技术应用制度，以促进信息技术在应急管理事前、事中、事后各阶段作用的发挥，从而更好地释放治理效能。例如，信息的收集与使用、信息技术的滥用等都是当前信息化应急管理中存在的问题。坚持把业务协同作为重中之重，以统筹协调、安全可控、应用牵引、依法依规为原则，着力实现模式、技术、应用创新，构建起政务数据的收集、使用与共享方面的安全制度体系。以牵头部门为核心，建立“统一接入、统一治理、统一服务”数据治理系统，为应急管理工作提供稳定、安全、高效的支撑和服务，并出台规范化数据安全使用条例。此外，中共中央新闻发布制度是政府层面有益的制度探索，进一步细化完善新闻发布制度能够从国家整体视角来规范信息的整合与发布，规避舆论与信息使用不当的风险[17]。

参考文献

[1] 李明. 国家生物安全应急体系和能力现代化路径研究. 行政管理改革, 2020(4): 22-28.

[2] 袁志明, 刘铮, 魏凤. 关于加强我国公共卫生应急反应体系建设的思考. 中国科学院院刊, 2013, 28(6): 712-715.

[3] 苗争鸣, 尹西明, 陈劲. 美国国家生物安全治理与中国启示: 以美国生物识别体系为例. 科学学与科学技术管理, 2020, 41(4): 3-18.

[4] 张于喆. 生物安全法立法提速 主动应对“生物安全”未来挑战. 中国经济周刊, 2020, (Z1): 126-128.

[5] 周恬, 张隽. 加强国家生物安全风险防控和治理体系建设 提高国家生物安全治理能力. 人民网. (2021-09-30). http://hb.people.com.cn/n2/2021/0930/c194063-34938724.html.

[6] 郑涛, 叶玲玲, 李晓倩, 等. 美国等发达国家生物监测预警能力的发展现状及启示. 中国工程科学, 2017, 19(2): 122-126.

[7] 刘培培, 江佳富, 路浩, 等. 加快推进生物安全能力建设, 全力保障国家生物安全. 中国科学院院刊, 2023, 38(3): 414-423.

[8] 贺福初, 高福锁. 生物安全: 国防战略制高点. 求是, 2014(1): 53-54.

[9] 汪文汉. 袁志明: 建立生物安全国际合作工作机制. 湖北政协, 2018(3): 33.

[10] 张明辉, 鞠永涛, 尹晓燕. 加快国门生物安全体系建设. 中国海关, 2020(9): 82-83.

[11] 王聪, 张燕平, 邵思, 等. 国境生物安全体系探讨. 植物检疫, 2015, 29(1): 12-18.

[12] 中华人民共和国中央人民政府. 中共中央关于党的百年奋斗重大成就和历史经验的决议. (2021-11-16). http://www.gov.cn/xinwen/2021-11/16/content_5651269.htm.

[13] 薛澜, 刘冰. 应急管理体系新挑战及其顶层设计. 国家行政学院学报, 2013, 82(1): 10-14, 129.

[14] 胡建华, 肖淑平. 习近平总书记关于应急管理重要论述的三重维度. 浙江理工大学学报(社会科学版), 2023, 50(4): 387-395.

[15] 石伟. 国家治理与中国特色新型智库的制度保障. 行政管理改革, 2021, 139(3): 50-57.

[16] 张勤, 张书菡. 志愿服务参与应急管理的能力提升探析. 中国行政管理, 2016, 371(5): 119-124.

[17] 张铮, 李政华. 中国特色应急管理制度体系构建: 现实基础、存在问题与发展策略. 管理世界, 2022, 38(1): 138-144.